AF347152

COURS

DE

TOPOGRAPHIE ÉLÉMENTAIRE

Paris. — Imprimerie de J. DUMAINE, rue Christine, 2.

COURS

DE

TOPOGRAPHIE

ÉLÉMENTAIRE

A L'USAGE

DES OFFICIERS DE L'ARMÉE

Par E. DE LALOBBE

LIEUTENANT-COLONEL D'ÉTAT-MAJOR

Officier de la Légion d'honneur

Ancien professeur de topographie à l'École nationale spéciale militaire

4ᵉ ÉDITION

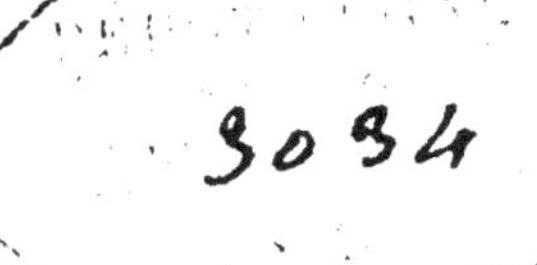

PARIS

LIBRAIRIE MILITAIRE DE J. DUMAINE

LIBRAIRE-ÉDITEUR

Rue et Passage Dauphine, 30

1872

AVANT-PROPOS

DE LA QUATRIÈME ÉDITION.

———

Cette quatrième édition du Cours de Topographie que j'ai professé à Saint-Cyr, pendant dix ans, est plus complète que les trois premières ; elle renferme quelques détails nouveaux sur la forme des triangles et plusieurs dessins propres à bien faire comprendre la série des travaux par lesquels on doit passer pour représenter le terrain d'une manière satisfaisante. Les figures ont été placées en regard du texte.

Je désire que mes jeunes camarades, auxquels ce travail est destiné, y voient une nouvelle preuve de mon affectueux intérêt.

Janvier 1872.

TABLE DES MATIÈRES.

LIVRE PREMIER.

GÉNÉRALITÉS SUR LA PLANIMÉTRIE ET LE NIVELLEMENT. RÉDUCTION DES CARTES.

CHAPITRE PREMIER.

PLANIMÉTRIE.

CHAPITRE II.

GÉNÉRALITÉS SUR LE NIVELLEMENT.

CHAPITRE III.

RÉDACTION DES CARTES ET COPIE DE DESSINS.

LIVRE II.

INSTRUMENTS.

CHAPITRE PREMIER.

LUNETTES.

CHAPITRE II.

INSTRUMENTS PROPRES A LA MESURE DES DISTANCES.

CHAPITRE III.

INSTRUMENTS EMPLOYÉS POUR LA MESURE DES ANGLES.

CHAPITRE IV.

INSTRUMENTS DE NIVELLEMENT.

LIVRE III.

ENSEMBLE DES OPÉRATIONS D'UN LEVÉ RÉGULIER.

CHAPITRE PREMIER.

CANEVAS.

CHAPITRE II.

LEVÉ DE DÉTAIL.

CHAPITRE III.

NIVELLEMENT.

TABLEAUX.

NOTES.

COURS

DE

TOPOGRAPHIE ÉLÉMENTAIRE.

LIVRE PREMIER.

GÉNÉRALITÉS SUR LA PLANIMÉTRIE ET LE NIVELLEMENT,
RÉDACTION DES CARTES.

CHAPITRE PREMIER.

Préliminaires. — Définitions de la topographie, de la carte, de la planimétrie, du nivellement. — Mémoires descriptifs. — Ordre à suivre dans l'étude de la topographie.—Échelle numérique, lignes naturelles, lignes graphiques. — Construction de l'échelle graphique. — Généralités sur le canevas de la planimétrie, bases, triangles. — Généralités sur le détail.

(1) Les grandes cartes topographiques qui indiquent les positions des villes et villages principaux, le tracé des routes, rivières ou canaux qui couvrent un pays, les formes générales du terrain, suffisent au lecteur qui veut suivre les opérations d'une campagne, mais elles sont loin d'être assez complètes pour celui qui désire étudier ou préparer les petites opérations de la guerre.

Des cartes très-détaillées sont indispensables dans ce cas ; parce que le moindre sentier, le plus petit cours d'eau, le pli

1

de terrain le plus insignifiant en apparence peuvent acquérir
momentanément une grande importance au point de vue de
l'offensive ou de la défensive.

L'exécution de ces cartes rentre dans le domaine de la topographie militaire, qui intéresse particulièrement l'officier
d'infanterie et celui de cavalerie.

(2) La topographie, ramenée à ces proportions, applique
les problèmes les plus simples de la géométrie élémentaire,
et elle n'a recours que très-rarement à la trigonométrie rectiligne.

On peut la définir en disant qu'elle permet *d'obtenir l'image
détaillée d'un terrain de médiocre étendue.*

L'image dont nous parlons, et que l'on nomme *plan, carte*
ou *levé topographique,* doit faire connaître au lecteur les lignes
et objets caractéristiques qui couvrent le sol ; tels sont les *cours
d'eau, routes, chemins, sentiers, maisons, clôtures, fossés, cultures, etc.* Elle doit indiquer en outre les formes et les plis
du terrain, la rapidité des pentes, les commandements respec-
tifs des hauteurs.

La carte comprend donc :

1° *La planimétrie,* qui n'est autre chose qu'une projection
orthogonale des lignes caractéristiques énumérées plus haut,
sur une surface plane ou développable ;

2° *Le nivellement,* qui est l'expression des formes et du
relief.

(3) *Mémoires.* Le travail graphique est insuffisant pour
donner tous les renseignements dont on peut avoir besoin.
Ainsi, il ne peut faire connaître : *Le mode de construction et
l'état d'entretien des routes et chemins, la nature des ponts,
les difficultés que présentent leurs abords ; la profondeur, la
vitesse des cours d'eau, la nature du fond ; les gués, la consti-*

lution géologique du sol. Tous ces renseignements sont fournis par un mémoire *descriptif* que l'on joint au levé.

Ce mémoire contient souvent des détails statistiques sur les ressources que peut offrir le pays.

Les renseignements descriptifs ou statistiques sont toujours subordonnés à la question militaire, en ce sens qu'on ne les étudie qu'autant qu'ils peuvent faciliter l'exécution du projet qui a motivé le travail topographique.

(4) **Levé régulier, irrégulier.** Selon qu'on a besoin d'avoir une représentation plus ou moins précise du terrain, on emploie des méthodes exactes ou approximatives, ce qui donne lieu à un *levé régulier* ou à un *levé irrégulier* qu'on appelle aussi *levé expédié.*

Ce dernier genre de levé est celui qui intéresse le plus particulièrement l'officier d'infanterie ou de cavalerie, parce qu'il procure rapidement une image assez exacte du terrain, et parce qu'il peut être exécuté avec des instruments très-simples que l'on trouve partout, et que souvent on peut construire soi-même. Cependant on ne peut réussir dans ce travail qu'autant que l'on connaît les méthodes exactes et l'usage des instruments qui en facilitent l'application. C'est pourquoi il est avantageux de procéder à l'étude de la topographie dans l'ordre suivant :

1° Topographie régulière, instruments qu'elle emploie ;

2° Topographie irrégulière ou expédiée avec ou sans instruments ;

3° Rédaction des mémoires.

Échelles.

(5) On fixe les dimensions du levé au moyen de *l'échelle numérique*, qui n'est autre chose que le rapport des lignes du

plan que l'on nomme *lignes graphiques*, avec leurs homologues du terrain que l'on appelle *lignes naturelles*.

Ce rapport est représenté par une fraction dont le numérateur est l'unité, et dont le dénominateur est un multiple de 10 ; de sorte que, si l'on désigne par l une ligne graphique et par L son homologue naturelle, on peut poser l'égalité de rapports $\frac{l}{L} = \frac{1}{M}$. La fraction $\frac{1}{M}$, qui représente l'échelle numérique, devient $\frac{1}{5000}, \frac{1}{10000}$, etc., selon que l'on attribue à M la valeur 5000, 10000, etc. On dit alors que le plan est exécuté à l'échelle de $\frac{1}{5000}$, ou de $\frac{1}{10000}$, ou, etc.

(6) Les échelles les plus usitées en France sont celles de :

$\frac{1}{2500}$ et $\frac{1}{5000}$ quand les plans doivent fournir des détails très-précis ; la topographie militaire les emploie rarement.

$\frac{1}{10000}$ pour le levé d'un terrain de moyenne étendue ;

$\frac{1}{20000}$ pour les grands levés et les reconnaissances militaires.

La carte de Cassini, publiée en France, au XVIIIe siècle, est à l'échelle de $\frac{1}{86400}$.

La nouvelle carte de France, exécutée par le corps d'état-major, est levée à l'échelle de $\frac{1}{40000}$ et réduite pour la gravure à celle de $\frac{1}{80000}$.

On trouve en Europe quelques cartes qui présentent les mêmes caractères que celle-ci ; nous citerons entre autres ;

La carte de Suisse, publiée par le général Dufour, à l'échelle de $\frac{1}{100000}$.

La carte du Piémont, publiée par l'état-major sarde, à l'échelle de $\frac{1}{100000}$.

Celle des îles Britanniques, en cours de publication, à l'échelle de $\frac{1}{50000}$.

Les états-majors autrichien, prussien et bavarois ont également publié des cartes fort estimées.

L'échelle de $\frac{1}{100000}$ peut être considérée comme la plus petite de celles qui sont employées en topographie; les échelles moindres donnent lieu aux cartes *chorographiques*, qui forment un intermédiaire entre les plans topographiques et les cartes géographiques.

(7) *Passer d'une longueur graphique à son homologue naturelle et réciproquement.* L'égalité de rapport $\frac{l}{L}=\frac{1}{M}$ donne $l=\frac{L}{M}$ et $L=lM$, résultats que l'on peut traduire de la manière suivante :

Une longueur graphique est le quotient de son homologue naturelle par le dénominateur de l'échelle.

Une longueur naturelle est le produit de son homologue graphique par le dénominateur de l'échelle.

On voit que, si l'on s'en tient à l'échelle numérique, l'appréciation d'une longueur graphique ou naturelle conduit à une double opération, savoir : une mesure directe et une division ou une multiplication. On simplifie le travail, en construisant une figure que l'on nomme *échelle graphique*, et qui permet de trouver ou de rapporter les distances réelles sur le plan au moyen d'une simple ouverture de compas.

(8) *Construction de l'échelle graphique.* Avant de construire cette échelle, on cherche quelle est la longueur qui, sur le papier, correspond à 100 mètres de terrain.

Pour l'échelle de $\dfrac{1}{5000}$, par exemple, on remarque que 1 mètre de terrain correspond à $\dfrac{1^{m}}{5000}$ sur le papier ; 100 mèt. de terrain correspondent donc à $\dfrac{100^{m}}{5000} = \dfrac{1^{m}}{50} = 0^{m},02.$

Sur une ligne indéfinie AB (*fig. 1*), on porte avec le double

Fig. 1

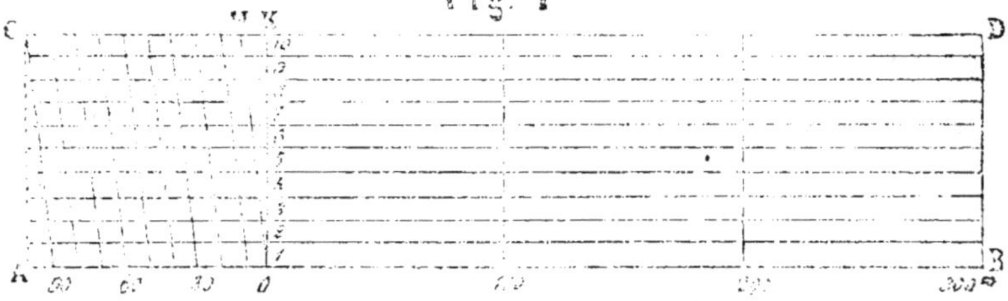

décimètre, autant de fois $0^{m},02$ que l'on veut avoir de centaines de mètres. (*On en prend ordinairement un nombre suffisant pour mesurer la moitié de la diagonale de la feuille.*)

Toujours avec le double décimètre, on partage la division de gauche en 10 parties de $0^{m},002$ chacune.

Une ligne ainsi graduée, et portant les chiffres qui sont placés sur AB (*fig. 1*), constitue une échelle simple. Celle à laquelle nous faisons allusion, permet d'obtenir les distances exactes à 5 mètres et même à $2^{m},50$ près, parce que l'on peut apprécier à vue la moitié et même le quart de chacune des petites divisions.

Toutefois, cette approximation est insuffisante pour les grandes échelles, que l'on complète de la manière suivante :

Aux points A et B, on élève sur AB les perpendiculaires indéfinies AC, BD, sur lesquelles on porte, à partir du bas, dix longueurs égales qui peuvent être quelconques, et que l'on prend ordinairement de $0^m,002$. On subdivise CD de la même manière que AB ; on trace Ho et toutes les parallèles à cette ligne jusqu'à C 90, on mène oK et les parallèles de 100 en 100 mètres. Enfin, les divisions homologues de AC et BD sont unies par des droites. On inscrit les chiffres que porte la figure.

Le triangle AC 90, qui est inutile, n'est pas tracé à l'encre.

L'échelle, ainsi complétée, permet d'apprécier les distances à 1 mètre près. En effet, KH représentant 10 mètres, les parallèles interceptées entre oH et oK correspondent successivement à 9, 8, 7.... 2,1 mètres. Cette dernière, qui a une longueur de $0^m,0002$, est considérée comme la limite des quantités appréciables au compas.

Pour l'échelle de $\dfrac{1}{10000}$, on trouve que 100 mètres sont représentés par $0^m,01$. On voit (*fig.* 2) que la longueur cor-

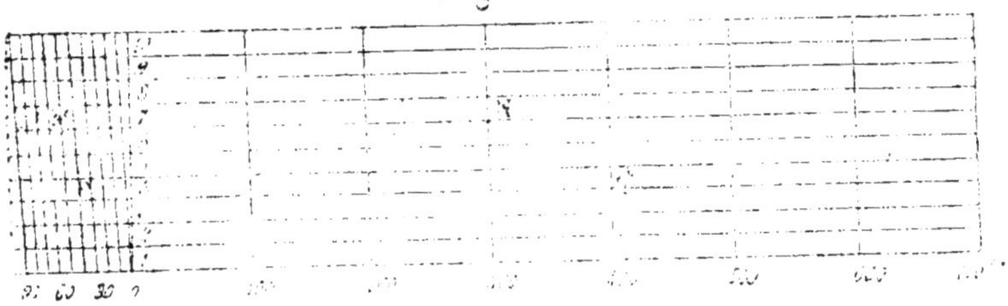

respondant à 1 mètre est exprimée par $0^m,0001$, quantité trop petite pour être mesurée avec le compas, de sorte que l'échelle en question ne donne les distances qu'à 2 mètres près.

A l'échelle de $\dfrac{1}{20000}$ (*fig.* 3), la longueur de 100 mètres

Fig. 3

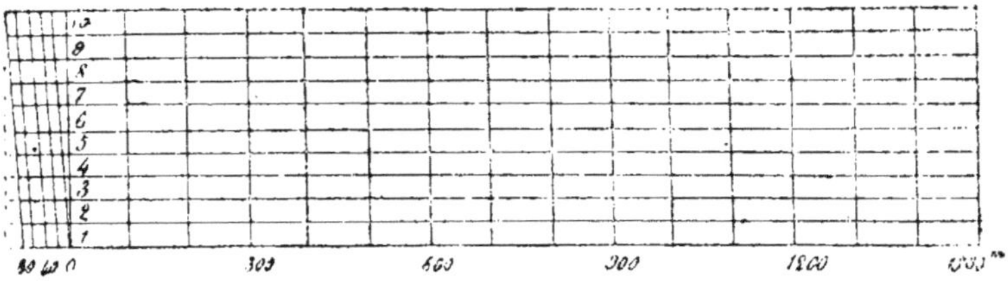

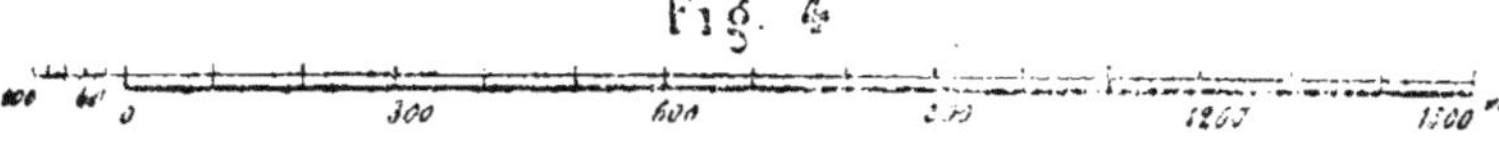

est exprimée par $0^m,005$; les lignes qui, dans les échelles précédentes, correspondaient aux dizaines sont tracées de 20 en 20 mètres, et l'espace qui correspond à 2 mètres est représenté par $0^m,0001$, de sorte que l'on n'a les distances qu'à 4 mètres près.

L'échelle simple, construite (*fig.* 4), donne la distance avec

Fig. 4

une approximation de 10 mètres, correspondant à la moitié de la plus petite division.

(9) *Apprécier une ouverture de compas ou porter sur le plan une longueur métrique donnée :*

Supposons que l'on veuille apprécier au $\dfrac{1}{10000}$ l'ouverture de compas MN (*fig.* 2), on portera le compas sur l'horizontale du bas, plaçant la pointe de droite sur une ligne de centaines, de telle sorte que celle de gauche tombe entre o et 90 ; on remontera le compas parallèlement à lui-même, jusqu'à ce que la pointe de droite, se trouvant à l'intersection d'une ligne de centaines et d'une ligne d'unités, celle de gauche se

trouve à l'intersection d'une ligne de dizaines et d'une ligne
d'unités.

La figure montre que MN = 356 mètres.

Si l'on veut trouver la longueur graphique de 433 mètres,
par exemple, il suffira de placer la pointe de droite à l'intersection de 400 et de 3, et celle de gauche sur 3 et 30. Il est
évident que PQ résout la question.

Généralités sur la planimétrie.

(10) Bien que la surface de la sphère ne soit pas développable, c'est-à-dire qu'elle ne puisse s'étendre sur un plan
sans déchirure ni duplicature, on démontre que, dans les
limites toujours restreintes de la topographie, la portion du
terrain que l'on se propose de lever, et qui appartient à une
calotte sphérique, se confond sensiblement avec le plan qui
détermine la base de cette calotte ou avec le plan tangent à
son point central.

Pour justifier cette assertion, considérons sur une sphère un arc de
grand cercle ACB, de 1^s par exemple
(*fig, 5*); imaginons le plan MN tangent
au point C milieu de ACB ainsi que le
plan AB qui lui est parallèle, et limitons les traces verticales de ces plans
par les rayons prolongés OM, ON.

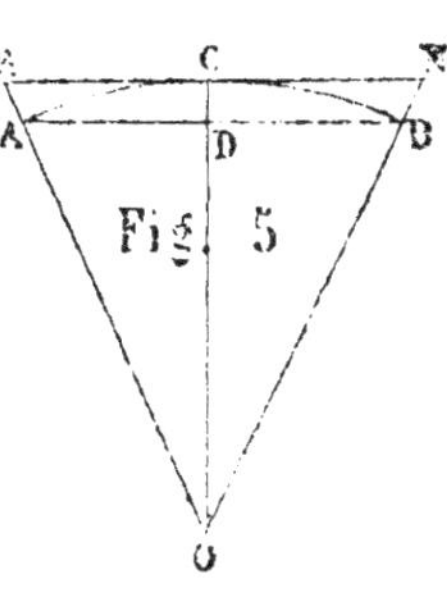

On peut chercher de combien MN dépasse AB, et comme
la longueur de l'arc ACB est comprise entre la double tangente MN et le double sinus AB, la différence obtenue excédera l'erreur résultant de l'hypothèse que la calotte sphérique
se confond avec l'un ou l'autre des deux plans.

1.

Désignant par R le rayon terrestre que nous supposerons égal à 6,376,200 mètres, on a :

$$MC = R \text{ tang. } 50', \quad AD = R \sin. 50'$$

Log. R $= 6,8045619$

Log. tang. 50' $= 7,8950988$

Log. MC $= 4,6996607$ $MC = 50079^m,58$

Log. R $= 6,8045619$

Log. sin. 50' $= 7,8950854$

Log. AD $= 4,9966473$ $AD = 50078^m,03$

$$MC - AD = 1^m 55$$

$$MD - AB = 2 (MC - AD) = 3^m,10$$

La plus grande ligne droite comprise dans l'arc de cercle de 1° diffère donc de sa projection d'une quantité égale à 3 mètres environ ; or, cette quantité est insignifiante, eu égard à l'étendue de la surface à laquelle on fait allusion, puisque la calotte sphérique de 1° d'amplitude correspond sur la terre à un cercle de 100 kilomètres de diamètre, surface qui dépasse de beaucoup la limite des plans topographiques les plus étendus.

On voit donc que si l'on suppose tous les points caractéristiques du terrain joints par des rayons au centre O de la sphère (*fig.* 5), ces rayons prolongés perceront le plan MN en des points que l'on pourra imaginer réunis entre eux, ce qui donnera une projection très-exacte de la surface à lever. On voit, en outre, que les distances prises sur la projection seront réduites à l'horizon ; c'est-à-dire aux longueurs horizontales comprises entre les verticales de leurs extrémités.

Il est clair que si, pour obtenir sur le papier une image réduite du terrain, on partait d'un premier point pour lever tous les détails de proche en proche, on s'exposerait à une

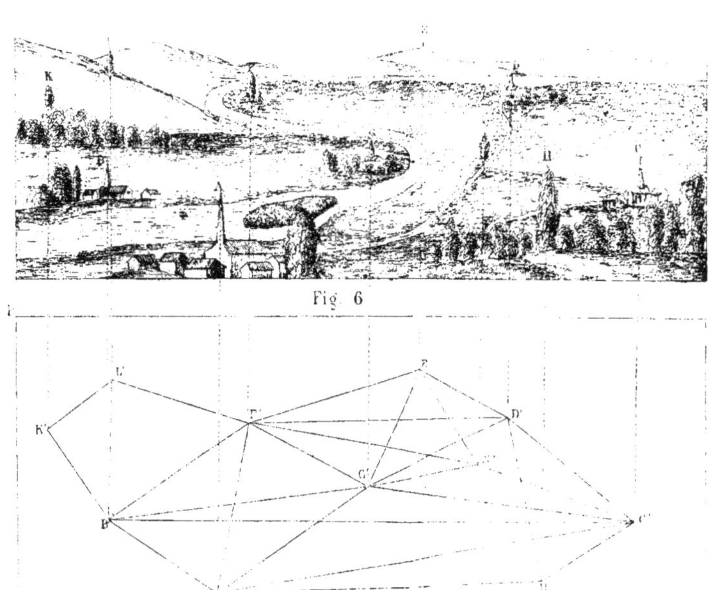

Fig. 6.

Fig. 6

accumulation d'erreurs qui conduirait aux résultats les plus défectueux ; en conséquence, on décompose le problème de la planimétrie en deux parties, savoir :

1° *Le canevas,* qui permet à l'observateur de déterminer aussi exactement que possible les projections des points les plus remarquables du terrain, que l'on nomme *points principaux ;*

2° *Le détail,* opération dans laquelle on utilise les projections des points principaux pour en conclure celle de tous les points et de toutes les lignes caractéristiques de la surface à lever.

Canevas.

(11) Pour exécuter le canevas, on choisit comme points principaux les *cheminées, clochers, moulins à vent, arbres isolés* et, en général, tous les objets remarquables par leur forme et facilement reconnaissables de loin.

Considérons un terrain *(fig. 6)* sur lequel on a choisi à l'avance les points A, B, F, etc., dont les verticales percent le plan de projection PQ en A', B', F', etc. Ces derniers points, réunis par des droites, forment un polygone semblable à celui qu'on se propose d'obtenir sur le papier.

Deux moyens permettent de résoudre ce problème.

1° Les polygones semb'ables ont les angles égaux et les côtés homologues proportionnels.

Pour utiliser ce principe, il suffirait de mesurer les distances horizontales A'B', B'K'. etc., ainsi que les angles A', B', K'. etc., du polygone proposé ; on en conclurait les éléments propres à la construction d'une figure semblable sur le papier.

Cette méthode n'est applicable que sur une surface de peu

d'étendue, parce que la mesure des grandes distances est longue, difficile, souvent même impossible, à cause des obstacles que l'on rencontre à chaque pas sur le terrain.

2° Les polygones semblables sont composés de triangles semblables et semblablement placés.

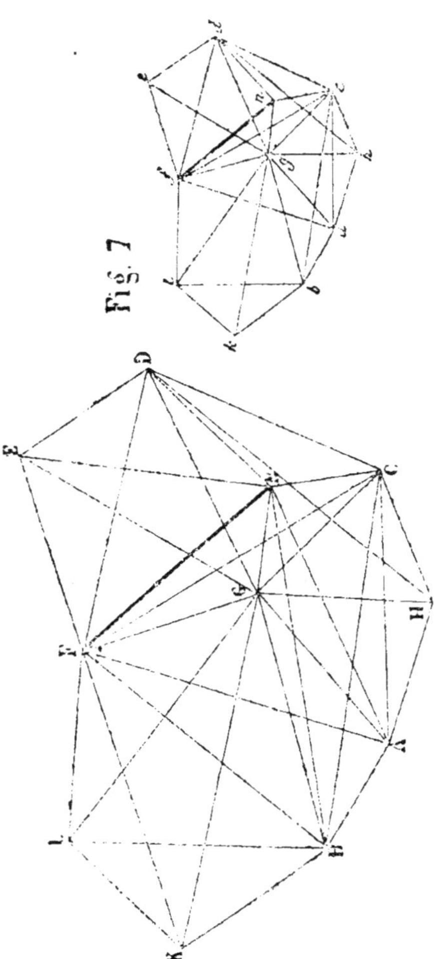

L'application de ce principe donne une solution très-satisfaisante en ce que le polygone A′B′K′, etc., étant par hypothèse décomposé en triangle, il suffira d'avoir la longueur d'un côté quelconque et deux angles au moins dans chaque triangle pour pouvoir les calculer ou les construire successivement, et en déduire le polygone tout entier.

Il suffira donc :

1° De trouver un côté de triangle dont la mesure horizontale soit possible sur le terrain ;

2° D'apprécier les projections des angles des triangles, ce que l'on peut faire facilement et surtout très-rapidement.

Représentons en ABKL, etc., (fig. 7), le

polygone très-irrégulier formé sur le plan de projection par les verticales des points principaux, qui était indiqué perspectivement en A′ B′ K′ L′, etc. (*fig.* 6) ; et supposons que l'on puisse obtenir directement un premier côté FN que l'on nomme la *base*.

Mesurons les angles F, N, dans les triangles FND, FAN, FBN on pourra les calculer ou les construire et en déduire leurs côtés qui serviront de base pour de nouveaux triangles, ce qui permettra d'aller jusqu'aux limites du levé.

On voit que cette méthode permet de nombreuses vérifications. Ainsi, D peut être obtenu par FND et vérifié par FDG ; il en est de même pour presque tous les autres points, et l'on tire de là une précieuse ressource pour n'avancer dans le travail qu'avec assurance.

Pour obtenir sur le papier le polygone semblable à celui du terrain, on trace *fn* représentant à l'échelle la projection de la base, on construit de proche en proche les triangles dont on observe les éléments. Toutes les fois que le même point se trouve sur les sommets de deux triangles, on peut considérer sa projection comme exacte.

(12) *Choix de la base.* De ce qui précède on peut conclure les conditions que doit remplir la base.

1° *Il est bon qu'elle soit située sur un terrain peu accidenté où la mesure est facile.* Une portion de route en ligne droite, un chemin de halage sur le bord d'une rivière ou d'un canal présentent des conditions favorables.

2° *Il est avantageux que des extrémités on puisse apercevoir plusieurs points principaux.* Cette condition a pour résultat de diminuer le nombre des stations nécessaires pour la mesure des angles.

3° *Elle doit être placée vers le centre du terrain à lever.*

En mesurant cette ligne ainsi que les angles qui viennent y aboutir, on commet des erreurs qui peuvent s'accumuler d'autant plus qu'on s'éloigne davantage du point de départ. On les répartit à peu près également en s'astreignant autant que possible à cette dernière condition.

(13) **Il peut être avantageux de mesurer plusieurs bases.** Quand on fait un grand levé qui doit présenter beaucoup d'exactitude, on peut mesurer deux bases aux extrémités du terrain.

On mesurerait, par exemple, BL et CD (*fig.* 7) ; partant de la première de ces lignes, on se dirigerait sur la deuxième par un enchaînement de triangles ; la valeur trouvée pour celle-ci devrait différer très-peu du résultat fourni par la mesure directe.

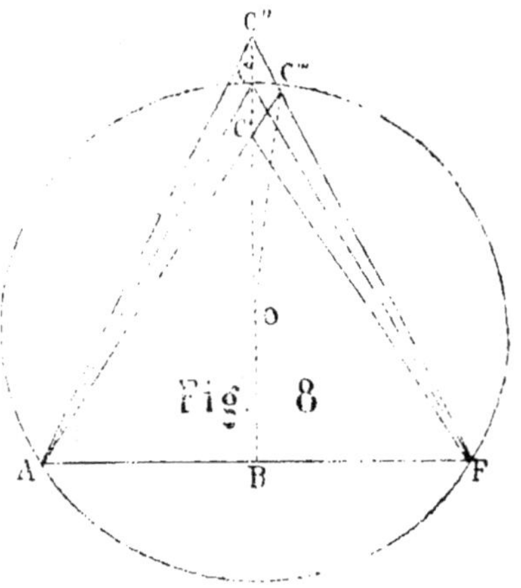

Quand il en est ainsi, on est en droit de conclure que les erreurs sont légères ou qu'elles se compensent (*).

(14) *Forme des triangles.* Quand on cherche le sommet C d'un triangle ACF dont on connaît la base (*fig.* 8), on ne peut obtenir les angles A, F, qu'avec une erreur $\alpha =$ CAC' $=$ CAC'', qui

---

(*) Ce procédé est employé en géodésie et dans la grande topographie ; les travaux de la carte en France fournissent à cet égard des résultats remarquables.

Partant de la base de Melun, on s'est dirigé par une chaîne de 33 triest la conséquence de l'approximation fournie par l'instrument dont on fait usage. Cette erreur déplace le sommet C d'une quantité CC′, CC″ ou CC‴, selon qu'elle est soustractive ou additive sur les deux angles, ou alternative, et elle altère le côté CF qui est destiné à servir de base auxiliaire dans la suite du travail.

Il en résulte que les accumulations d'erreur sont d'autant moindres que l'on opère sur un plus petit nombre de triangles, d'où l'on conclut la nécessité de les prendre très-grands, afin de couvrir plus rapidement la surface à lever.

Or, de tous les triangles de même périmètre, celui qui affecte la forme équilatérale est le plus grand en surface ; on doit donc l'employer de préférence, si ce n'est pour toutes les opérations du canevas, au moins pour la détermination des points les plus importants.

Pour appliquer ce principe dans de bonnes conditions, on détermine d'abord avec beaucoup de soin les projections de cinq ou six points suffisamment éloignés les uns des autres et pouvant se réunir par des triangles sensiblement équilatéraux ; tels sont les points A, B, L, F, N, D (*fig.* 7) : après quoi on leur rattache des points secondaires, comme K, H, C, G, E, que l'on vérifie en les faisant entrer dans plusieurs triangles de forme quelconque que nous appellerons *triangles secon-daires*.

On obtient ces derniers points en construisant les angles sur la feuille du levé, au fur et à mesure qu'on les observe.

---

angles sur celle de Plouescat, cap Finistère, qui avait été mesurée directement et trouvée égale à $10526^m,91$; le calcul a donné le même résultat.

Partant de la base de Perpignan, on s'est dirigé sur celle de Gourbera (Landes), qui avait été mesurée et trouvée égale à $12220^m,031$; le calcul a donné $12220^m,769$.

Le sommet cherché résulte ainsi du recoupement de deux droites ; or, un recoupement est d'autant plus exact que les droites qui le produisent tendent à être perpendiculaires l'une à l'autre ; on peut donc dire que, de tous les triangles secondaire, le meilleur est celui qui est rectangle au point dont on cherche la projection. Quoi qu'il en soit, on ne doit pas rejeter les sommets qui sont placés sur des angles aigus ou obtus, tant parce que l'on est dans la nécessité d'utiliser les points matériels qui existent sur le terrain que parce que l'on peut vérifier leurs projections en les faisant entrer dans plusieurs triangles.

(15) *Limite des côtés des grands triangles.* L'erreur linéaire CC′ (*fig. 8*), qui résulte de l'erreur angulaire α, est d'autant plus grande que le côté du triangle équilatéral est lui-même plus grand. Or la quantité CC′, que nous désignerons par E, doit être inappréciable sur le plan ; il est donc nécessaire d'établir, entre E, α et AF $=$ AC $=$ B (*), une relation qui permettra de trouver la limite du côté B.

Si les erreurs sont soustractives sur les deux angles. le triangle ACC′ donne $\dfrac{AC}{CC'} = \dfrac{B}{E} = \dfrac{\sin.\,CC'A}{\sin.\,\alpha}$, et comme

$$CC'A = 200 - \left(\frac{C}{2} + \alpha\right),\quad \frac{B}{E} = \frac{\sin.\left(\dfrac{C}{2} + \alpha\right)}{\sin.\,\alpha}.$$

L'angle α atteint rarement 5 minutes centésimales, il est donc assez petit pour que l'on puisse le négliger auprès de $\dfrac{C}{2}$, et la relation trouvée devient :

$$(1)\quad \frac{B}{E} = \frac{\sin.\dfrac{C}{2}}{\sin.\,\alpha}.$$

(*) Le triangle est équilatéral, par hypothèse.

Si les erreurs sont additives, le sommet C se déplace de la quantité $CC'' = E$ et le triangle ACC'' donne $\dfrac{B}{E} = \dfrac{\sin.\left(\frac{C}{2} - \alpha\right)}{\sin.\alpha}$, équation qui, par la suppression de α au numérateur, devient identique avec (1).

Enfin, quand les erreurs sont alternatives, le sommet C se déplace en C''' sur un segment capable de l'angle ACF décrit sur AF. Le triangle CAC''' donne : $\dfrac{B}{E} = \dfrac{\sin. CC'''A}{\sin.\alpha}$.

Il s'agit d'exprimer l'angle $CC'''A$ en fonction de quantités connues.

Dans le triangle CAC''', on a :
$$CC'''A = 200 - C'''CA - CAC''$$
$$= 200 - C'''CA - \alpha.$$

Si l'on joint les points C et C''' au centre O du cercle circonscrit, on remarque que
$$C'''CA = C'''CO + OCA.$$

Or, dans le triangle isocèle $C'''CO$, l'angle
$$C'''CO = 100 - \frac{O}{2} = 100 - \alpha, \text{ car } O = 2\,\alpha.$$

$OCA = \dfrac{C}{2}$, donc $C'''CA = 100 - \alpha + \dfrac{C}{2}$.

Remplaçant $C'''CA$ par cette valeur dans l'expression de $CC'''A$, on trouve :
$$CC'''A = 200 - 100 + \alpha - \frac{C}{2} - \alpha$$
$$= 100 - \frac{C}{2},$$

d'où $\sin. CC'''A = \sin.\left(100 - \dfrac{C}{2}\right) = \cos.\dfrac{C}{2}$,

et enfin (2) $\dfrac{B}{E} = \dfrac{\cos.\frac{C}{2}}{\sin.\alpha}$.

L'angle $\dfrac{C}{2}$, moitié de celui du triangle équilatéral, vaut

$33^g,33'$. son sinus est $\dfrac{1}{2}$, son cosinus $\dfrac{\sqrt{3}}{2}$, on a donc :

$$(1)\ \frac{B}{E} = \frac{1}{2\sin.\alpha}, \quad (2)\ \frac{B}{E} = \frac{\sqrt{3}}{2\sin.\alpha}.$$

Il convient de ne discuter que celle de ces deux équations qui donne la plus petite valeur pour B, et qui correspond au minimum de E.

Conservons donc seulement la formule (1), dans laquelle on peut poser $E = eM$, $B = bM$ (7), et qui devient :

$$\frac{b}{e} = \frac{1}{2\sin.\alpha}.$$

Pour discuter cette relation, qui ne contient plus que des valeurs graphiques, on a trois cas à considérer :

1° Quand on doit exécuter un plan sans données préliminaires on cherche b après avoir remplacé e par le chiffre $0^m,0002$ qui, comme nous l'avons dit, est la limite des quantités appréciables à vue, il vient : $b = \dfrac{0^m.0002}{2\sin.\alpha} = \dfrac{0^m.0001}{\sin.\alpha}$.

On se rend compte de la valeur de b en remarquant que les instruments employés à la mesure des angles comportent, en général, une erreur de lecture de 1 ou 2 minutes centésimales.

Dans la 1re hypothèse. $b = \dfrac{0^m,0001}{\sin.1'} = \dfrac{0^m.0001}{0,000157} = 0^m,64$;

dans la 2e hypothèse. $b = \dfrac{0^m.0001}{\sin.2'} = \dfrac{0^m.0001}{0,000314} = 0^m,32.$

Les longueurs naturelles correspondant à ces chiffres, sont 6400 mètres ou 3200 mètres à l'échelle de $\dfrac{1}{10000}$.

2° Si l'on a des points déterminés par un travail prélimi-

naire, b cesse d'être l'inconnue, on cherche sin. $\alpha = \dfrac{c}{2\,b}$, et
la valeur trouvée pour α fait connaître le degré d'approximation que devra présenter l'instrument destiné à la mesure
des angles.

Si, par exemple, $b = 0^{m},28$, sin. $\alpha = \dfrac{0^{m},0002}{0,56} = 0,000357,$
quantité plus grande que le sinus de $2'$, il suffira donc d'avoir
un instrument donnant les angles à $2'$ près.

3° Des points étant donnés, on peut n'avoir qu'un seul instrument à sa disposition. Dans ce cas, l'inconnue devient
$c = 2\,b$ sin. α. La valeur trouvée indique le degré de confiance
que l'on peut accorder à un travail exécuté dans de semblables conditions.

On a. par exemple, $b = 0^{m},33$, $\alpha = 2'$ ou sin. $\alpha = 0,000314,$
on trouve $c = 0^{m},0004$. Si le plan est levé à l'échelle de
$\dfrac{1}{10000}$, on ne pourra compter sur l'exactitude des distances
qu'à 4 mètres près.

(16) *Passer d'une base trop courte à une base plus longue.*
Quand le terrain ne permet pas de mesurer une base assez
longue, ou quand les points qui marquent les extrémités de
cette ligne ne sont pas commodes pour l'observation des
angles, on la rattache au côté du triangle le plus voisin, duquel on part pour effectuer le canevas.

Supposons que
l'on ait mesuré
RS. et que l'on
veuille en dé-
duire FG (*fig.* 9):
on marque dans

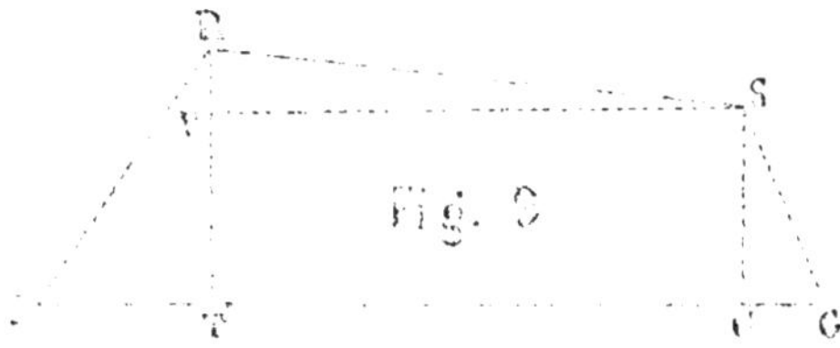

la campagne l'alignement de cette dernière droite sur laquelle on abaisse les perpendiculaires RT, SU, que l'on mesure directement ou par un moyen trigonométrique quelconque. Si par S on imagine SV parallèle à FG, cette ligne fait partie d'un triangle rectangle dans lequel on a l'hypoténuse, et le côté $RV = RT - SU$; il en résulte $SV = TU = \sqrt{SR^2 - VR^2}$. On cherche ensuite FT et GU ; pour cela on mesure les angles FRT, USG, et on a : $FT = TR$ tang. R, $UG = SU$ tang. S. Ces quantités, ajoutées à SV, donnent la longueur cherchée.

(17) Afin que le lecteur comprenne bien que le *triangle équilatéral* n'est adopté que parce qu'il a la propriété de couvrir le terrain plus rapidement qu'aucun autre du même périmètre, nous démontrerons que ce triangle pris isolément n'est pas celui qui occasionne les plus petites erreurs.

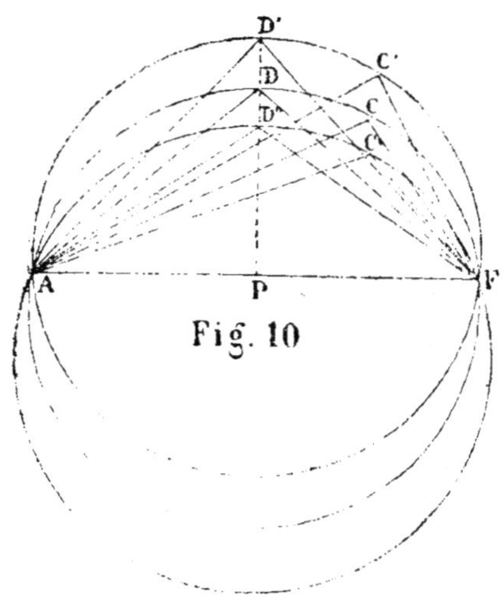

Fig. 10

Soit AFC (*fig.* 10), un triangle quelconque dans lequel on connaît la base graphique $AF = b$; proposons-nous de trouver une relation entre cette base, l'erreur angulaire α, l'erreur linéaire e qui en résulte, quant à la position du sommet cherché et l'angle C de ce sommet.

Considérons successivement les trois cas qui peuvent se présenter.

1er *Cas.* — Quand les erreurs sont additives, sur les deux angles, le sommet C vient se placer en C' sur un segment capable de l'angle $C - 2\alpha$ décrit sur AF. On voit que l'erreur CC′ tendra à augmenter au fur et à mesure que le triangle s'approchera d'être isocèle et qu'elle atteindra son maximum à cette limite. Cherchons en conséquence la valeur de $DD' = e$. Le triangle ADD′ donne :

$$\frac{DD'}{AD} = \frac{\sin.\alpha}{\sin.\left(\frac{D}{2} - \alpha\right)} = \frac{\sin.\alpha}{\sin.\left(\frac{C}{2} - \alpha\right)}, \text{ puisque } D = C.$$

D'autre part, $AP = \frac{b}{2} = AD \sin.\frac{C}{2}$ d'où $AD = \dfrac{b}{2\sin.\frac{C}{2}}$; on a

donc $DD' = e = \dfrac{b \sin \alpha}{2\sin.\frac{C}{2}\sin.\left(\frac{C}{2} - \alpha\right)}$. Comme α est toujours une quantité insignifiante par rapport à $\frac{C}{2}$, on peut la négliger au dénominateur, et on a :

$$(1) \quad e = \frac{b \sin.\alpha}{2\sin.^2 \frac{1}{2}C}.$$

2e Cas. — Quand les erreurs sont soustractives, le point C se place en C″ sur un segment capable de l'angle $C + 2\alpha$ décrit sur AF, et si, comme précédemment, on cherche DD′ considéré comme une limite de l'erreur linéaire, on trouve

$$e = \frac{b \sin.\alpha}{2\sin.\frac{C}{2}\sin.\left(\frac{C}{2} + \alpha\right)}.$$

relation qui devient identique avec **(1)**, quand on supprime α au dénominateur.

3e Cas. — Quand les erreurs sont alternatives, le point C vient en C′ (*fig.* 11) sur un

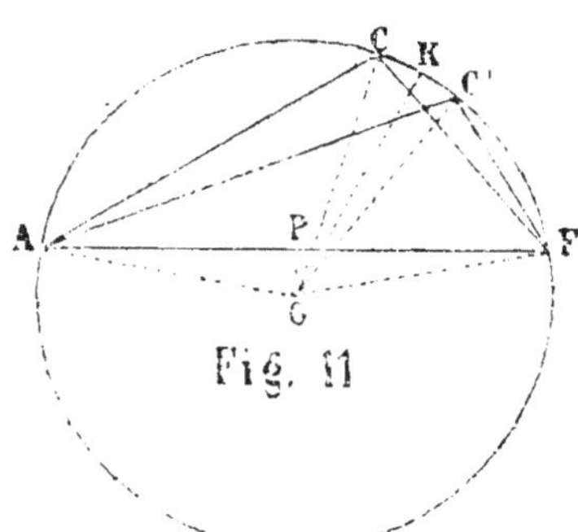

Fig. 11

segment capable du même angle. Désignons par R le rayon du cercle circonscrit, et joignant C, C′ au centre O de ce cercle.

Si l'on remarque que $COC' = 2\alpha$, on a $CK = \dfrac{c'}{2} = R \sin.\ \alpha$ ou $c' = 2 R \sin.\ \alpha$, relation dans laquelle il faut remplacer R en fonction de b ; pour cela, on abaisse du centre O la perpendiculaire OP sur AF, et on a : $PF = \dfrac{b}{2} = R \sin.POF$, mais POF est supplémentaire de C ; en effet $AOF + 2ACF = 4$ droits, prenant la moitié de part et d'autre, on a $POF + ACF = 2$ dr. ; donc $\sin. POF = \sin. C$ et $\dfrac{b}{2} = R \sin. C$, d'où $R = \dfrac{b}{2 \sin. C}$, et enfin

$$(2)\quad c' = \frac{b \sin.\alpha}{\sin. C}.$$

Les relations (1) et (2) prouvent que le minimum de l'erreur correspond au maximum de sin. C, auquel cas $C = 100$, d'où il résulte que le triangle rectangle pris isolément serait le meilleur.

Voyons maintenant comment varieront les valeurs de c et c', selon que C sera moindre ou plus grand que $100°$.

Pour $C < 100$, on a : $\frac{1}{2}C < 50$, $\sin. \frac{1}{2} C < \cos. \frac{1}{2} C$, multipliant de part et d'autre par $2 \sin.\frac{1}{2}C$, il vient $2 \sin.^2 \frac{1}{2}C < 2 \sin.\frac{1}{2}C \cos.\frac{1}{2}C = \sin. C$, donc

$$c < c'.$$

Pour $C > 100$, on a : $\frac{1}{2}C > 50$, $\sin. \frac{1}{2}C > \cos.\frac{1}{2} C$, $2 \sin.^2 \frac{1}{2}C > \sin. C$, donc

$$c' > c ;$$

ce qui démontre que (1) donnerait la limite des angles aigus, et que (2) fournirait celle des angles obtus.

Si donc on attribuait à c la valeur convenue $0^m,0002$, si l'on remplaçait α par l'approximation de l'instrument destiné à la mesure des angles, et b par une valeur numérique, on en conclurait des angles limites entre lesquels on pourrait chercher des sommets de triangles, où l'erreur graphique sur le côté ne dépasserait pas 0^m,0002.

Cette théorie prouve surabondamment que l'on peut employer des triangles quelconques, mais nous pensons que c'est là tout ce que l'on peut en tirer pour l'exécution d'un canevas.

En effet, si on veut la pousser jusqu'à ses dernières applications, on devra calculer les angles limites pour chaque base nouvelle, ou bien construire une table dans laquelle on inscrira les valeurs de C en regard de celles de b et α, et qui permettra de trouver C, chaque fois qu'on emploiera une nouvelle base auxiliaire.

Quand on opérera sur le terrain, on tracera sur la base quatre segments capables des angles limites trouvés dans la table, et on ne considérera comme bons que les triangles qui, s'appuyant sur cette base, ont leur troisième sommet compris entre les segments. Chaque fois que l'on prendra une nouvelle base auxiliaire, on devra tracer de nouveaux segments.

On saura, il est vrai, que les triangles sont dans de bonnes conditions, mais on n'en sera pas moins dans la nécessité de vérifier les points conclus toutes les fois qu'on pourra le faire.

Il nous paraît donc avantageux d'accepter la théorie développée (14) et (15), d'après laquelle :

On commence le canevas avec de grands triangles qui affectent autant que possible la forme équilatérale, pour continuer le travail avec des triangles quelconques, dont on vérifie les sommets conclus.

(18) *Généralités sur le détail de la planimétrie, sur ce que l'on entend par les méthodes de recoupement et de cheminement.*

Quand on a terminé le canevas, on a sur le papier une

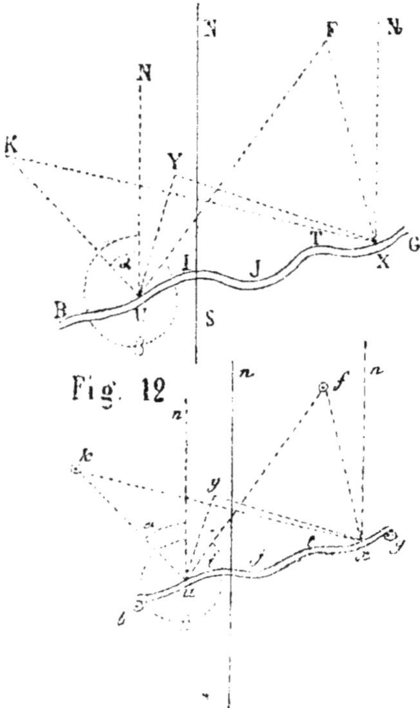

Fig. 12

série de points b, k, f, g (*fig.* 12) qui sont les projections de B, K, F, G, etc.

Par un procédé que nous ferons connaître plus loin (83), on sait dé-terminer la méridienne dans la campagne, et c'est après l'avoir tracée sur le papier que l'on effectue le canevas qui se trouve *orienté*. Soit donc NS méridienne et *ns* la projection.

Les points de détails dont on se propose de trouver les projections sont des *carrefours*, *coudes de chemins*, *an-gles de murs ou de bois*, *ponts*, *maisons isolées*, etc.

Pour résoudre ce problème, on emploie ordinairement la *boussole*, instrument qui, disposé convenablement, donne les angles que les côtés des triangles font avec la méridienne. Ces angles, que l'on nomme *azimuts*, se comptent de zéro à 400° à partir du nord pour y revenir en passant par l'ouest, le sud et l'est.

Si l'on veut obtenir la projection d'un point accessible U, on y stationne, et avec la boussole, on vise les points K, F dont les projections sont connues. Les angles α, β, donnés par l'instrument, sont les azimuts des directions KU, FU. Il est clair que si, par k, f, on trace des droites qui fassent avec *ns* les angles α, β, on construira le triangle *kuf* semblable à KUF', et *u* sera la projection de U.

Par un moyen analogue, on aura la projection *x* de X.

Si l'on veut avoir la projection d'un point inaccessible Y, il suffira de le viser des stations U, X, et de tracer par *u, x* deux droites faisant avec *ns* les azimuts obtenus.

La méthode *du recoupement* consiste donc à déterminer la projection d'un point accessible ou inaccessible par l'intersection de deux droites qui passent par des points connus et dont on a mesuré les azimuts.

Quant à la méthode *du cheminement,* elle résulte de l'emploi des azimuts combiné avec la mesure directe des distances.

Après avoir déterminé *u* (*fig.* 12), l'observateur doit se diriger sur G en suivant les contours du chemin **UIJT.** Avant de quitter la station U, il prend l'azimut de **UI.** trace *ui* sur le papier, mesure la distance comprise entre U et I et la rapporte à l'échelle du levé. Il prend ensuite la direction de IJ, la rapporte en *ij*, mesure la distance et conclut *j*. Il continue ainsi jusqu'à ce qu'il arrive à un point tel que X, duquel il aperçoit deux points principaux du canevas et qu'il détermine par recoupement.

Dans la méthode du cheminement, il y a deux causes d'erreur ; 1º la mesure inexacte des azimuts ; 2º l'appréciation des distances qui ne peut être faite avec beaucoup de soin, par la raison que, dans les levés militaires, on l'effectue ordinairement au pas.

Il en résulte que l'observateur doit diriger son travail de façon à retomber aussi souvent que possible sur des points où la méthode du recoupement est applicable. On trouve d'ailleurs un moyen de vérification en remarquant que l'on peut déterminer une station au moyen d'un point connu et d'une direction.

L'observateur ayant obtenu par cheminement la projection *j* de J, il lui sera très-facile de la vérifier s'il aperçoit le point connu F, par exemple. Prenant l'azimut de JF, et rapportant cet angle par *f*, il obtiendra une direction qui coupera *ij* au point cherché. On rectifiera ainsi les distances inexactes fournies par le cheminement.

CHAPITRE II.

GÉNÉRALITÉS SUR LE NIVELLEMENT.

Cotes. — Plan de repère. — Quand on a la cote d'un point, on peut déterminer celles d'autant de points qu'on le veut. — Sections horizontales, comment on les détermine en géométrie descriptive ; elles donnent assez exactement les formes du terrain, mais elles ne permettent d'apprécier la pente qu'autant qu'elles sont équidistantes ; dans ce cas, elles prennent le nom de sections principales.—Équidistance graphique constante, avantages qui résultent de son emploi. — Sections intermédiaires. — Cas dans lesquels on fait varier l'équidistance. — Mouvements de terrain : mamelon, croupe, vallée, col. — Points que l'on doit coter sur chacun d'eux pour faciliter le tracé des sections principales. — Hachures, manière de les tracer suivant la rapidité des pentes. — Diapason. — Escarpements, rochers.

(19) Quand on exécute un nivellement on se propose d'exprimer graphiquement les hauteurs des sommets, les formes du terrain et la rapidité des pentes. Cette partie du travail joue un rôle important dans les levés militaires ; et elle demande un soin tout particulier, parce qu'elle présente des difficultés aux observateurs peu exercés.

Pour faire comprendre la marche à suivre, nous imaginerons un profil ABCDE, etc, (*fig.* 13), résultant de l'intersection du sol par un plan vertical, et nous représenterons par MN la trace du niveau moyen des eaux de la mer, auquel on rapporte ordinairement les hauteurs.

Pour tous les points qui marquent les changements de pente, on suppose les verticales Aa, Bb, etc., qui sont terminées au plan de repère MN, et que l'on nomme *cotes*, *hauteurs* ou *altitudes* des points correspondants du terrain.

Si l'on connaît à l'avance la cote Bb de B, on en déduit celles des autres points par le procédé que nous allons indiquer. Dans le cas où l'on ne connaîtrait aucune cote, on attribue à B une hauteur arbitraire Bb' et on en conclut Cc', Dd', etc. Le terrain est alors rapporté au plan M'N' au lieu de l'être au plan MN, ce qui ne présente aucun inconvénient, pourvu toutefois que l'on ait eu soin d'attribuer au point de départ une cote assez élevée pour que le terrain tout entier soit situé au-dessus du point de repère M'N'. Si l'on négligeait cette précaution, les points auraient des cotes positives ou négatives, selon qu'ils seraient situés au-dessus ou au-dessous de ce plan.

(20) *La cote d'un point étant connue, on peut en déduire celles de tous les autres points du terrain.*

Soit donnée en mètres la cote Bb de B. Pour trouver Cc, on imagine par C l'horizontale CL et on remarque que Cc = Bb — BL (*fig.* 13). La planimétrie donne la distance CL, que l'on représente dans les formules par la lettre K. Pour calculer BL, il suffit de connaître l'angle α du triangle BCL ou son complément Δ qui exprime l'inclinaison de BC sur la verticale du point C et que, pour cette raison, l'on nomme **distance zénithale**.

L'observateur obtient α ou Δ en s'établissant en C avec un

instrument qui mesure les angles dans les plans verticaux et qui les donne soit à partir de l'horizontale, soit à partir de la verticale : la cote C est donnée par la relation

$$Cc = Bb - K \tang. \alpha,$$
$$\text{ou } Cc = Bb - K \cotang. \Delta.$$

On voit que la cote de D peut se déduire de la même manière de celle de C ; d'où il résulte qu'en opérant de proche en proche et dans toutes les directions, on peut avoir les cotes de tous les points qui sont nécessaires pour le nivellement.

(21) *Sections horizontales.* Après avoir terminé l'opération précédente, on a en *a, b, c,* etc. (*fig.* 14), les projections et

Fig. 14.

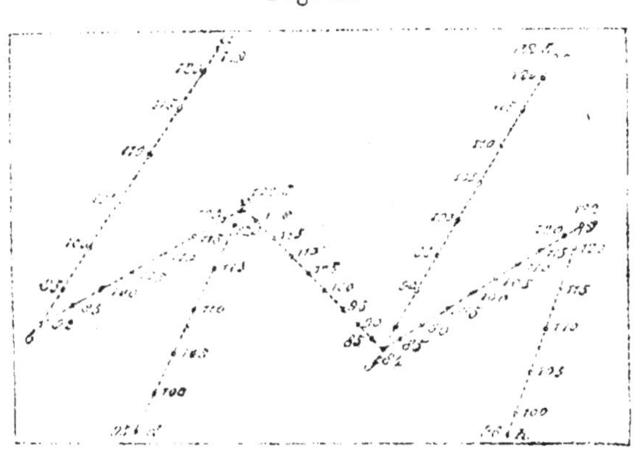

les cotes des points A, B, C, etc., du terrain, qui ont dû être choisis de telle sorte que les droites qui les unissent de proche en proche se confondent sensiblement avec le sol.

On peut joindre *ab, bc, dc,* etc.. et appliquer à ces droites les méthodes de la géométrie descriptive, dites *des plans cotés.*

2.

Nous rappellerons, à cette occasion, comment on cote une droite dont on connaît deux points.

Soit *ab* (*fig.* 15) une droite sur laquelle on veut trouver les cotes multiples de l'unité. On prend la différence 11 entre les cotes 131 et 142 de ses extrémités, et, partageant cette ligne en 11 parties égales, on a les points 131, 133....141. Si les extrémités de la ligne *a'b'* sont cotées 127,45 et 136,25, on cherche d'abord les points cotés 128 et 136.

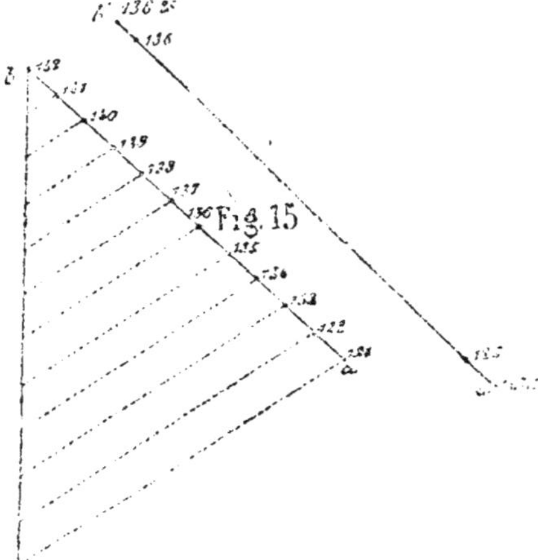

Désignons par x la distance comprise entre 127,45 et 128. On pose la proportion suivante : x est à *a'b'* comme la différence de cote entre 127,15 et 128 est à a différence de cote entre 127,15 et 136,25. ou $\dfrac{x}{a'b'}=\dfrac{0.85}{9.10}$, d'où $x=\dfrac{a'b'.0.85}{9,10}$.

On obtient la distance y entre 136,25 et 136 par la proportion $\dfrac{a'b'}{y}=\dfrac{0,25}{9,10}$, d'où $y=\dfrac{a'b'\times 0,25}{9.10}$.

Portant x et y à partir de a' et b', on trouve les points 128,136 et on retombe dans le cas précédent.

Cela posé, on cote chacun des profils de la *figure* 14, si on fait passer des lignes continues par les points 120, 110,95, par exemple, on obtient (*fig.* 16) des courbes qui représentent les projections des intersections du sol par des plans horizontaux cotés 120, 110,95. Ces lignes, que l'on appelle *sections horizontales*, donnent une idée assez exacte des formes du terrain. mais elles ne permettent pas de juger la pente au premier coup d'œil.

Fig. 16.

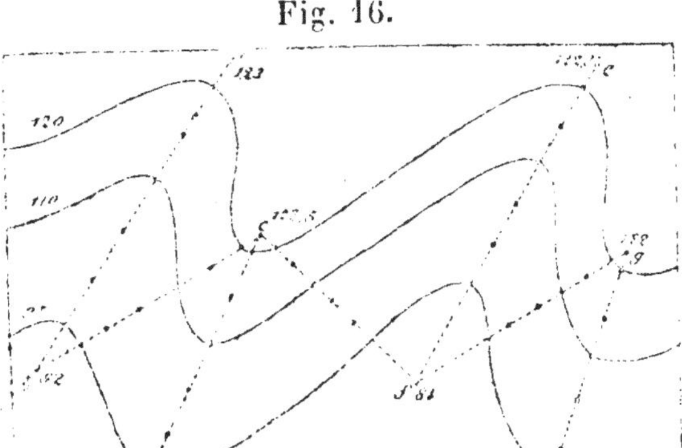

(22) *Sections principales.* Si, au contraire, on trace des lignes continues par les points 120, 115, 110. etc., par exemple, on obtient (*fig.* 17) des courbes qui représentent

Fig. 17.

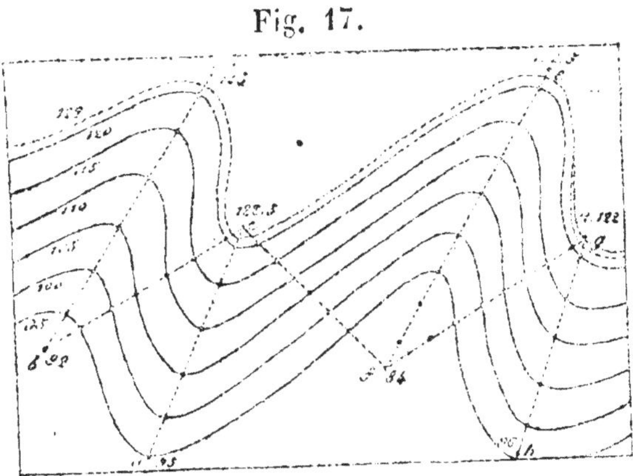

les projections des intersections du sol par des plans horizontaux *équidistants.* Ces dernières courbes. que l'on nomme *sections principales* et dont les cotes sont dites *cotes princi-*

pales, font connaître non-seulement les formes du terrain, mais encore elles permettent d'apprécier la pente, si elles sont assez rapprochées pour que l'on puisse considérer comme des droites les éléments du profil compris entre deux courbes consécutives.

Pour justifier cette assertion, il suffit de considérer trois courbes consécutives A, B, C, (*fig.* 18) coupées par un plan normal MN. Les lignes MP, PN, qui mesurent les inclinaisons des tranches, puisqu'elles sont lignes de plus grande pente de la surface, se projettent sur la trace MN. Pour avoir leurs positions réelles, il suffit de faire un rabattement autour de l'horizontale MN; on

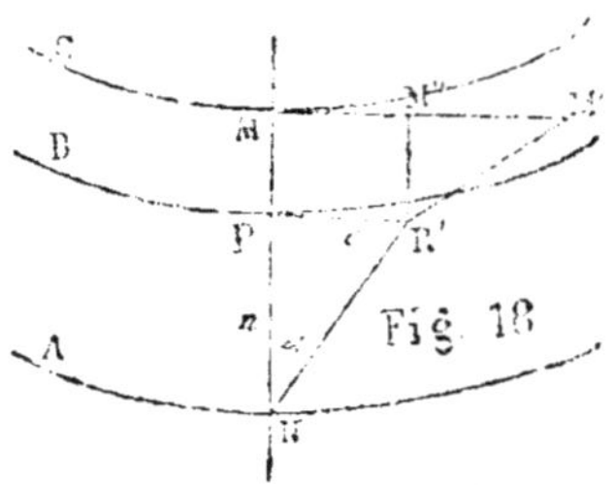

obtient deux triangles rectangles NPR', M'M"R' dans lesquels les angles N et R' expriment les pentes. Ces triangles ayant pour hauteur constante l'équidistance, on voit que les angles N, R' sont d'autant plus grands que les bases sont plus courtes, Or. ces bases expriment l'écartement entre deux courbes consécutives ; on peut donc dire que les pentes sont d'autant plus rapides que les sections principales sont plus voisines les unes des autres, et réciproquement.

(23) *Relation algébrique qui permet de calculer la pente.*

Soient e l'équidistance PR' (*fig.* 18), n l'intervalle entre deux courbes consécutives, α l'angle pente. Le triangle PNR' donne : tang. $\alpha = \dfrac{e}{n}$, équation qui permet de trouver α quand on a n, et réciproquement.

L'angle de pente étant le complément de la distance zénithale Δ, l'équation trouvée devient cot. $\Delta = \dfrac{e}{n}$, relation plus usitée que la précédente, attendu que les instruments dont on fait usage actuellement donnent les angles à partir de la verticale.

(24) *Choix de l'équidistance.* L'équidistance graphique est la quantité qui, sur un plan ou sur un relief, sépare les plans horizontaux qui donnent lieu aux sections principales.

On est convenu de lui attribuer la valeur constante de $0^m,0005$ (*), quelle que soit l'échelle à laquelle on exécute un plan ou un relief. Si on la représente par e, l'équidistance naturelle E s'en déduit par la relation $E = e\,M$ (7) dans laquelle M représente le dénominateur de l'échelle.

$$\text{A l'échelle de } \frac{1}{5000}, \quad E = 0^m,0005 \times 5000 = 2^m,50.$$

$$Idem \ldots \text{ de } \frac{1}{10000}, \quad E = \text{———} = 5^m,00.$$

$$Idem \ldots \text{ de } \frac{1}{20000}, \quad E = \text{———} = 10^m,00.$$

Quand on a tracé les courbes d'un dessin en adoptant cette convention, indique en marge l'équidistance naturelle $^m,50$, 5 ou 10 mètres, ce qui revient à dire implicitement que l'équidistance graphique est $0^m,0005$.

(25) De cette convention, on tire les conclusions suivantes :

1° *Quelle que soit l'échelle d'un plan, le même écartement de courbes exprime la pente, et réciproquement.*

(*) Cette équidistance, qui convient aux terrains moyennement accidentés, s'applique parfaitement aux échelles de $\frac{1}{10000}$ et de $\frac{1}{20000}$. Au Dépôt de la guerre, on lui attribue une valeur graphique de $0^m,00025$ qui, à l'échelle $\frac{1}{80000}$ de la carte de France, correspond à une valeur naturelle de 20 mètres.

Le second membre de la relation tang. $\alpha = \dfrac{e}{n}$ (23) est indépendant de la valeur de l'échelle, car, si l'on remplace e et n par leurs valeurs naturelles, on a : tang. $\alpha = \dfrac{eM}{nM}$, et l'on voit que α reste le même pour une valeur quelconque de M. D'ailleurs, e étant une constante, l'angle ne peut varier qu'autant que n varie, et réciproquement.

2° *Quand on réduit un dessin, on ne doit tracer que les courbes dont les cotes sont multiples de l'équidistance déterminée par l'échelle de la copie.*

Supposons que l'on réduise au $\dfrac{1}{10000}$ un dessin exécuté au $\dfrac{1}{5000}$; dans celui-ci, les sections principales ont pour cotes des multiples de $2^m,50$, tandis que dans la copie, les cotes principales sont multiples de 5 mètres ; on ne trace donc que ces dernières couches.

Si l'on réduisait au $\dfrac{1}{20000}$ un plan exécuté au $\dfrac{1}{5000}$, on négligerait toutes les sections principales dont les cotes ne seraient pas multiples de 10.

(26) *Sections intermédiaires.* Les points a, c, e, g étant, par hypothèse, sur la partie la plus élevée du terrain représenté (*fig.* 17), on trace d'abord les sections principales que l'on représente par un trait plein, après quoi on cherche la cote 122 sur chacun des profils, et on obtient une courbe qui est destinée à faire comprendre que le terrain monte encore au delà de 120, mais que, cependant, il ne monte pas jusqu'à 125. Une semblable courbe n'ayant jamais pour cote un multiple de l'équidistance, on lui donne le nom de *section intermédiaire*, et on la représente par des éléments de ligne.

On en fait autant au bas de la pente, quand son extrémité

inférieure n'est pas limitée par une section principale.

Il est clair que, quand on a la cote d'une section principale, on peut en déduire celles de toutes les autres, en ajoutant ou en retranchant l'équidistance, selon que la pente monte ou descend; il suffit donc qu'une cote soit inscrite sur l'une quelconque de ces lignes; mais il n'en est pas de même pour les sections intermédiaires qui doivent toujours porter leur cote.

(27) *Cas particuliers dans lesquels on doit faire varier l'équidistance graphique.*

Quand on lève un pays peu accidenté, on est souvent obligé de diminuer *e*, sans quoi, certaines parties du terrain échapperaient au nivellement.

Supposons qu'on lève à l'échelle de $\dfrac{1}{10000}$ le terrain dont le profil est représenté (*fig.* 19). Les plans A, B, équidistants de 5 mètres et résultant de l'hypothèse $e = 0^{m},0005$, ne donnent aucune idée des parties MN, PQ. En conséquence, on prend $e = 0^{m},00025$, ce qui donne les plans A, B, C équidistants de $2^{m},50$.

On diminue ainsi *e* jusqu'à ce que les sections principales soient assez rapprochées pour donner une expression suffisamment exacte du relief.

C'est ainsi que l'on a dû opérer dans les plaines de la Champagne et de la Beauce pour l'exécution des feuilles de détail de la carte de France.

Si on lève un pays très-accidenté, les courbes résultant de l'hypothèse $e = 0^m,0005$ peuvent être assez rapprochées pour couvrir les détails de la planimétrie, ce qui ne doit jamais avoir lieu. Dans ce cas, on pose $e = 0^m,001$ et même $0^m,002$, suivant la rapidité des pentes.

Mouvements de terrain.

(28) On simplifie les opérations du nivellement en remarquant que la surface extérieure du sol peut se décomposer en parties qui présentent constamment les mêmes analogies, et que l'on nomme *mouvements de terrain*.

Les mouvements de terrain se réduisent à quatre, savoir :

Le mamelon,

La croupe,

La vallée,

Le col.

(29) *Mamelon*. On appelle ainsi une hauteur isolée dont la forme peut varier beaucoup, suivant la nature du terrain sur lequel on la rencontre.

Dans les pays de montagnes, on lui donne les noms suivants : *pic*, si la forme est conique ; *aiguille*, si elle est très-pointue ; *dent*, si elle est prismatique ; *ballon*, si elle est arrondie, et *plateau*, si sa partie supérieure est plane.

Dans les régions moins élevées, le mamelon conserve son nom quand son élévation est de 200 à 300 mètres ; il devient une *butte* ou un *tertre*, si sa hauteur est moindre.

Pour déterminer géométriquement le mamelon, il suffit d'avoir les projections et les cotes de son sommet et des points qui, vers la base, sont propres à en caractériser la forme. On voit (*fig. 20*) comment on peut chercher, sur chacun des

profils, les cotes multiples de l'équidistance pour en déduire
les sections principales.

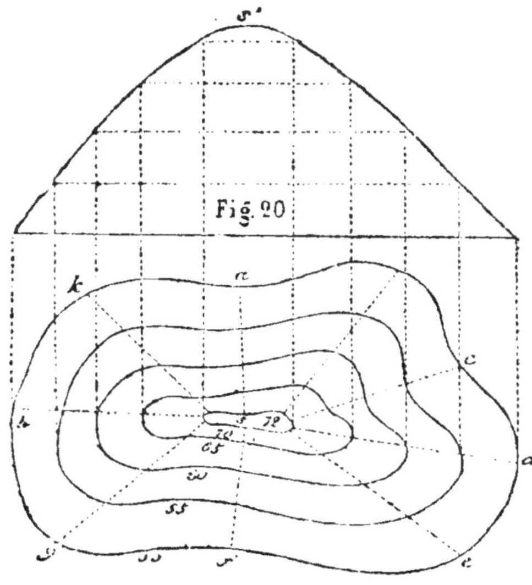

Si la partie su-
périeure du ma-
melon est termi-
née par une sur-
face à peu près
plane, comme ce-
ci a souvent lieu
dans les terrains
peu accidentés,
on se comporte à
l'égard de cette
partie, comme
nous avons pre-
scrit de le faire
pour la base, et
on obtient un résultat analogue à celui de la *figure* 21.

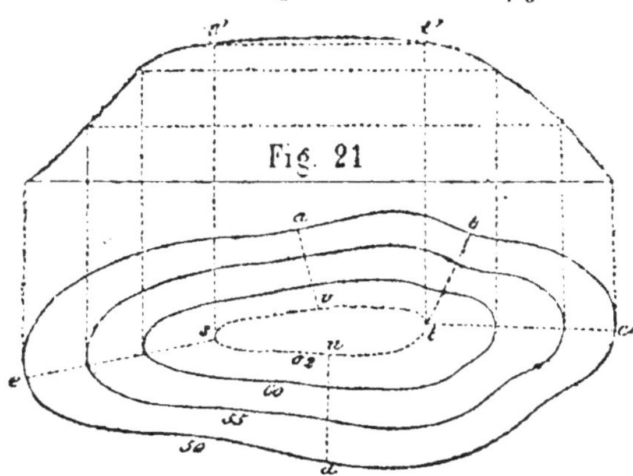

La projection verticale de la figure 20 prouve que les profils qui vont du sommet à la base ne se confondent pas entièrement avec le sol. On ne peut arriver à une exactitude com-

plète qu'en prenant des projections et des cotes sur les pentes, ce que l'on ne fait que quand on lève à une grande échelle. Dans les levés militaires, on se contente de coter le sommet et la base, et, au lieu d'employer les procédés de la géométrie descriptive pour la détermination des sections principales, on se sert des moyens approximatifs qui seront développés plus loin (151).

(50) *Croupe.* On nomme ainsi une surface convexe formée de deux versants qui se réunissent suivant une ligne que l'on nomme *ligne de partage des eaux*, ou *ligne de faîte*.

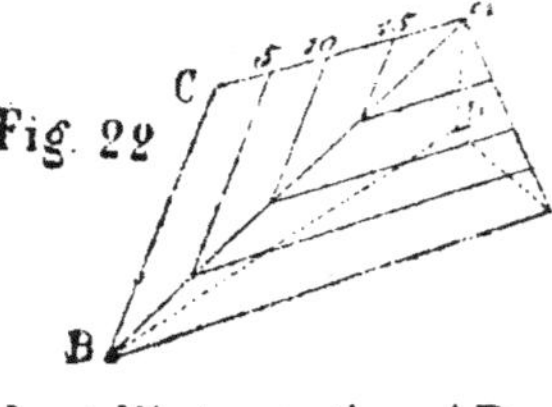

Fig. 22

Pour donner une idée bien précise de ce mouvement de terrain, nous imaginerons deux plans ABC, ABD (*fig.* 22), inclinés d'une manière quelconque, coupés par des plans horizontaux équidistants et dont l'intersection AB représente la ligne de partage.

On peut démontrer que cette dernière ligne est moins inclinée sur l'horizon qu'une ligne de plus grande pente de la surface. En effet, si l'on abaisse AP perpendiculaire sur le plan de la base, si l'on joint PB et si l'on mène PD perpendiculaire à BD, on obtient deux triangles APD, APB qui ont même hauteur; la perpendiculaire PD est plus courte que l'oblique PB, par conséquent on a ABP $<$ ADP.

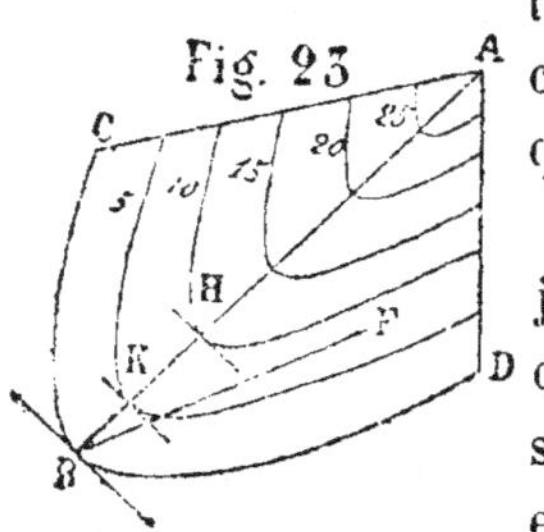

Fig. 23

Dans la nature, les surfaces sont toujours plus ou moins arrondies, de sorte que la croupe, au lieu d'être représentée par une portion de pyramide, est figurée par une portion de cône irrégulier (*fig.* 23) que nous supposons coupée par des plans horizontaux équidistants et qui, en projection plane, affecte généralement la forme indiquée (*fig.* 24).

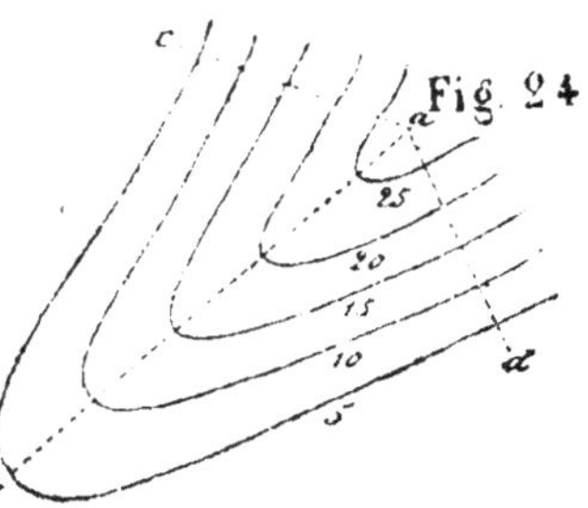

On voit que la ligne de partage est déterminée par les points de rebroussement des sections principales ; elle est ligne de plus grande pente dans le plan tangent mené suivant AB (*fig.* 23) ; mais, comme nous l'avons fait remarquer déjà, elle est moins inclinée sur l'horizon que toutes les autres lignes du même genre de la surface, et elle correspond toujours au plus grand écartement des courbes. En raison de cette propriété, elle caractérise la croupe ; on devra donc chercher les projections et les cotes de plusieurs de ses points. On agira d'une manière analogues sur les versants, et en général, quand on aura les cotes de quatre points tels que *a*, *b*, *c*, *d* (*fig.* 24), on en déduira des profils sur lesquels on trouvera facilement les points de passage des courbes que l'on tracera ensuite.

Il est important de savoir reconnaître sur le terrain quels sont les points qui appartiennent à la ligne de partage.

Supposons que l'observateur placé en A (*fig.* 23) étudie la pente de haut en bas. De toutes les directions qu'il pourra viser parallèlement au sol, AB est celle qui est la moins inclinée au-dessous de l'horizon et qui, par conséquent, a la plus petite distance zénithale.

Si l'observateur se place en B et étudie la pente de bas en haut, de toutes les directions telles que BA, BF parallèles au sol, la première est seule ligne de plus grande pente ; par conséquent, son inclinaison au-dessus de l'horizon est la plus grande, ou, en d'autres termes, sa distance zénithale est la plus petite.

On peut donc dire que l'observateur reconnaîtra pour ligne de partage celle qui, partant de son pied et rasant le sol, a la plus petite distance zénithale, soit qu'il étudie la pente de bas en haut ou de haut en bas.

(31) *Vallée.* On nomme ainsi une surface concave formée par deux *flancs* ou *berges*, qui se raccordent suivant une direction que l'on appelle *thalweg*, qui est moins inclinée à l'horizon que toutes les lignes de plus grande pente de la surface.

Comme précédemment, nous imaginerons deux plans (*fig.* 25) se rencontrant suivant AB, nous les couperons par des plans horizontaux équidistants, et par la comparaison des triangles PBC, PBA ; nous conclurons que BA est moins inclinée sur l'horizon que BC.

Fig. 25.

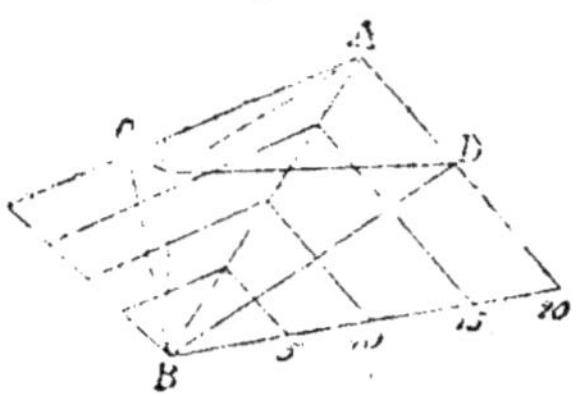

Sur le terrain, les berges se raccordent suivant une surface plus ou moins arrondie (*fig.* 26) ; le thalweg est ligne de plus grande pente du plan tangent suivant AB ; il passe par les points de rebroussement des courbes et correspond à leur plus grand écartement.

Fig. 26.

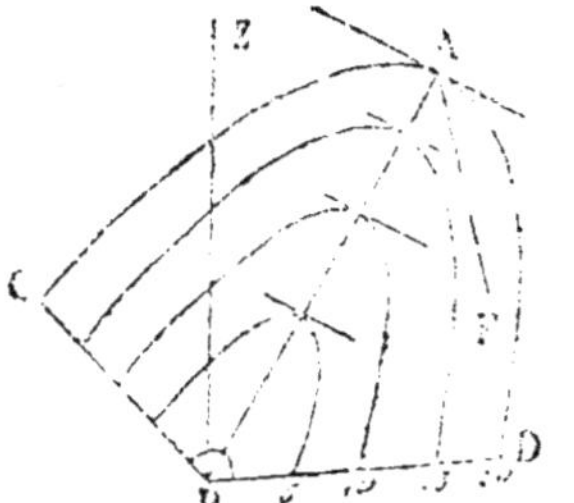

A cause de la propriété caractéristique du thalweg, il est nécessaire que l'on sache le reconnaître sur le terrain.

L'observateur, placé en B (*fig.* 26) et étudiant la pente de bas en haut, reconnaîtra facilement que l'inclinaison de BA sur la verticale Bz est plus grande que celle de toute autre ligne partant de B et rasant le sol.

S'il étudie la pente de haut en bas, il verra également que AB, qui est ligne de plus grande pente, a une distance zénithale plus grande que toute autre ligne AF.

On peut donc dire que l'observateur reconnaîtra la direction du thalweg à ce que, de toutes les lignes qui partent de son pied et rasant le sol, c'est celle qui a la plus grande distance zénithale, soit qu'il étudie la pente de bas en haut ou de haut en bas.

Fig. 27.

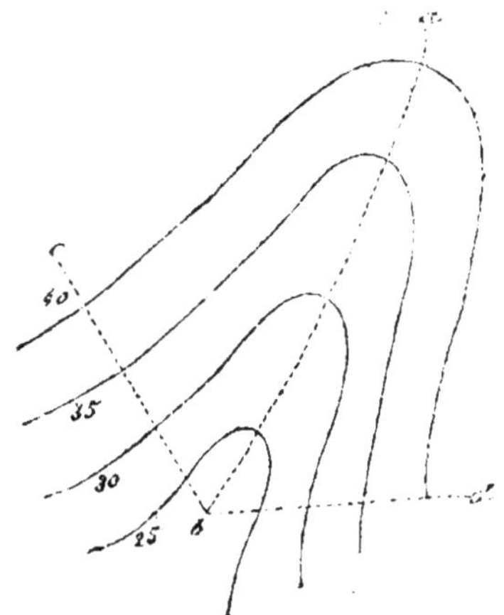

D'après cela, il est clair que si l'on cherche les cotes et les projections de quatre points a, b, c, d, (*fig. 27*), dont deux au moins sur le thalweg, on aura assez d'éléments pour tracer les sections principales de la surface.

Les lignes de communication qui donnent accès dans les montagnes, suivent ordinairement les vallées. Quand celles-ci sont étroites, rapides, profondes et inaccessibles, elles prennent le nom de *ravins*; quand elles sont accessibles, mais étroites et bordées d'escarpements, on les appelle *gorges*. Enfin, elles deviennent des *vallons* quand elles sont moins étroites et bordées par des hauteurs accessibles.

(32) Le terrain présente ordinairement une succession alternative de croupes et de vallées ; c'est une loi générale de

la nature, qui, pour un observateur non exercé, n'est facilement appréciable que dans un pays quelque peu accidenté.

Il résulte de cette observation, qu'un rideau de moyenne
hauteur a une grande analogie avec le terrain représenté
(*fig.* 17), sur lequel on peut voir que les berges des vallées
sont les versants des croupes adjacentes, et réciproquement.
De cette remarque, on conclut que le plus souvent il suffit
de coter les lignes de partage et les thalwegs. Les profils tels
que *cf*, *fg*, etc., permettent de trouver les points de passage
des courbes sur les versants.

(33) *Col.* On nomme ainsi le point le plus élevé de la ligne
d'intersection de deux surfaces convexes, croupes ou mame-
lons.

Considérons deux croupes A, A' (*fig.* 28) représentées par

Fig. 28.

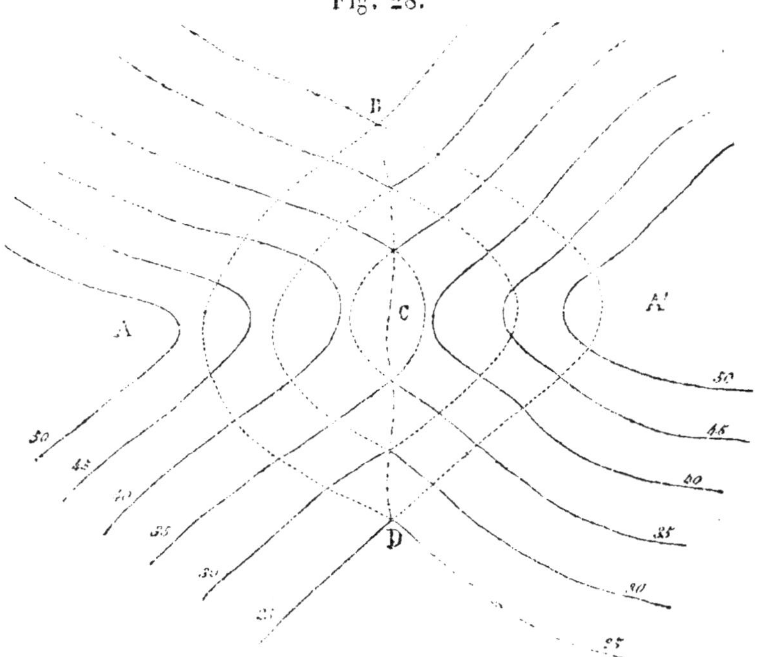

les courbes 50, 45, 40, au-dessous desquelles la pente se continue par les sections principales 35, 30, etc. Ces dernières déterminent par leur rencontre la ligne d'intersection DCB des deux surfaces.

Un observateur qui suit cette ligne en partant de D, devra monter jusqu'en C; arrivé en ce point, il aura en avant et en arrière les deux pentes descendantes représentées par le profil BCD (*fig.* 30);

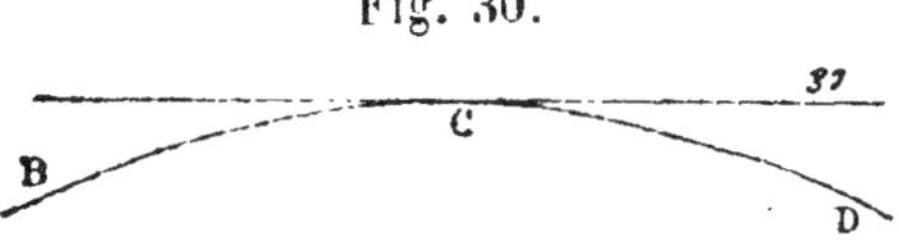

Fig. 30.

à droite et à gauche, il aura les pentes ascendantes CA, CA' re-présentées par le profil ACA' (*fig.* 31). Quand ces dernières

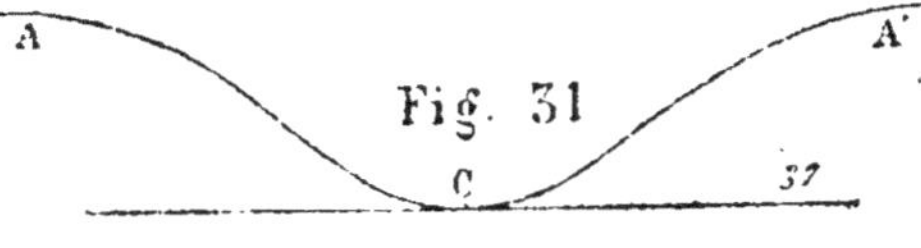

Fig. 31

pentes sont rapides et ne laissent qu'un passage long et étroit (*fig.* 32), le col devient un *défilé*.

Dans la nature, il est rare que les courbes 35, 30, etc. (*fig.* 28), forment entre elles

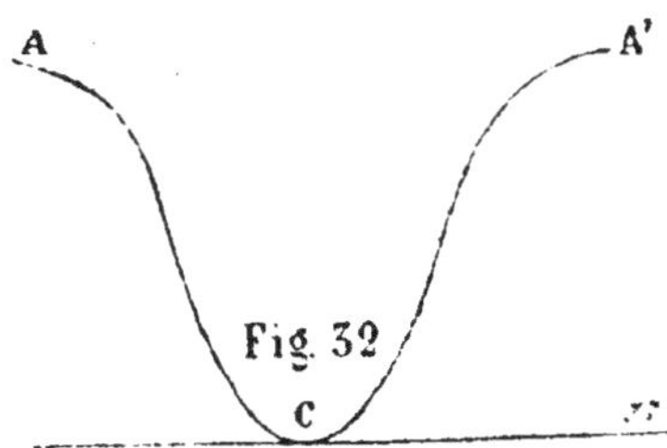

Fig. 32

un angle bien marqué; elles se raccordent par une surface plus ou moins arrondie (*fig.* 29) et la ligne d'intersection passe par les points de rebroussement.

On voit : 1° que la cote du col ne sera jamais un multiple de l'équidistance à moins que, comme cas très-particulier, deux sections principales ne soient tangentes au point C ; 2° que le col donne toujours naissance à deux vallées dont les thalwegs sont CD, CB.

Voyons maintenant comment on doit opérer pour obtenir sa représentation géométrique.

Fig. 29.

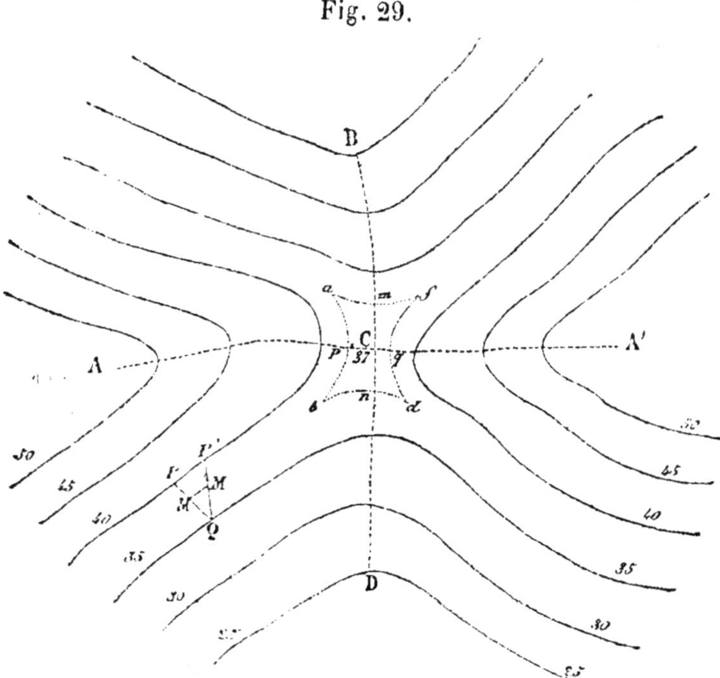

Il est clair qu'on devra d'abord chercher la cote du point
C, qu'il sera facile de reconnaître sur le terrain d'après ce
que nous avons dit plus haut ; on cotera ensuite les lignes de
partage AC, A,C puis les thalwegs BC, CD. Il suffit que les
points A, A', B, C, D soient connus par leurs projections et
par leurs cotes pour que le problème puisse être résolu avec
l'exactitude approchée qui convient aux levés militaires. Si
l'on doit opérer avec beaucoup de soin, on déterminera des
cotes sur le versant des croupes.

Pour caractériser le col d'une manière complète, on fait
passer par C un plan horizontal intermédiaire qui est tangent
par rapport aux vallées et sécant par rapport aux parties
ascendantes.

Soit 37 la cote de C, le plan auxiliaire, mené par ce point, coupera les hauteurs AC, A'C suivant les courbes auxiliaires *apb, fqd* sensiblement parallèles aux sections 40. En général, ces courbes auxiliaires ne sont pas tangentes, par la raison que le terrain tend à devenir horizontal dans le voisinage de C, comme c'est indiqué par le profil ACA' (*fig.* 31). On voit que l'élément de contact du plan horizontal avec la surface est d'autant plus étendu que les pentes AC, A'C sont plus douces; c'est pourquoi on fait ordinairement passer les courbes *ab, fd* par les points *p, q* qui sont à moitié de la distance entre C et les sections immédiatement supérieures.

Si les pentes CA, A'C sont rapides, l'élément de contact tend à se réduire à un point (*fig.* 32), et les courbes *ab, fd* peuvent être tangentes.

Il faut aussi limiter l'élément de contact du plan 37 avec la surface dans le sens du profil BCD (*fig.* 30). Comme précédemment, nous ferons remarquer que cet élément est d'autant plus étendu que les pentes BC, DC sont plus douces.

En conséquence, on prend encore le milieu de la distance entre C et chacune des courbes inférieures. On obtient ainsi deux points *m, n* par lesquels on fait passer les lignes *amf, bnd* sensiblement parallèles aux sections principales inférieures. L'élément de contact se trouve ainsi limité par un quadrilatère curviligne qui définit assez exactement la forme du col.

(34) En résumé, quand on exécute un nivellement, on doit déterminer des cotes aux points suivants :

1° Aux points les plus élevés et les plus bas des pentes ;
2° Sur les lignes de partage et sur les thalwegs ;
3° Sur les cols ;
4° Aux changements d'intensité des pentes ;

3.

5° Aux points qui, sur les routes, marquent les fins de pentes.

Bien que ces derniers points n'aient pas d'importance, eu égard au nivellement général, ils permettent d'apprécier les difficultés que les routes présentent pour le parcours.

Il est clair que les points cotés doivent être d'autant plus rapprochés les uns des autres que l'échelle est plus grande et que l'on veut avoir plus d'exactitude dans l'expression du relief.

Substitution des hachures aux sections principales.

(35) L'emploi des sections principales constitue un mode de représentation très-exact ; et quand ces lignes sont tracées avec soin, le lecteur peut trouver la hauteur d'un point quelconque, pourvu que l'équidistance soit indiquée en marge et qu'une courbe au moins porte sa cote.

Supposons, en effet, que l'on veuille trouver la cote d'un point M, situé entre les courbes 35 et 40 (*fig.* 29). Par ce point on fait passer un plan normal perpendiculaire aux courbes voisines ; sa trace PQ se confond avec la projection de la ligne de plus grande pente ; si l'on opère un rabattement autour de cette trace, la normale devient l'hypoténuse d'un triangle rectangle dont la hauteur est égale à l'équidistance E, et on peut poser la proportion $\dfrac{MM'}{E} = \dfrac{MQ}{PQ}$ d'où $MM' = \dfrac{E \cdot MQ}{PQ}$; cette quantité, ajoutée à la cote de la courbe 35, donne la cote cherchée.

Quand les travaux topographiques sont exécutés au $\dfrac{1}{10000}$ ou à une échelle moindre, on donne beaucoup d'effet à l'expression du relief en substituant aux sections principales des *hachures* qui ne sont autre chose que les lignes de plus grande pente de la surface, tracées normalement à deux courbes consécutives et disposées de façon à laisser les sections principales en évidence; ce qui est indispensable au lecteur qui veut se rendre un compte exact de l'inclinaison des pentes.

Dans les cartes gravées, il arrive ordinairement que les hachures bien exécutées produisent un effet très-agréable à l'œil; mais si elles n'ont pas été tracées par un graveur qui entende bien la topographie, il est très-difficile, sinon impossible, de retrouver la trace des courbes. Dès lors, la carte perd la plus grande partie de son mérite.

On peut conclure de là que si les hachures ont l'avantage de produire plus d'effet que les sections principales,. elles ont l'inconvénient de rendre l'appréciation des pentes plus difficile, outre qu'elles exigent du dessinateur beaucoup de temps et une grande habileté de main.

Quoi qu'il en soit, il est indispensable que nous fassions connaître les méthodes qui sont adoptées au Dépôt de la guerre.

(36) Avant 1827, on ne suivait pas une loi bien précise pour le tracé des hachures. On supposait le terrain éclairé par un faisceau lumineux incliné à 50e et venant de l'ouest, Les parties opposées à la lumière recevaient une teinte fondue plus ou moins forte, selon qu'elles étaient plus ou moins dans l'ombre. Par-dessus cette teinte, on traçait des hachures, fines du côté de la lumière, fortes du côté de l'ombre.

Ce mode de représentation produisait beaucoup d'effet, et faisait merveilleusement ressortir les hauteurs, surtout pour les terrains accidentés ; cependant on a abandonné ce système, sous le prétexte qu'il était d'une exécution difficile et parce que, disait-on, il ne convient pas de teinter d'une manière différente des surfaces également inclinées à l'horizon.

Une commission, nommée par le ministre de la guerre en 1827, avait adopté un système de hachures dont le tracé était des plus simples.

Sans faire aucune hypothèse sur la direction de la lumière, on était convenu que la quantité de noir fournie par les hachures croîtrait dans le même rapport que les sinus des angles doubles des pentes diminuées de $\frac{1}{15}$.

D'après cela, on traçait des hachures fines et distantes les unes des autres du quart de leur longueur, depuis la pente de 1^g jusqu'à celle de 15^g.

A partir de cette pente, pour laquelle l'écartement des courbes est de $0^m,002$ (*), on laissait aux hachures un écartement à peu près constant de un demi-millimètre et on augmentait progressivement leur grosseur jusqu'à l'inclinaison de 50 grades que l'on considère comme la limite des pentes que peut gravir l'infanterie.

Bien que ce mode de représentation soit abandonné, il est tellement commode, que l'on a cru devoir en conserver l'application à l'Ecole militaire, au moins pour les premiers travaux des élèves.

Aujourd'hui on emploie au Dépôt de la guerre un diapason qui fixe la teinte de telle sorte que le rapport du noir au blanc soit exprimé par les $\frac{3}{2}$ de la tangente de l'inclinaison

---

(*) Ceci résulte de l'emploi de la formule $n = \dfrac{e}{\text{tang. } \alpha}$ (23) dans laquelle $e = 0^m,0005$ et $\alpha = 15^g$.

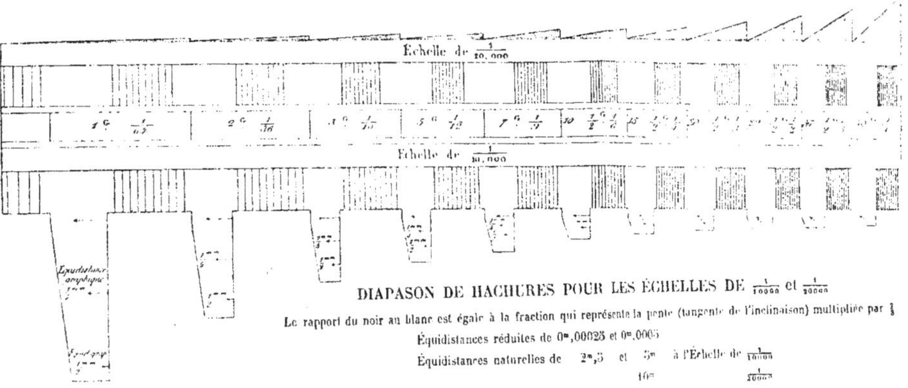

DIAPASON DE HACHURES POUR LES ÉCHELLES DE 1/10000 et 1/20000

Le rapport du noir au blanc est égale à la fraction qui représente la pente (tangente de l'inclinaison) multipliée par 1/3

Équidistances réduites de 0m,00025 et 0m,0005

Équidistances naturelles de 2m,5 et 5m à l'Échelle de 1/10000
10m 1/20000

(voir ce diapason, *pl.* 1). Il s'applique aux échelles de $\frac{1}{10000}$ et de $\frac{1}{20000}$ pour les équidistances graphiques de 0ᵐ.0005 et de 0ᵐ,00025.

Le dessinateur peu exercé découpe la partie inférieure, fait coïncider avec deux courbes consécutives les flèches qui correspondent à l'équidistance adoptée, et trace les hachures en leur laissant la grosseur et l'écartement correspondants.

Le travail se résume ainsi dans une copie qui est très-commode quand on a le diapason sous la main ; mais, quand on est privé de cet instrument, il est avantageux de s'en tenir à la méthode adoptée par la commission de 1827.

(37) *Précautions à prendre pour le tracé des hachures.*

Quand on exécute ce travail, on doit, autant que possible, se conformer aux dispositions suivantes :

1º Commencer par les pentes faibles, afin de pouvoir augmenter plus régulièrement l'intensité de la teinte.

Quand les sections sont parallèles, comme de A en B (*fig.* 33), les hachures sont des droites assujetties à être nor-

Fig. 33.

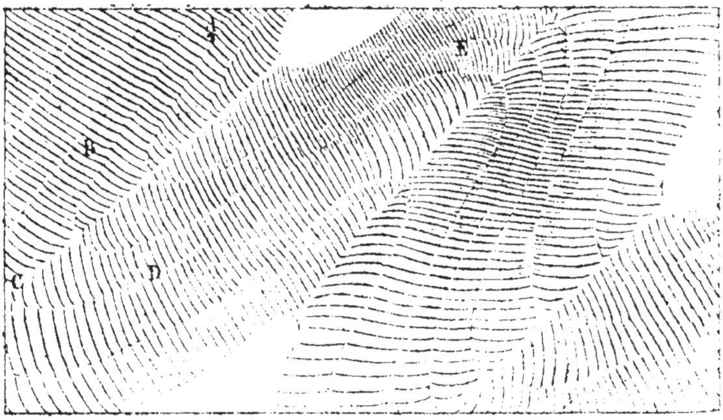

males aux courbes. Dans le cas contraire, comme dans la partie BCD, on les courbe et on fait en sorte que leurs extrémités soient normales aux sections sur lesquelles elles s'appuient. On ne les trace qu'en partie, et chacune d'elles est écartée de la précédente du quart de sa longueur, supposée entière. Si, dans ce cas, on donnait aux hachures toute léur longueur, on aurait une teinte trop forte vers le haut ou vers le bas de chaque tranche, selon que l'on représenterait une croupe ou une vallée. D'ailleurs, en agissant comme nous le prescrivons, on diminue la teinte vers la ligne de moindre pente qui forme l'arête de rebroussement.

2° Tracer les hachures d'une tranche dans les intervalles qui existent entre celles de la tranche précédente. Ceci a pour résultat de laisser en évidence les sections principales, bien qu'elles ne soient pas tracées à l'encre sur le papier.

3° Les terminer exactement sur les courbes qui limitent chaque tranche. On évite ainsi de conserver des blancs qui nuisent à l'effet du dessin et qui d'ailleurs peuvent donner une idée fausse de la forme du terrain.

4° Avoir soin qu'elles aient une grosseur uniforme dans toute leur longueur, excepté dans la première et la dernière tranche de chaque mouvement de terrain, où on les termine en pointe dans le but de fondre la teinte et pour se conformer à ce qui se passe dans la nature, où les pentes finissent habituellement d'une manière insensible.

5° Quand une pente change brusquement d'intensité, on fond la teinte entre deux tranches consécutives en grossissant les hachures par l'une de leurs extrémités ou en intercalant des bouts de ligne vers la pente la plus forte, comme de D en E (*fig*. 33).

(38) *Tracé des hachures entre une section principale et une section intermédiaire.*

La partie supérieure d'un mouvement de terrain est souvent marquée par une section intermédiaire, comme on le voit dans le mamelon (*fig.* 21) ; la même chose a presque toujours lieu dans le col (*fig.* 29).

Pour la tranche comprise entre les courbes 60 et 62 (*fig.* 21), l'écartement des hachures doit être plus grand que celui qui est fixé par le diapason. Soient D l'écartement qui correspond à l'équidistance de 5 mètres et D' celui que nous cherchons pour une différence de niveau de 2 mètres. Ils doivent être inversement proportionnels aux différences de niveau, et l'on a l'égalité de rapports $\dfrac{D'}{D} = \dfrac{5}{2}$; d'où

$$D' = D \cdot \frac{5}{2}.$$

En somme, on comprend qu'il soit inutile de chercher D', mais on ne doit pas oublier que, dans le cas qui nous occupe, il est nécessaire que l'intensité de la teinte diminue et que, par conséquent, l'écartement des hachures augmente.

(39) *Escarpements, rochers.*

Quand les escarpements sont réguliers, comme ceux qui bordent les routes et chemins de fer, on les représente par des hachures tracées dans la direction de la pente et terminées en pointe vers le bas.

On en voit des exemples (*fig.* 34), où la partie BC représente une portion de route avec talus en remblai et où BA indique un déblai.

Fig. 34.

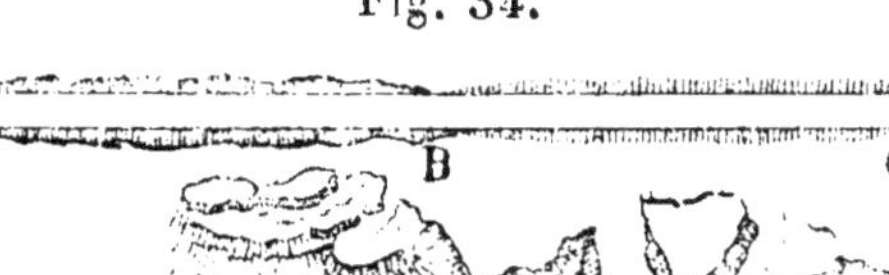

Les escarpements naturels

étant irréguliers, on les représente par des hachures plus ou moins grosses, dirigées suivant la pente et disposées de façon à faire connaître les formes (*fig.* 34).

Les rochers sont indiqués par les projections de leurs surfaces, que l'on teinte plus ou moins suivant leurs pentes présumées. Cette représentation rentrant dans le dessin d'imitation, l'observateur cherche à se rendre compte des formes générales, et il les dessine en conséquence.

(40) Il existe un autre mode de représentation qui présente de grands avantages et qu'il est bon de faire connaître, bien qu'il ne soit pas adopté officiellement :

1° Il est d'une exécution plus facile et plus rapide que le tracé des hachures ;

2° Il exprime le relief d'une manière très-satisfaisante et produit beaucoup d'effet ;

3° Il présente toute l'exactitude géométrique que l'on est en droit d'attendre d'un travail de ce genre.

Ce système consiste à tracer à l'encre les sections principales et à couvrir le dessin d'une teinte fondue à l'encre de Chine.

On peut supposer le terrain éclairé par une lumière verticale ou par une lumière oblique venant de l'ouest et plus ou moins inclinée. L'inclinaison de 50° convient parfaitement, à moins que le terrain ne soit fortement accidenté.

Dans le premier cas, les parties horizontales restent en blanc, et les pentes reçoivent une teinte d'autant plus forte qu'elles sont plus rapides, ce qui est indiqué par l'écartement des courbes.

Dans le deuxième cas, on mène aux sections principales des tangentes perpendiculaires à la projection du rayon lumineux et on joint les points de contact par des lignes continues tracées au crayon. Ces dernières correspondent à la plus grande lumière ou à l'ombre la plus forte, selon qu'elles sont placées du côté de la lumière ou du côté opposé. L'intensité de la teinte augmente en raison de l'inclinaison des surfaces sur le rayon lumineux (*).

(*) Dans mon enseignement à Saint-Cyr, j'ai dû, pour me conformer aux usages du Dépôt de la guerre, employer les hachures pour exprimer les pentes. Cependant, ce mode de représentation m'a toujours paru peu avantageux. Il occasionne une grande perte de temps et fait trop souvent perdre la trace des sections principales, qu'il importe, à mon avis, d'employer seules. Les cartes de l'état-major russe sont exécutées uniquement avec des sections. J'ai entre les mains celles qui représentent les environs de Sébastopol ; il est impossible de voir un travail plus net et plus facile à lire. J'ai introduit ce mode d'exécution dans mon enseignement à l'École militaire de Constantinople, et j'ai obtenu des résultats très-satisfaisants. Aussi je n'hésite pas à conseiller aux officiers d'abandonner le système des hachures, soit qu'ils exécutent des plans pour leur propre compte, soit qu'ils enseignent la topographie dans les écoles régimentaires. Il est facile, d'ailleurs, de donner du relief à un plan en y plaçant, au pinceau, des teintes fondues à l'encre de Chine et en augmentant l'intensité de ces teintes en raison inverse de l'écartement des sections principales. (Voir le dernier paragraphe du chapitre suivant.)

CHAPITRE III.

RÉDACTION DES CARTES ET COPIE DES DESSINS.

Couleurs en usage. — Comment on représente les lignes du terrain, les contours des eaux, la maçonnerie.—Emploi des couleurs pour le lavis. — Écritures, manières de les placer. — Ordre à suivre pour copier les dessins.— Croquis au crayon, trait à la plume. — Tracé des hachures. — Placer les arbres, les teintes, les écritures.— Ordre à suivre de préférence quand on sait dessiner —Moyens à employer quand on exprime le nivellement par des teintes fondues placées avec le pinceau.

(41) Les conventions relatives à la rédaction des cartes ont pour but d'assurer l'uniformité des travaux topographiques et de faciliter la lecture des cartes.

La rédaction d'un plan comporte :

Le trait,
L'expression du relief,
Le lavis,
Les écritures.

On emploie quatre couleurs, qui sont :

L'encre de Chine,
L'indigo ou mieux le bleu de Prusse,
Le carmin,
La gomme-gutte.

Trait. L'encre de Chine, bien noire, indique les routes, chemins, sentiers, fossés, divisions de culture, clôtures en haies vives et en palissades, arbres ; elle sert également pour le tracé des hachures.

Les routes sont marquées par deux traits pleins parallèles, en dehors et très-près desquels on en place deux autres qui indiquent les fossés.

Les chemins de grande communication vicinale sont indiqués par des traits pleins sans fossés. La largeur, toujours un peu plus grande que celle qui existe dans la nature, est proportionnée à l'importance des routes et des chemins.

Les chemins qui établissent la communication entre les villages sont représentés par deux traits, dont l'un continu et l'autre en éléments de ligne.

Les chemins d'exploitation sont marqués par deux traits en éléments de ligne.

Les sentiers sont indiqués par un gros trait continu quand ils sont praticables aux chevaux et mulets ; si les hommes seuls peuvent s'y engager, on les distingue par des éléments de ligne.

Les chemins de fer sont désignés par deux ou un trait plein suivant l'échelle ; dans le premier cas, on trace perpendiculairement à leur direction des traits distants les uns des autres de 2 à 3 millimètres.

Les divisions de culture sont entourées d'un trait fin ; les *haies* sont exprimées par un feuillé, et les *clôtures en palissades* par des éléments de ligne.

Le bleu marque les sinuosités des rivières, les contours des pièces d'eau.

Le carmin est réservé pour les constructions en maçonnerie. Si les bâtiments ou les murs tombent en ruine, c'est indiqué par des éléments de ligne.

Dans les cartes gravées, on reconnaît la maçonnerie à ce qu'elle est marquée par un gros trait.

Tracé du nivellement. Quand le relief est exprimé par les sections horizontales, on trace ces lignes à l'encre de Chine et on les interrompt aux routes, chemins, etc. S'il est représenté par des hachures, on les interrompt aux mêmes endroits que les sections principales, qui, dans ce cas, ne sont pas tracées à l'encre.

Lavis. On place des teintes plates sur les cultures et sur les maisons, fondues sur les eaux. Pour obtenir un effet agréable à l'œil, il est avantageux d'en augmenter l'intensité dans l'ordre suivant :

Terres labourées,

Prés,

Vergers,

Vignes,

Bois.

(Voir, pour plus de détails, la composition et le tableau des teintes conventionnelles.)

Écritures. On emploie des caractères dessinés dont la nature et la hauteur sont indiquées dans le tableau des écritures adoptées au Dépôt de la guerre.

Les noms des *localités* sont placés parallèlement au cadre ; ceux des *forêts* et *lieux dits* dans le sens de leur plus grande dimension ; ceux des *chemins* et *cours d'eau* dans le sens de leur direction et de gauche à droite pour faciliter la lecture.

Une carte porte plusieurs indications, savoir : en haut, *un titre* ; en bas, *une échelle* et le chiffre qui marque l'équi-distance naturelle. On y joint souvent un ou plusieurs pro-

fils sur lesquels on fait connaître la cote de l'horizontale qui
sert de base. On trace à l'encre les ordonnées des points qui
caractérisent les formes du terrain et on indique leurs hauteurs
en mètres.

Copie et réduction des dessins.

(42) Avant de copier une carte, on partage les côtés du
cadre en parties égales, on joint deux à deux les points de
division que l'on numérote de gauche à droite et de haut en
bas. On couvre ainsi le dessin de carreaux assez petits pour
qu'il soit facile d'apprécier à vue le tiers ou le quart de leur
côté, auquel on donne ordinairement une longueur de 0^{m}02.
S'il y a sur le dessin des parties couvertes de détails minu-
tieux, on y trace des carreaux plus petits. On établit sur la
feuille de la copie un cadre dont les côtés sont à ceux du modèle dans le même rapport que les échelles, et on y fait le
même nombre de carreaux.

Croquis au crayon. On dessine la planimétrie au crayon
en commençant par les grandes lignes que l'on fait passer
par les points de la copie homologues à ceux du modèle. On
termine par les détails tels que maisons, jardins, etc. Dans
l'intérieur des villages, on trace d'abord les rues par deux
traits parallèles sur lesquels on appuie les maisons.

Trait à l'encre. Avant d'exécuter le trait, il est bon de
passer légèrement la gomme sur le dessin. Cette précaution
est surtout nécessaire pour les lignes qui doivent être tracées
en rouge.

On place ensuite dans l'ordre suivant :

Le rouge pour les maçonneries.

Le bleu pour les eaux. Le bleu de Prusse étant plus bril-
lant que l'indigo, on l'emploie de préférence pour les cours
d'eau qui sont exprimés par un seul trait.

Le noir.

La mise au trait doit toujours être exécutée à la main sans le secours de la règle et du tire-ligne. Les commençants se préparent ainsi à dessiner nettement ce qui est indispensable pour l'exécution des levés sur le terrain.

Nivellement. On trace au crayon celles des sections horizontales du modèle qui ont pour cote un multiple de l'équidistance de la copie; puis on fait les hachures en se conformant aux principes donnés (37, 38).

Quand on consacre plusieurs séances à ce travail, on doit avoir soin de préparer chaque fois de l'encre nouvelle dans un godet bien lavé.

Coller la feuille. Après avoir nettoyé la feuille avec la gomme, on la colle sur un carton ou sur une planche.

A cet effet, on la mouille légèrement par derrière avec une éponge, et on ménage les bords, qui doivent rester secs sur une largeur de 0^m010 à 0^m012. On la place sur le carton, et on colle en commençant par les quatre milieux et terminant par les angles.

Pour éviter de coller trop loin, on place sur le bord une règle plate qui laisse dépasser une bande de 0^m04 environ sous laquelle on frotte avec la colle à bouche mouillée. On rabat ensuite cette bande que l'on couvre d'un morceau de fort papier sur lequel on frotte avec un corps poli; avec le bord émaillé d'un godet, par exemple.

Laver la feuille. Quand la feuille est bien tendue, on fait couler de l'eau sur le dessin et on frotte très-légèrement avec la main, jusqu'à ce que l'on s'aperçoive que l'eau n'enlève plus aucune parcelle de rouge ou de noir. Si l'on n'avait cette précaution, l'encre de Chine et le carmin se délayant sous le pinceau au moment où l'on met les teintes, le dessin se couvrirait de taches.

Placer les teintes. Elles sont placées dans l'ordre indiqué au tableau des teintes conventionnelles.

Quand une culture est représentée par une seule teinte, on lave à pinceau plein en ayant soin d'aller toujours jusqu'au fond du godet. La surface que l'on veut teinter étant entièrement couverte, on enlève l'excédant de couleur avec un pinceau à eau presque sec.

Les teintes panachées, les *bruyères* (pré et rose), par exemple, sont posées de la manière suivante : on a deux pinceaux aux extrémités d'une hampe ; avec l'un d'eux on pose le vert, en laissant des espaces blancs irréguliers ; avec l'autre on place de suite le rose que l'on conduit jusqu'à sa rencontre avec le vert. Les deux teintes, qui sont humides, se fondent parfaitement. On en fait autant pour les friches qui sont représentées par des prés et des terres labourées fondues ensemble.

Dans les rivières, pièces d'eau, on place une teinte bleue fondue depuis le bord jusque vers le milieu. Les côtés nord et ouest reçoivent une teinte un peu plus forte que les autres.

Pour les marais qui contiennent des flaques d'eau, on marque les contours de celles-ci par un trait bleu, et on pose le vert et le bleu successivement sans les fondre ensemble.

Les prés marécageux portent une teinte uniforme de pré, sur laquelle on place un panaché horizontal en bleu.

Il est favorable de placer les teintes dans l'ordre de leur intensité. A cet effet, après avoir placé les terres labourées et les prés, on ajoute du jaune à cette dernière teinte, et on obtient la couleur des vergers, qui se trouve plus jaune et plus intense que la précédente. A la teinte des vergers, on a ajouté encore du jaune pour obtenir la couleur et l'intensité qui conviennent aux bois.

Dans les villes, les maisons sont dessinées par groupes ; on leur donne une teinte un peu moins forte qu'aux maisons isolées.

Traits de force, arbres. Après avoir placé les teintes, on met un trait de force à l'est et au midi des maisons ; son épaisseur est de un tiers ou un quart de millimètre suivant l'échelle. Son intensité est un peu-plus forte que celle de la teinte placée avec le pinceau.

On place ensuite les arbres, qui sont représentés par des points plus ou moins gros à l'encre de Chine.

Ecritures. On les fait en dernier lieu. Quand on est peu exercé, il est bon de les dessiner d'abord au crayon ; on marque ensuite leurs contours à l'encre avec une plume fine ; puis on remplit l'intérieur.

Enfin, on construit l'échelle et on indique l'équidistance.

Nota. La marche que nous indiquons ici est suivie à l'École militaire, parce que les élèves n'étant pas encore exercés peuvent être dans la nécessité de gratter des hachures mal faites.

Quand on sait bien dessiner, il vaut mieux procéder dans l'ordre suivant :

1° Coller la feuille ;
2° Tracer le croquis au crayon :
3° Exécuter le trait à l'encre ;
4° Poser les teintes ;
5° Faire les hachures, les traits de force et les écritures.

En agissant ainsi, on n'est pas obligé de laver la feuille, ce qui est avantageux en ce sens que, si le papier se déforme en séchant, les dessins peuvent ne pas présenter toute l'exactitude désirable.

Marche à suivre quand on exprime le relief par des teintes fondues.

On exécute le trait comme nous venons de le prescrire, et on trace les sections principales à l'encre.

On prépare ensuite une teinte d'encre de Chine qu'il est avantageux de transvaser dans une cuvette en papier afin d'éviter les taches.

On commence par poser une teinte légère que l'on fond vers les parties qui doivent rester en clair et que l'on interrompt aux chemins; puis on la renforce peu à peu suivant la pente, et on arrive promptement à l'effet voulu. On ne doit pas craindre de faire un peu plus noir que ne l'indique la loi du décroissement de la lumière, par la raison que, quand on pose les teintes des cultures, celles-ci ont pour résultat d'atténuer l'effet de la teinte fondue.

Tout ce qui doit être fait à la plume, comme *escarpements*, *rochers*, est exécuté en même temps que les arbres, écritures, etc.

LIVRE II.

THÉORIE DES INSTRUMENTS.

CHAPITRE PREMIER.

Réflexion et réfraction de la lumière. — Lentilles. — Lentille biconvexe,
axe principal, centre optique, foyer principal, axes secondaires. —
Formation des images. — Loupe. — Lunette astronomique.

(43) Plusieurs instruments de topographie son fondés sur
la réflexion des rayons lumineux ; d'autres sont munis de
lunettes. Il est donc nécessaire de rappeler quelques principes
d'optique.

1° La lumière se transmet en ligne droite.

2° Quand un rayon lumineux tombe sur une surface polie,
non transparente, il se *réfléchit* dans le plan d'incidence ;
l'angle de *réflexion* est égal à celui d'*incidence*.

3° Quand un rayon lumineux AB tombe sur un corps
transparent MM, il se réfracte au point d'incidence
et prend la direction BR
(*fig.* 35), en se rapprochant
de la normale à la surface,
s'il passe d'un milieu moins
dense dans un milieu plus

Fig. 35.

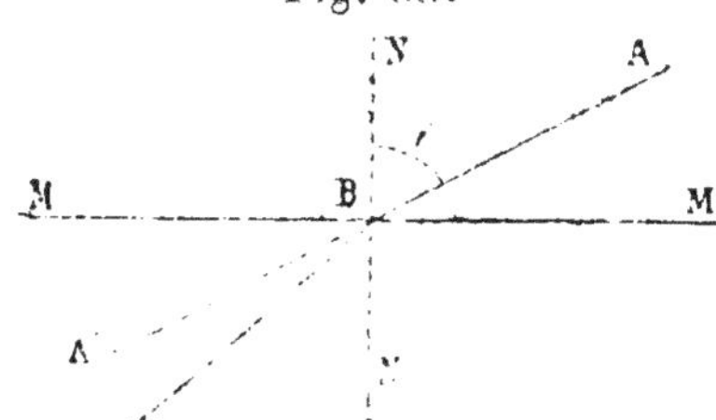

dense. Le contraire a lieu si le deuxième milieu est moins dense que le premier. On démontre que, pour les mêmes milieux, le rapport entre le sinus de l'angle d'incidence *i* et celui de l'angle de réfraction *r* est un nombre constant que l'on nomme *indice de réfraction* et que l'on représente dans les formules par *n*, de sorte que l'on a la relation $\dfrac{\sin. i}{\sin. r} = n$.

4° Si un rayon lumineux traverse un corps transparent à bases parallèles, le rayon émergent est parallèle au rayon incident. Soient ABCD (*fig.* 36) une lame de verre, IF un rayon incident qui, après avoir traversé le corps, prend la direction F'R. Les rayons IF, FF' donnent : $\dfrac{\sin. i}{\sin. r} = n$; les rayons FF', F'R donnent : $\dfrac{\sin. i'}{\sin. r'} = \dfrac{1}{n}$; d'où : $\dfrac{\sin. i}{\sin. r} = \dfrac{\sin r'}{\sin i'}$. Les angles *i'*, *r* étant égaux comme alternes internes, $\sin. i = \sin. r'$, ce qui démontre le principe énoncé.

(44) *Lentilles.* On nomme ainsi des disques en cristal (crown-glass) terminés par des surfaces sphériques, ou par une surface sphérique et une surface plane.

Nous ne considèrerons que celles dont les surfaces sont convexes et que l'on nomme lentilles *convergentes,* parce qu'elles ont la propriété de concentrer le faisceau lumineux qui les traverse.

(45) *Axe principal, centre optique.* L'axe principal d'une lentille est la droite CC' qui passe par les centres de courbure (*fig.* 37). Sur cette ligne se trouve un point remarquable O

que l'on nomme *centre optique,* et qui jouit de cette propriété que tout rayon lumineux qui y passe se réfracte parallèlement à lui-même.

Fig. 37.

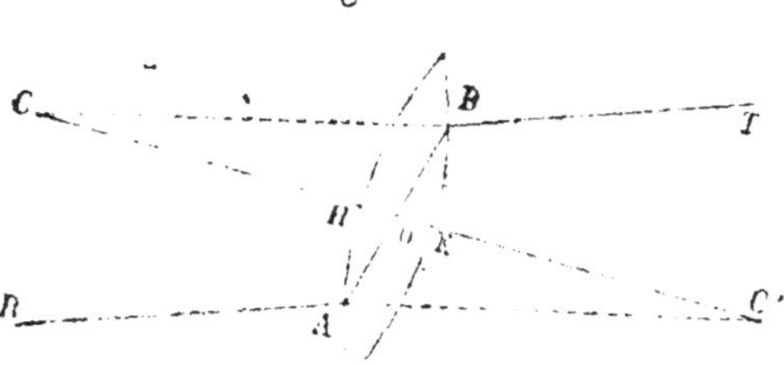

Pour trouver le centre opti-
que, on imagine par les centres de courbure C, C′ deux rayons
parallèles CB, C′A qui représentent les normales à la surface
aux points A et B. Les plans tangents en ces points sont parallèles. Il en résulte que le rayon IB, qui se réfracte suivant BA,
sortira de la lentille suivant AR parallèle à IB. Le centre op-
tique O est donné par la proportion $\dfrac{CB}{CO} = \dfrac{C'A}{C'O}$; d'où l'on tire :

$$\frac{CB}{CB-CO} = \frac{C'A}{C'A-C'O} \quad \text{ou} \quad \frac{CB}{OK} = \frac{C'A}{OH} \; ;$$

ce qui prouve que, quand
les rayons de courbure sont égaux, ainsi que cela arrive généralement, le centre optique est à égale distance des faces
de la lentille.

(16) *Foyer principal.* Un rayon lumineux IA (*fig.* 38), pa-

Fig. 38.

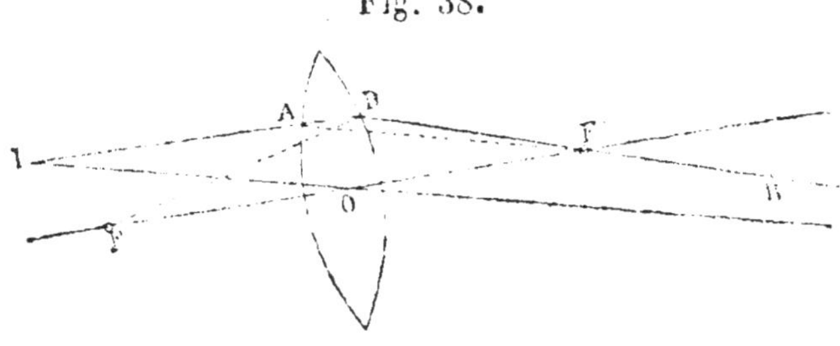

rallèle à l'axe de la lentille, se réfracte suivant AB en se rapprochant de la normale au point A. Il sort en s'éloignant de

4.

la normale au point B et vient rencontrer l'axe au point F'
que l'on nomme *foyer principal* ; OF'=OF est la **distance
focale principale**. On démontre que, dans les lentilles en
crown-glass, le point F se confond sensiblement avec le
centre de courbure quand les rayons des deux faces sont
égaux (*).

On détermine le foyer principal par expérience au moyen
d'une lumière que l'on place à une grande distance de la lentille. Du côté opposé, on établit un écran que l'on fait avancer
ou reculer jusqu'à ce que l'image qu'il reçoit paraisse aussi
nette que possible. La distance de l'écran à la lentille résout
la question.

(47) *Axes secondaires.* Un rayon lumineux IO (*fig.* 38),
partant d'un point situé en dehors de l'axe et passant par le
centre optique, sort parallèlement à la direction primitive.
Comme la réfraction est très-peu sensible pour ce rayon, on

(*) La formule qui établit une relation entre l'indice de réfraction n,
les rayons de courbures r, r', la distance s du point lumineux à la len-
tille et la distance f du foyer à cette même lentille est $\dfrac{n-1}{r} = \dfrac{n-1}{r'} + \dfrac{1}{f} + \dfrac{1}{s}$ (1) : si on pose $r = r'$. elle devient $(n-1)\dfrac{2}{r} = \dfrac{1}{f} + \dfrac{1}{s}$. Dans les lentilles en crow-glass, n est sensiblement égal à $\dfrac{3}{2}$: si on introduit cette valeur, on obtient : $\dfrac{1}{r} = \dfrac{1}{f} + \dfrac{1}{s}$. En posant $s = \infty$, ce qui
revient à dire que le rayon incident est parallèle à l'axe principal, il
vient : $\dfrac{1}{r} = \dfrac{1}{f}$ ou $f = r$, c'est-à-dire que la distance focale principale
est égale au rayon.

La formule (1) étant symétrique par rapport à f et à s, prouve qu'il y
a deux foyers conjugués l'un de l'autre.

considère ses parties comme formant une seule droite que l'on nomme *axe secondaire* et que l'on emploie avantageusement pour trouver l'image d'un objet.

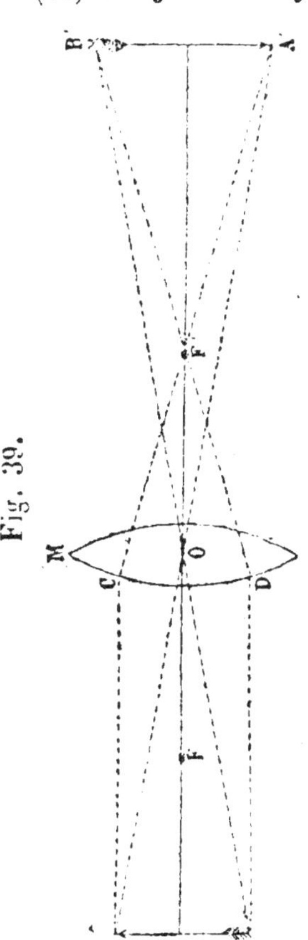

(18) *Image d'un objet.* Soit un objet AB (*fig.* 39) situé en avant d'une lentille et au delà du foyer principal. Par les points A et B, on mène les axes secondaires qui contiennent les images A′, B′ de ces points. Parmi les rayons lumineux partis de A, on choisit AC parallèle à l'axe principal; il se réfracte suivant CF′ et rencontre AA′ en A′. Le rayon BD, réfracté suivant DF′, donne B′. En joignant A′, B′, on a une image *réelle*, renversée par rapport à AB.

Il est clair que AA′ et CF′ concourent en arrière de la lentille tant que AB est au delà du foyer principal. Ceci résulte de ce que AC et OF′ étant parallèles, on a : AC$>$OF′. L'objet s'éloignant de la lentille, AC augmente par rapport à OF′ qui reste constant, et par conséquent A′ se rapproche de F′ avec lequel il se confond quand l'objet est situé à l'infini. Il en est de même pour B′; d'où l'on peut conclure que, quand un objet est très-éloigné de la lentille, son image se réduit à un point qui se confond avec le foyer principal.

Si l'objet se rapproche peu à peu, son image s'é'oigne du

foyer et s'agrandit. Quand il est placé au foyer F (*fig.* 40),

Fig. 40.

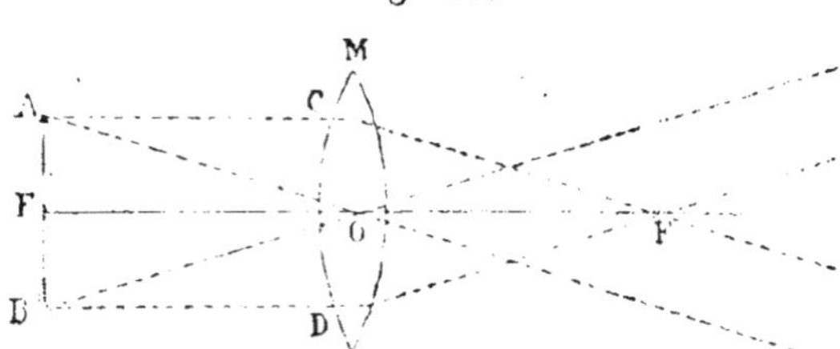

les rayons réfractés CF′, DF′ sont respectivement parallèles aux axes secondaires AO, BO, car les lignes AC, OF′ sont égales et parallèles. Par conséquent, l'objet AB n'a pas d'image, ou, en d'autres termes, elle est située à l'infini et infiniment grande.

Quand l'objet AB vient se placer entre la lentille et le foyer (*fig.* 41), l'image dite *virtuelle* est droite et située du même

Fig. 41.

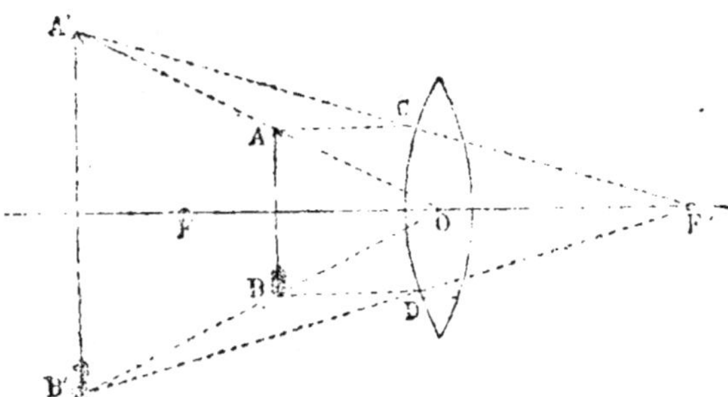

côté que AB. En effet, les rayons réfractés CF′, DF′ s'éloignent des axes secondaires AO, BO derrière la lentille. La convergence a donc lieu en avant, et on a l'image A′B′ d'autant plus grande que AB est plus près de F. On voit que, si l'objet est placé sur la lentille, son image se confond avec lui.

(149) *Loupe.* C'est sur cette dernière particularité qu'est

fondé l'instrument que l'on appelle *loupe*, et qui est destiné à fournir une image agrandie d'un objet de petite dimension. On conçoit, en effet, que l'œil placé en arrière de la lentille (*fig.* 41) verra l'objet AB suivant A'B'.

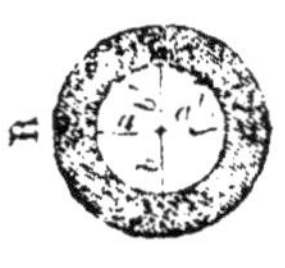

(50) *Lunette astronomique.* Cette lunette, que l'on adapte à presque tous les instruments de topographie, se compose de deux verres convergents placés sur le même axe. L'un, M (*fig.* 42), que l'on nomme *objectif*, est destiné à fournir une image des objets visés ; l'autre, N, que l'on appelle *oculaire*, joue le rôle de loupe et agrandit l'image donnée par l'objectif.

Soient F et F' les foyers de l'objectif et de l'oculaire, AB un objet situé à une grande distance. On a une image A'B' très-petite et placée sensiblement au foyer F. Le foyer F' étant au delà de F, l'oculaire fournit une image A″B″. droite par rapport à A′B′ et renversée par rapport à AB.

Malgré l'inconvénient qu'a cette lunette de présenter les objets renversés, on lui donne la préférence sur les autres, parce qu'elle n'occasionne qu'une perte insensible de lumière.

Les deux lentilles sont maintenues dans un tube cylindrique en laiton, noirci à l'intérieur. L'oculaire et l'objectif sont munis d'un tirage. Dans l'intérieur du tube est un cylindre R que l'on nomme *réticule* et qui peut recevoir un mouvement dans le sens de l'axe. Le réticule est percé d'un trou dans lequel sont deux fils très-fins aa', bb' qui se coupent à angle droit et dont le point d'intersection coïncide avec l'axe optique de la lunette.

Quant on veut se servir de l'instrument, on déplace l'oculaire au moyen de son tirage, de façon à voir bien distinctement un objet situé à 500 ou 600 mètres au moins ; puis on fait mouvoir le réticule jusqu'à ce que les fils paraissent bien nets, mais pas trop gros. On cherche ensuite à reconnaître si la croisée des fils est au foyer F. A cet effet, on déplace l'œil autant que le permettent les dimensions très-restreintes de l'oculaire, qui, à l'extérieur, est recouvert d'une plaque en cuivre, percée d'un trou de 0ᵐ002 environ de diamètre. L'image doit paraître fixée à la croisée des fils. S'il n'en est pas ainsi, on déplace l'objectif ou le réticule d'une quantité convenable (*).

(*) Si l'on veut se rendre compte du grossissement, on peut désigner par R, R′ les rayons FO, F′O des deux lentilles (*fig.* 42), et remarquer que F, F′ sont très-près l'un de l'autre. Il est clair que le grossissement augmente selon que O′ augmente par rapport à O. On a :

$$\text{tang.} \tfrac{1}{2} O = \frac{BF}{FO} = \frac{BF}{R'}, \quad \text{d'où tang.} O = \frac{A'B'}{R}:$$

Il est clair que, si la croisée des fils ne se trouve pas au foyer, l'image doit changer de position quand l'œil se déplace. Soient (*fig.* 43) R le réticule, O,O′,O″ la position de l'œil, C la croisée des fils et A″B″ l'image. Quand l'œil est en O,C paraît au milieu de A″B″; s'il est en O′ ou en O″,A″B″ paraît s'abaisser ou s'élever. On voit que cet effet disparaît quand R est sur A″B″.

de même tang. $O' = \dfrac{B'A'}{R'}$, d'où $B'A' = R \, \text{tang.} O = R' \, \text{tang.} O'$. On tire de là : $\text{tang.} \, O' = \dfrac{R}{R'} \, \text{tang.} O$. Ainsi, le grossissement est d'autant plus considérable que R est plus grand par rapport à R′.

CHAPITRE II.

INSTRUMENTS PROPRES A LA MESURE DES DISTANCES.

Chaîne. — Jalonner une direction. — Mesurer une distance et la réduire à l'horizon. — Table de réduction. — *Stadia.* — Différentes sortes de stadias, leur emploi pour mesurer des distances. — Réduction à l'horizon. — Table de réduction. — *Pas de l'homme.* — *Allure du cheval.* — *Temps employé à parcourir les distances.* — *Vitesse du son.* — *Appréciation à l'œil.*

(51) La chaîne d'arpenteur est un instrument simple et suffisamment exact pour la mesure des bases en topographie.

Elle se compose de chaînons en fer de 0^m20 de longueur, y compris les rayons des anneaux qui les unissent (*fig. 44*).

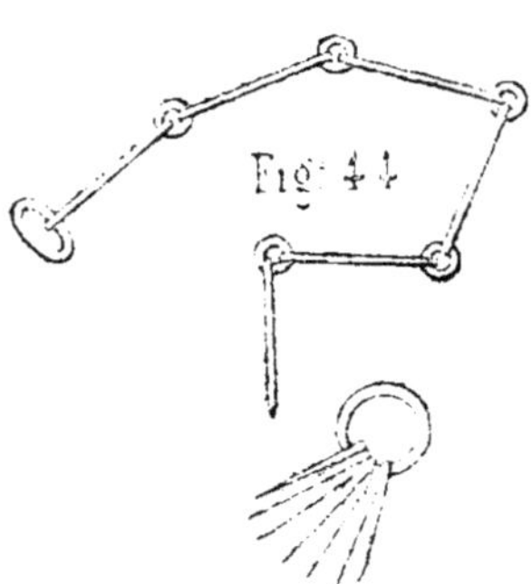

Les chaînons extrêmes sont terminés par des poignées, et la longueur du dernier chaînon avec sa poignée, est aussi de 0^m,20. De cinq en cinq chaînons, on met un anneau en cuivre pour indiquer les mètres; les autres anneaux sont en fer.

Un paquet de fiches accompagne la chaîne, dont la longueur est habituellement de 10 mètres.

(52) *Jalonner une direction.* Avant de mesurer une distance un peu longue, on doit la jalonner, afin d'avoir des points de repère qui permettent à l'observateur de se main-

tenir toujours dans le plan vertical qui contient la ligne dont il cherche la longueur.

Il peut se présenter deux cas :

1° Les extrémités de la ligne sont accessibles et visibles l'une de l'autre.

L'observateur se place en A (*fig.* 45) et envoie entre A et B

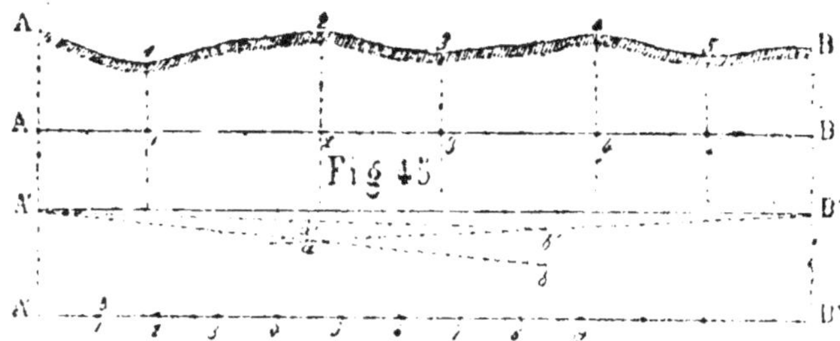

un manœuvre muni d'un paquet de jalons; il l'établit dans la direction AB et lui fait planter un jalon. On renouvelle l'opération autant de fois que c'est nécessaire.

2° Les extrémités A'B' (*fig.* 45) ne sont pas accessibles ou ne sont pas visibles l'une de l'autre.

Deux observateurs a, b se placent en dehors de la ligne A'B', se faisant face : b place a dans la direction bA' ; a déplace ensuite b par un signe de la main et l'arrête en b' au moment où il lui cache la verticale de B'. A son tour b' déplace a et l'arrête en a'. On continue ainsi successivement. Il est clair qu'au fur et à mesure que l'on avance dans l'opération, les déplacements deviennent moins sensibles et qu'il arrive un moment où les deux observateurs se cachent respectivement A' et B'. Quand il en est ainsi, on plante deux jalons et on retombe dans le cas précédent.

(53) ***Mesurer la distance avec la chaîne.*** Deux observateurs sont nécessaires pour cette opération. L'un a place en

A″ (*fig.* 45) l'une des poignées ; l'autre *b* se porte en avant, tend la chaîne sur le sol en ayant soin qu'elle ne fasse pas de nœuds : il est établi dans la direction des jalons et plante une fiche 1 contre sa poignée. Tous deux se portent en avant, *a* met sa poignée contre la fiche 1 qu'il enlève, place *b* qui plante une fiche 2. On continue ainsi de proche en proche, *b* abandonnant une fiche à chaque station et *a* la ramassant. Quand *b* a épuisé les fiches, *a* les lui rend après en avoir pris note. La distance totale est la somme des portées à laquelle on ajoute la fraction de chaîne comprise entre la dernière fiche et le point d'arrivée B″.

Nous prescrivons de traîner la chaîne sur le sol, parce que c'est plus commode et plus exact. En effet, si, dans le but d'obtenir la longueur réduite à l'horizon, on place la chaîne horizontalement, elle forme *chaînette* par l'effet de la pesanteur. Il en résulte une diminution dans la longueur de chaque portée, et par conséquent une augmentation dans l'appréciation de la distance.

(54) *Réduction à l'horizon.* Soit AD (*fig.* 46) une longueur mesurée que nous désignerons par B, α son

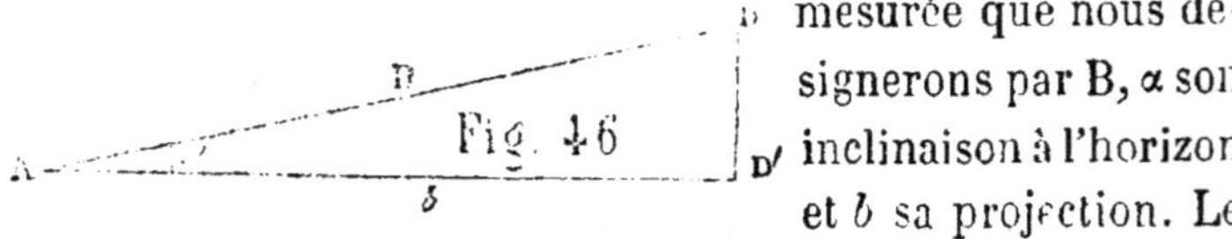

inclinaison à l'horizon et *b* sa projection. Le triangle rectangle ADD′ donne $b = B \cos. \alpha$. Cette formule, bien que très-simple, n'est pas employée, parce qu'il est favorable d'avoir la différence entre la ligne mesurée et sa projection, et aussi parce que l'angle α étant généralement très-petit, il y a avantage, pour tenir compte plus exactement de la valeur de cet angle, de substituer un sinus à son cosinus, les sinus des angles voisins de 0° variant beaucoup plus rapidement que leurs cosinus. Pour y arriver, on emploie la relation cos. $\alpha = 1 - 2 \sin.^2 \frac{1}{2}\alpha$, que l'on substitue dans l'équation (1), ce qui donne :

$$b = B\,(1 - 2\sin.^2\tfrac{1}{2}\alpha) = B - 2\,B\sin.^2\tfrac{1}{2}\alpha\,; \text{ d'où}$$

$$(2)\quad B - b = 2\,B\sin.^2\tfrac{1}{2}\alpha$$

Les angles tels que α étant toujours très-petits, leur valeur $B - b$ est elle-même assez faible, et l'emploi de la formule (2) donne la différence cherchée à 1 centième et même à 1 millième d'unité près, ce qui n'aurait pas lieu si on calculait directement b.

L'emploi de la formule (2) permet de reconnaître si la réduction à l'horizon est nécessaire. En effet, toute quantité qui ne dépasse pas $0^{m},0002$, étant inappréciable sur le papier, on voit que la réduction est inutile quand on a

$$2\,B.\sin.^2\tfrac{1}{2}\alpha \leq 0^{m},0002.\,M.$$

Quand on mesure une base, on prend la longueur et l'inclinaison de chacune de ses parties ; on en conclut une série d'équations telles que celles-ci :

$$B - b = 2\,B\sin.^2\tfrac{1}{2}\alpha.$$

$$B' - b' = 2\,B'\sin.^2\tfrac{1}{2}\alpha'$$

$$B'' - b'' = B''\sin.^2\tfrac{1}{2}\alpha''$$

d'où : $(B + B' + B'' + \text{etc.}) - (b + b' + b'' + \text{etc.}) =$
$2\,(B\sin.^2\tfrac{2}{2}\alpha + B'\sin.^2\tfrac{1}{2}\alpha + B''\sin.^2\tfrac{1}{2}\alpha''\,\text{etc.}).$

Après avoir calculé séparément les termes qui sont entre

parenthèses dans le deuxième membre, on en fait la somme S,

et on cherche si l'on a $2\,S \underset{>}{\overset{<}{=}} 0^m,0002$. M.

On évite l'emploi des logarithmes pour le calcul de $B - b$ en se servant d'une table qui fournit les projections d'une longueur de 100 mètres pour les angles de 1 à 50 grades.

Supposons que l'on ait mesuré 430 mètres sous un angle de 17 grades ; on pose la proportion suivante :

100^m : la projection sous une pente de 17^g :: 430^m : la pro-

jection x, ou $\dfrac{100^m}{96,46} = \dfrac{430}{x}$, d'où $x = \dfrac{430\;\;96,46}{100} = 414^m,\,77$.

Si l'inclinaison α n'est pas comprise dans la table, on cherche la longueur de 100 mètres sous l'angle α, puis on détermine la projection de la distance mesurée.

Supposons qu'on ait trouvé 215 mètres sous l'angle de $11^g,25$; on prend d'abord la différence $0^m,28$ entre les projections de 100 mètres à 11 et 12 grades. Ceci donne lieu à la proportion :

$$\frac{0^m,28}{100'} = \frac{x}{25'}, \text{ d'où } x = \frac{0^m,28.25}{108'} = {}^m,07.$$

La projection de 100 mètres sous l'inclinaison de $11^g,25$ est donc $98^m,51 - 0^m,07 = 98^m,44$. On pose alors la propor-

tion $\dfrac{100}{98,44} = \dfrac{215}{x}$, d'où l'on tire $x = \dfrac{215.98,44}{100} = 211,\,64$.

Table de réduction à l'horizon, pour les longueurs mesurées avec la chaîne.

INCLINAISONS sur l'horizon.	PROJECTIONS.	INCLINAISONS sur l'horizon.	PROJECTIONS.
1	99,99	26	94,77
2	99,95	27	94,14
3	99,89	28	90,48
4	99,80	29	89,80
5	99,69	30	89,10
6	99,56	31	88,38
7	99,40	32	87,63
8	99,24	33	86,86
9	99,00	34	86,07
10	98,77	35	85,26
11	98,51	36	84,43
12	98,23	37	83,58
13	97,92	38	82,74
14	97,59	39	81,82
15	97,25	40	80,90
16	96,86	41	79,97
17	96,46	42	79,02
18	96,03	43	78,04
19	95,58	44	77,05
20	95,11	45	76,04
21	94,61	46	75,00
22	94,09	47	73,96
23	93,56	48	72,90
24	92,98	49	71,84
25	92,39	50	70,74

Stadia.

55. La stadia est un instrument qui permet d'apprécier par une simple lecture la distance entre deux points. Il en existe de plusieurs sortes que nous allons étudier successivement.

(56) *Stadia à fils invariables.* On place sur le réticule d'une lunette deux fils horizontaux, A, B (*fig.* 47), fixés inva-

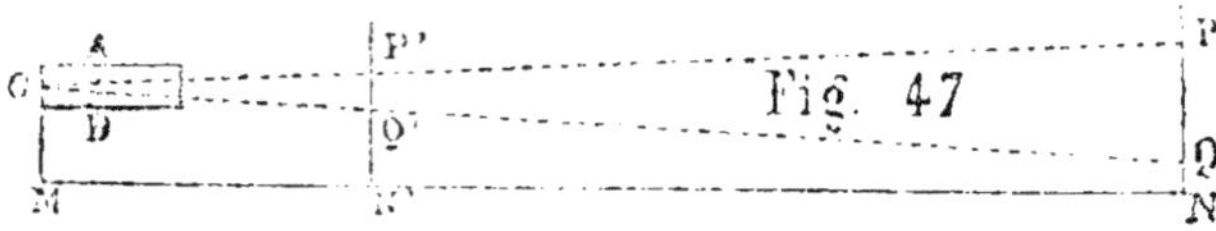

riablement. Si la distance du réticule à l'oculaire est constante, il en résulte pour l'observateur un angle visuel constant.

Il est clair que si, pour une distance mesurée MN, les deux rayons visuels embrassent l'espace PQ, sur cette règle NP, cette longueur deviendra 2, 3,.... fois plus petite, si la distance MN diminue dans le même rapport. En effet, on a : $\dfrac{OQ'}{OQ} = \dfrac{P'Q'}{PQ}$

ou $\dfrac{MN'}{MN} = \dfrac{P'Q'}{PQ}$.

En conséquence, après avoir placé les deux fils A et B, on prend une règle NP que l'on nomme *mire* et sur laquelle on marque un trait par lequel on fait toujours passer le rayon visuel inférieur.

Sur un terrain horizontal, on mesure la longueur MN de 200 mètres, par exemple ; on se place en M et l'on envoie le porte-mire en N, en lui prescrivant de tenir son instrument bien vertical. On dirige le rayon visuel inférieur sur Q, et on fait marquer par un trait le point P sur lequel vient passer le rayon visuel supérieur. On partage PQ en 200 parties égales et on gradue de 5 en 5 divisions à partir du bas.

Quand on veut mesurer une distance moindre que 200 mètres, on envoie la mire à l'une des extrémités et on se place à l'autre ; on dirige le rayon visuel inférieur sur Q ; l'autre tombe sur un chiffre qui indique la longueur cherchée.

Mire parlante. Si l'observateur veut lire la distance lui-même, il fait construire une mire parlante. C'est une règle peinte en blanc, dont les divisions sont marquées en noir, et dont les chiffres sont renversés et assez gros pour que la lunette permette de les lire facilement.

Mire ordinaire. Sur la partie antérieure de la règle est marqué un gros trait noir Q (*fig.* 48) qui correspond à zéro.

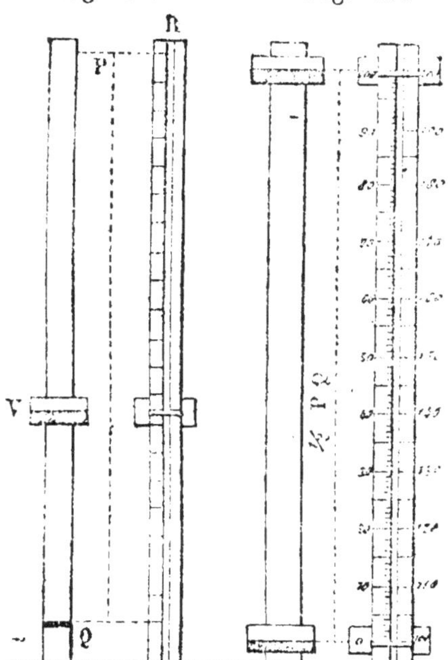

Fig. 48.   Fig. 49.

Un rectangle V, que l'on nomme *voyant*, peint de couleurs tranchantes, est fixé par une bride à une coulisse qui peut se mouvoir dans une rainure R. La partie supérieure de la bride correspond au centre du voyant.

Le rayon visuel OB (*fig.* 47) étant sur le zéro, l'observateur fait un signe de la main au porte-mire pour lui indiquer d'élever ou d'abaisser le voyant jusqu'à ce que son milieu soit rencontré par le rayon visuel OA. Quand il en est ainsi, le porte-mire lit le chiffre près duquel vient affleurer la bride du voyant et en prend note.

Autre mire moins longue. Comme l'espace PQ est au moins égal à 4 mètres, au moment de l'expérience faite par hypothèse à 200 mètres, on diminue la longueur de la mire en la construisant de la manière suivante :

On prend une règle égale à un peu plus de la moitié de PQ (*fig.* 49). Sur la face antérieure on marque un trait noir correspondant au zéro. Par derrière est pratiquée une rainure dans laquelle peut se mouvoir une coulisse de même longueur que la règle.

Sur le côté gauche de la rainure, on porte, à partir de zéro, une longueur égale à la moitié de PQ; elle est partagée en 100 parties égales et cotée de 0 à 100. Les mêmes divisions sont tracées à droite de la rainure et cotées de 100 à 200. La coulisse a deux voyants situés en avant et maintenus par des étriers en fer mobiles sur la règle. Ces voyants sont placés de telle sorte que la distance de leurs milieux est égale à (0—100) (100 à 200). Au repos, les étriers affleurent à ces graduations.

On fait porter la mire à l'extrémité de la distance que l'on veut mesurer, on dirige le rayon visuel inférieur sur le zéro, et l'on fait signe au porte-mire de monter la coulisse jusqu'à ce que le rayon visuel supérieur passe au milieu de l'un des voyants. Le porte-mire lit le chiffre auquel affleure la bride du voyant inférieur. On lui fait signe de lire à gauche ou à droite, selon qu'on a dirigé le rayon visuel supérieur sur le voyant d'en bas ou sur celui d'en haut.

La stadia dont nous venons de parler présente un inconvénient, en ce que la distance de l'oculaire au réticule varie avec la vue de l'observateur. C'est pourquoi on doit construire la mire pour son usage personnel, en ayant soin de marquer par un trait les positions de l'oculaire et du réticule au moment de l'observation qui a pour but la détermination de PQ.

(57) *Stadia à fils variables.* Dans cet instrument la distance entre les fils varie, et l'espace intercepté sur la mire par les rayons visuels est constant. On dirige le rayon visuel OB (*fig.* 47) sur le point Q, et on déplace le fil A par un mouvement qui lui est propre, jusqu'à ce que OA passe par P.

La distance OQ est donnée par la proportion $\dfrac{AB}{OB} = \dfrac{PQ}{OQ}$, d'où

$OQ = \dfrac{OB \times PQ}{AB}$. L'appareil qui sert a déplacer le fil A permet de trouver AB ; mais s'il faut aussi trouver OB, quantité variable avec la vue de l'observateur, et qu'il n'est pas possible de mesurer exactement, bien qu'elle ait de l'importance pour la détermination de OQ. Il en résulte que l'on donne la préférence à la stadia à fils invariables.

(58) *Emploi d'un tube pour construire une stadia.* A défaut de lunette, on peut prendre un tube de forme tronconique

Fig. 50.

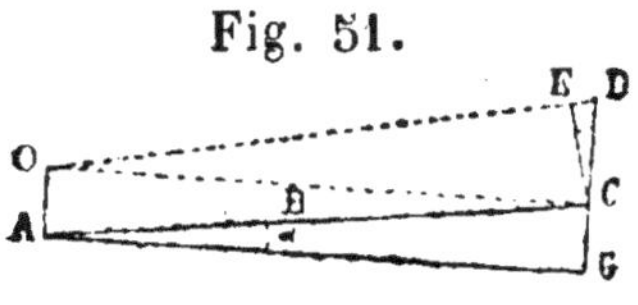

(*fig.* 50) y fixer deux fils parallèles *a, b*. L'œil étant placé en *o*, on se sert du tube comme d'une lunette et on gradue une mire comme dans le cas du n° (56).

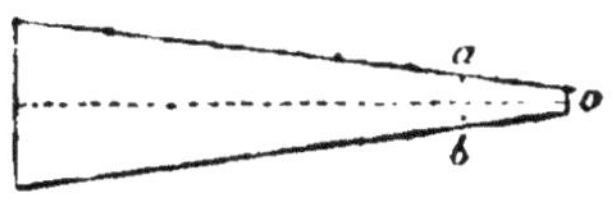

(59) *Réduction à l'horizon des distances mesurées avec la*

Fig. 51.

stadia. Quand on emploie la stadia sur un terrain incliné, la distance obtenue résulte du nombre de divisions DC (*fig.* 51) interceptée sur une mire placée verticalement ; tandis qu'elle devrait se déduire de CE, quan-

Fig. 52.

tité qui serait interceptée, si la mire était normale au terrain.

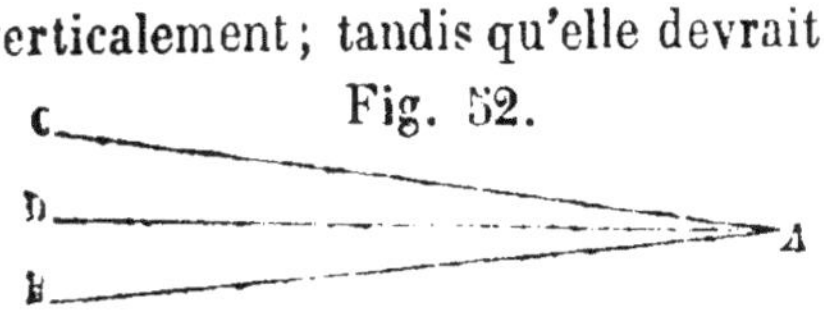

Désignons par B′ la distance appréciée et par B la longueur réelle AC. Ces deux quantités sont dans le même rapport que CD et CE, et on a : $\dfrac{B'}{B} = \dfrac{CD}{CE}$. Or, les angles DCE, CAG, sont égaux comme ayant leurs côtés perpendiculaires; par conséquent $CE = CD \cos.\ \alpha$, d'où $\dfrac{B'}{B} = \dfrac{CD}{CD \cos.\ \alpha} = \dfrac{1}{\cos.\ \alpha}$ et $B = B'\cos.\ \alpha$; mais $b = B\cos.\ \alpha$ donne $B = \dfrac{b}{\cos.\ \alpha}$: donc $\dfrac{b}{\cos.\ \alpha} = B'\cos.\ \alpha$, et $b = B'\cos.^2\alpha = B'(1 - \sin.^2\alpha) = B' - B'\sin.^2\alpha$; d'où : $B' - b' = B'\sin.^2\alpha$.

C'est au moyen de cette formule que nous avons calculé la table suivante, qui donne les réductions à l'horizon d'une longueur de 100 mètres, pour les angles compris entre 5 et 30ᵍ; limites dans lesquelles nous sommes resté, parce que, en deçà de 5ᵍ, les réductions sont trop faibles pour le peu d'exactitude que donne la stadia, et au delà de 30ᵍ les observations sont à peu près impossibles.

Tableau de réduction à l'horizon pour les longueurs mesurées avec la stadia.

INCLI-NAISONS.	PROJECTION de 100 mètres.	INCLI-NAISONS.	PROJECTION de 100 mètres.	INCLI-NAISONS.	PROJECTION de 100 mètres.
5	99,39	14	95,25	23	87,54
6	99,44	15	94,56	24	86,45
7	98,80	16	93,82	25	85,36
8	98,43	17	93,04	26	84,23
9	98,02	18	92,22	27	83,07
10	97,56	19	91,36	28	81,88
11	97,05	20	90,46	29	80,65
12	96,49	21	89,51	30	79,39
13	95,89	22	88,53		

Pour se servir de cette table, il suffit d'une simple proportion.

La stadia a donné par exemple une distance de 150^m sous l'angle de 17 grades. On pose : $\dfrac{\text{la projection cherchée}}{150^m.}=$

$\dfrac{\text{la projection de 100}^m \text{ à 17 grades}}{100}$ ou $\dfrac{x}{150}=\dfrac{93.04}{100}$

$$x=\frac{150\times93.04}{100}=139,56.$$

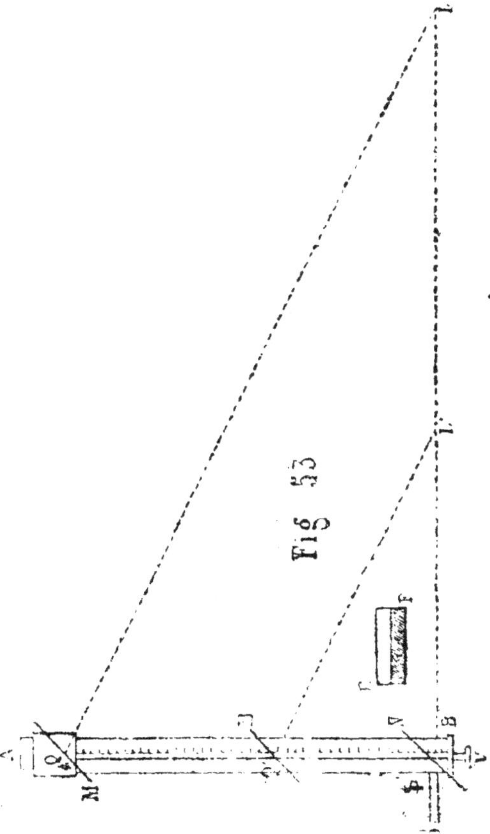

(60) **Stadia à miroirs.** On peut construire une stadia très-simple, en se fondant sur la réflexion des rayons lumineux dans les miroirs plans.

Sur une règle AB (*fig.* 53), on établit un miroir N, perpendiculairement à son plan, et incliné de 50 sur son axe. Ce miroir, de la forme EF, est étamé à sa partie inférieure et sans tain à l'autre partie. Un tuyau visuel O perpendiculaire à l'axe de la règle, et dans son plan, permet de regarder à travers la partie non étamée et sur la partie étamée de N. A une distance PQ, égale à 0^m,20, par exemple, on établit un miroir M entièrement étamé. Ce miroir, placé perpendiculairement au plan de la règle, n'est fixé qu'après une expérience qui sert à déterminer son inclinaison sur l'axe.

On mesure une distance OL, de 100 mètres, par exemple. L'observateur, placé en O, dirige un rayon visuel sur le point L à travers la partie non étamée de N, et il change l'inclinaison de M sur l'axe de la règle, jusqu'à ce qu'il aperçoive L par double réflexion.

Cela fait, on fixe M à une armature en cuivre, mobile sur le plan de sa règle. On conçoit que si, approchant M jusqu'en Q' on aperçoit un point L, directement et par double réflexion, on aura : $\dfrac{OL'}{OL} = \dfrac{PQ'}{PQ}$; de sorte que si PQ indique la distance mesurée 100^m, PQ' donnera OL'.

En conséquence, dans l'hypothèse que nous avons choisie, on partage PQ en 100 parties égales de 0^m,002 chacune, et on gradue de 0 à 100 depuis P jusqu'à Q. Pour donner un mouvement doux à M, on fait traverser son armature par une vis V, qui tourne sans avancer et dont le filet entraîne M.

Quand on veut apprécier une distance, on se place à l'une des extrémités, on tient l'instrument de la main gauche, on vise directement l'autre extrémité, et on fait tourner la vis de la main droite, jusqu'à ce qu'on aperçoive ce même point par une double réflexion. Le chiffre sur lequel s'arrête l'armature résout la question.

Cet instrument donne des longueurs à un mètre près, et il peut être très-utile dans les reconnaissances. Toutefois, on ne peut guère l'employer pour des distances plus grandes que

150 mètres, à cause de la perte de lumière occasionnée par la double réflexion. (Voir *Salneuve*, 2ᵉ édit., p. 149.)

(61) *Stadia à réticule mobile.* On prend un tube en cuivre dans lequel peut se mouvoir un réticule R percé d'une fente (*fig.* 54). Une rainure MN est ménagée suivant une des génératrices du cylindre. Par cette rainure, passe une tige qui sert à faire mouvoir R.

Fig. 54.

L'extrémité A est fermée par une plaque percée d'un trou qui sert d'oculaire.

Pour graduer cet instrument, on mesure une distance AB (*fig.* 45), sur laquelle on marque les décamètres 1, 2, 3, etc. L'observateur fait placer en A une mire de la hauteur moyenne d'un homme, et se portant successivement aux points 1, 2, 3, etc., il fait mouvoir le réticule de façon à voir la mire tout entière à travers l'ouverture. A chaque opération, il marque le point où la tige du réticule s'arrête sur le tuyau; et sur les points ainsi obtenus, il inscrit les chiffres 10, 20, 30, etc.

On conçoit que si l'on vise un homme avec cette stadia, on obtient sa distance de l'œil à environ 5 mètres près.

Pas de l'homme.

(62) Le pas est ordinairement employé pour l'exécution des détails d'un levé militaire. Toutefois, on doit au préalable l'*étalonner*, c'est-à-dire, déterminer son rapport avec le mètre.

A cet effet, on parcourt un certain nombre de fois une distance connue. Supposons que l'on ait mesuré 100 mètres n fois de suite, et que l'on ait trouvé $a, a'\ a''$..... pas :

$\dfrac{a+a'+a''}{n}$ indique le nombre de pas employé pour parcourir 100 mètres. Ce résultat sert à construire une échelle de pas. Si l'on a trouvé, par exemple, que $120\,p=100^m$, on en conclut que $100\,p=\dfrac{10000^m}{120}=83^m$. Prenant alors sur l'échelle métrique de même dénominateur que celle que l'on veut construire, une longueur de 83^m, on la porte sur une ligne indéfinie autant de fois que l'on veut avoir de centaines de pas, et on termine l'échelle comme c'est indiqué (8).

Allure du cheval.

(63) Le pas du cheval étant métrique, il suffit de le compter pour apprécier le chemin parcouru.

Temps employé à parcourir les distances.

(64) On doit connaître sa vitesse, ainsi que celle de son cheval, soit au pas, soit au trot. On en déduit les distances parcourues. Si le terrain est accidenté, on retranche du nombre trouvé $\dfrac{1}{7}$ ou $\dfrac{1}{5}$ selon la rapidité des pentes. Cette correction a pour but de faire disparaître de l'appréciation l'allongement causé par les inclinaisons des pentes et par les coudes des chemins.

Vitesse du son.

(65) Le son parcourt 337 mètres par seconde. Les pulsations du pouls sont chez l'adulte de 75 à 80 par minute. Si donc on compte le nombre de pulsations entre le moment où l'on aperçoit la lueur d'une arme à feu et celui où l'on entend le bruit, ce nombre, multiplié par 337 mètres, donne la distance, augmentée de $\dfrac{1}{4}$ environ.

Appréciation à l'œil.

(66) L'officier doit s'exercer à reconnaître de quelle manière plus ou moins précise il aperçoit les objets placés à des distances connues. Ce mode d'appréciation, tout imparfait qu'il est, peut rendre des services dans plusieurs circonstances.

CHAPITRE III.

INSTRUMENTS EMPLOYÉS POUR LA MESURE DES ANGLES.

Graphomètre et vernier. Vérification du graphomètre, limite de son emploi. — *Planchette et alidade.* Description, vérification et rectification. — Problèmes que l'on peut résoudre avec ces instruments. — Déterminer une méridienne et orienter un côté de triangle. — *Déclinatoire.* Son emploi avec la planchette. — *Rapporteur.* Emploi et vérification; rapporteur complémentaire. — *Boussole.* Angles qu'elle mesure; la mettre en station et la régler. — Problèmes que l'on résout avec la boussole. — Limite de son emploi, vérifications. — *Equerre d'arpenteur.*

Graphomètre.

(67) Le graphomètre est destiné à fournir les amplitudes des angles, c'est-à-dire le nombre de degrés et minutes qu'ils contiennent.

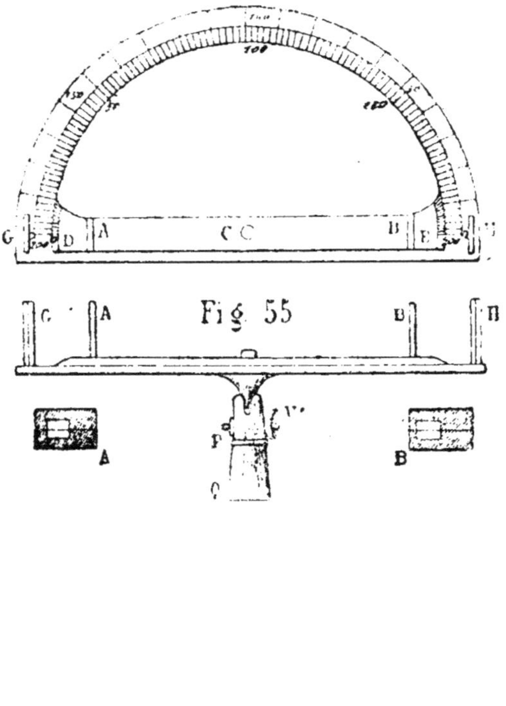

Il se compose d'un *limbe*, de deux *alidades* dont l'une est mobile et l'autre fixe, d'un *ge-*

nou et d'une *douille* au moyen de laquelle on le fixe sur un trépied.

Le limbe est un demi-cercle en cuivre (*fig.*55) portant en demi-grades ou demi-degrés les divisions de la circonférence. Les chiffres inscrits sur la figure montrent que l'on peut à volonté compter les graduations de droite à gauche ou de gauche à droite.

L'alidade mobile est une règle qui pivote autour du centre C : elle est terminée par des arcs de cercle biseautés et porte en A et B deux visières perpendiculaires à son plan et à sa direction. Chacune de ces visières est percée d'une fente et d'une fenêtre rectangulaire au milieu de laquelle est tendu un crin. On place l'œil contre la fente de l'une des visières, et le crin de la fenêtre opposée sert à diriger le rayon visuel qui forme toujours un des rayons du limbe. La trace du rayon visuel est marquée par les index D, E sur les extrémités de l'alidade. On conçoit que, quand on a visé une direction, l'index E, par exemple, indique le point de la circonférence sur lequel s'est arrêtée l'alidade.

L'alidade fixe est formée par deux visières G, H, fixées invariablement au-dessus ou au-dessous du limbe, et placées de telle sorte que le rayon visuel qu'elles déterminent se confond avec le diamètre (zéro 200).

Le genou est la pièce K (*fig.* 56) ; il est traversé par la tige

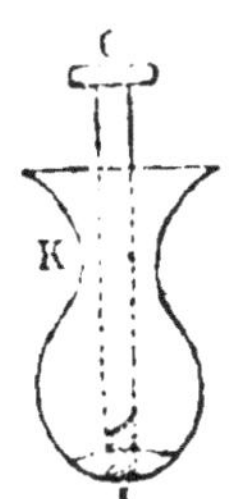

Fig. 56.

CL, qui le réunit à l'alidade et au limbe et qui est terminée à sa partie inférieure par une portion taraudée sur laquelle serre une vis L. Quand le genou K est fixé de position, le limbe et l'alidade peuvent tourner autour de CL ; c'est ce qui constitue le mouvement général de l'instrument. Si ce mouvement est trop doux, il suffit de serrer la vis L ; s'il ne l'est pas assez, on la desserre.

La douille comprend : 1° la partie inférieure PQ

(*fig.* 55) dans laquelle est une ouverture tronconique destinée à recevoir l'extrémité du trépied : 2° les mâchoires, qui sont traversées par une tige taraudée sur laquelle se meut l'écrou V'. Selon que les mâchoires sont serrées ou non, le genou est fixé de position ou il a un mouvement libre.

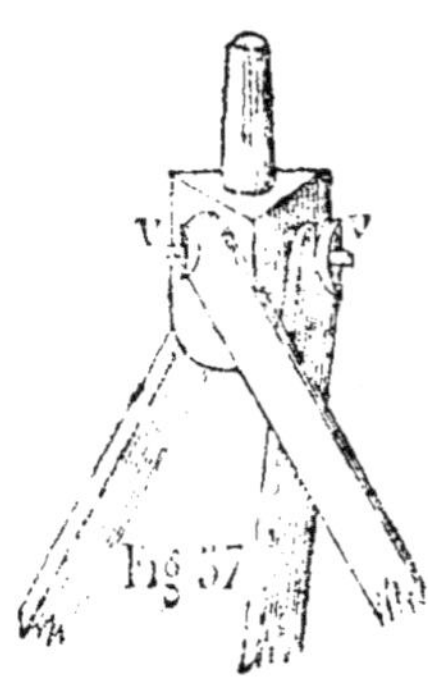

Le trépied se compose de trois pieds terminés par des pointes en fer; ils sont réunis par des vis et des écrous autour de la pièce qui est destinée à recevoir la douille (*fig.* 57).

(68) *Mise en station du graphomètre, mesurer un angle.* Quand on veut mesurer un angle CND (*fig.* 58), on s'établit au sommet N, on étend les pieds de façon à donner une hauteur convenable à l'instrument, que l'on établit solidement sur le trépied, dont on fixe les pieds au moyen des vis V. Après avoir desserré la vis V' de la douille, on met le plan du limbe dans celui de l'angle. A cet effet, on abaisse l'œil jusqu'au niveau du limbe et

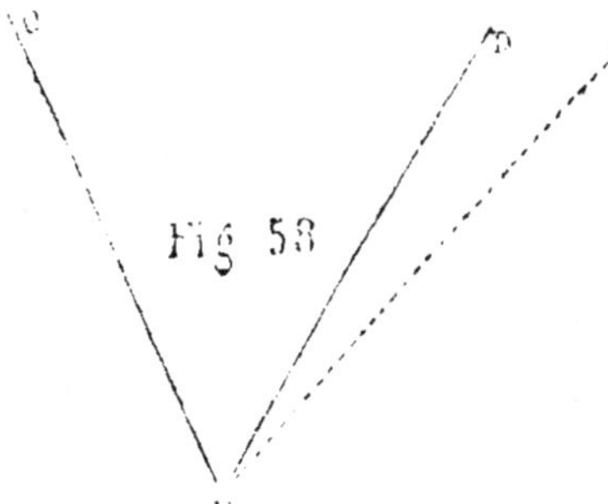

on déplace l'instrument avec la main jusqu'à ce que les rayons visuels qui rasent le plan du limbe passent par les points C, D ; on serre la vis V' et l'instrument est en *station.*

Si l'on emploie la graduation qui marche de droite à gauche, on dirige les visières fixes sur le point de droite par le mouvement général de l'instrument, et on amène les visières mobiles sur le point de gauche par le mouvement particulier

de l'alidade. L'instrument se trouve ainsi placé face à droite
pour les observations.

On s'assure que le limbe n'a pas été dérangé par le mouvement de l'alidade ; à cet effet, on vise de nouveau dans les
visières fixes qui doivent toujours être dirigées sur le point de
droite. S'il en est ainsi, le rayon zéro est sur le côté de droite,
et l'index de l'alidade, qui est sur le côté de gauche, marque
une graduation qui exprime l'amplitude de l'angle mesuré.

Les opérations sont faites en sens inverse quand on prend
la graduation qui marche de gauche à droite.

Il arrive le plus souvent que, quand on a mesuré un angle,
l'index ne tombe pas sur une graduation du limbe, de sorte
qu'avec un index seul, on ne pourrait apprécier les angles
qu'avec une approximation très-médiocre. On obtient plus
d'exactitude en traçant un vernier sur la partie biseautée de
l'alidade.

(69) *Vernier*. Cet instrument permet d'obtenir avec approximation les fractions des plus petites divisions du limbe.

Prenons sur le limbe et sur l'alidade deux arcs égaux, et
supposons que le premier contenant $(n-1)$ divisions dont
chacune est égale à D, l'autre soit partagé en n parties égales
à d. Ces arcs sont représentés par $(n-1)$ D et nd ; et comme
ils sont égaux, on a : $(n-1)$ D $= nd$; d'où

$$(1) \quad D - d = \frac{D}{n} \; (*) ;$$

$$2(D-d) = 2\,\frac{D}{n} \; ;$$

$$K\,(D-d) = K\,\frac{D}{n} \; ;$$

(*) Si l'on désigne par n et $n+1$ le nombre de divisions contenues

Les graduations des deux arcs étant dirigées dans le même sens, quand le zéro du vernier a dépassé une graduation du limbe, il est en avance sur elle d'une quantité marquée par $\frac{D}{n}$, $2\frac{D}{n}$ ou, etc., selon que sa première, sa deuxième ou, etc., division coïncide avec une graduation de limbe.

Il résulte de là que, lorsque l'on a mesuré un angle, on doit chercher quelle est la division du vernier qui coïncide avec une graduation du limbe et la multiplier par $\frac{D}{n}$. Le nombre obtenu est ajouté à la dernière graduation que le zéro du vernier a dépassée.

Il peut arriver qu'aucune division du vernier ne coïncidant avec une graduation du limbe, une partie de celui-ci contienne deux divisions du vernier. En supposant que le milieu de cette partie du limbe coïncide avec le milieu de la partie correspondante du vernier, l'erreur de lecture est $\frac{D}{2n}$, puisque $\frac{D-d}{2}=\frac{D}{2n}$.

On doit donc dire que, quand le vernier donne les angles de $\frac{D}{n}$ en $\frac{D}{n}$, son approximation est de $\frac{D}{2n}$.

---

dans les arcs égaux pris par le limbe et sur le vernier, on a : $nD=(n+1)d$, d'où $d=\frac{nD}{(n+1)}$. On pose l'identité $D-d=D-d$ dans le second membre de laquelle on remplace d par sa valeur, et il vient :

$$D-d=D-\frac{nD}{n+1}=\frac{nD+D-nD}{n+1}=\frac{D}{n+1}.$$

L'équation (2) $D-d=\frac{D}{n+1}$ est évidemment la même que (1), puisque, dans chacune d'elles, la différence $D-d$ est le quotient d'une graduation du limbe par le nombre de divisions du vernier.

Pour appliquer cette théorie aux instruments de topographie nous ferons observer que, dans la nouvelle division, on a ordinairement D=50'; on fait en sorte que $\dfrac{D}{n}$ représente un nombre exact de minutes, et pour cela on prend pour n un sous-multiple de 50.

$$n = 10 \text{ donne } D - d = \frac{50}{10} = 5'$$

$$n = 25 \qquad D - d = \frac{50'}{25} = 2'$$

$$n = 50 \qquad D - d = \frac{50'}{50} = 1'$$

Dans l'ancienne division, $n = 30$

$$n = 5 \text{ donne } D - d = \frac{30'}{5} = 6'$$

$$n = 6 \qquad D - d = \frac{30}{5} = 5'$$

$$n = 10 \qquad D - d = \frac{30'}{10} = 3'$$

$$n = 15 \qquad D - d = \frac{30'}{15} = 2'$$

$$n = 30 \qquad D - d = \frac{30'}{30} = 1'$$

Les valeurs que l'on attribue le plus souvent à n sont : 10 et 25 dans la nouvelle division, 10, 15 et 30 dans l'ancienne.

Exemples :

Le vernier contient dix divisions; le zéro tombe entre 40ᵍ et 40ᵍ,50; la quatrième division coïncide avec une graduation du limbe (*fig.* 59). L'angle observé est $40^g + 5' \times 4 = 40^g.20'$.

Le vernier a vingt-cinq divisions. Après une observation

le zéro tombe entre 98ᵍ et 98ᵍ,50′ ; la douzième division du

Fig. 59.

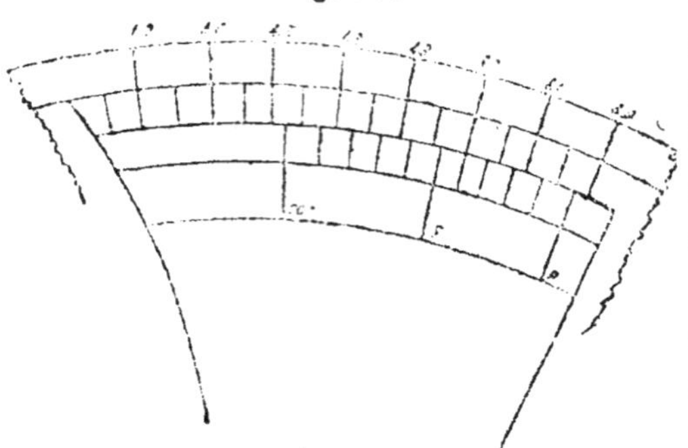

vernier coïncide avec une graduation du limbe; l'angle cherché est $98^g + 2' \times 12 = 98^g,24'$.

Il est très-facile de faire marquer au vernier un angle donné.

Le vernier ayant vingt cinq divisions, on veut lui faire marquer un angle de 83ᵍ,86′, le zéro doit être placé entre 83ᵍ,50′ et 84, et il doit dépasser 83ᵍ,50 de 36′. Comme chaque division du vernier correspond à 2′, il suffit, tout en laissant le zéro entre 83ᵍ,50 et 84, de faire coïncider la dix-huitième division du vernier avec une graduation du limbe.

(70) L'instrument que nous avons décrit ne donne pas les angles réduits à l'horizon ; c'est un léger inconvénient que l'on fait disparaître en remplaçant les visières par des lunettes plongeantes.

Avec l'instrument ainsi modifié, on établit le limbe horizontalement au sommet de l'angle que l'on veut mesurer et on opère comme nous venons de le dire. On a ainsi les angles réduits à l'horizon et, en outre, on les obtient avec une exactitude plus grande, parce que la lunette astronomique que nous avons décrite (50) donne un pointé beaucoup plus certain que les visières simples.

(*Voir* la note sur la réduction des angles à l'horizon.)

(71) *Vérification du graphomètre.* Cet instrument doit subir deux vérifications.

On cherche d'abord à reconnaître si l'alidade mobile pivote autour du centre ; pour cela, il suffit de voir si, pour toutes les positions de l'alidade, les divisions du vernier viennent affleurer exactement à l'extremité des divisions du limbe. Quand cette condition n'est pas satisfaite, l'instrument doit être rejeté.

On s'assure ensuite que les visières fixes sont exactement dans la direction du diamètre (0—200). Pour cela, on vise le même point de la campagne avec les visières fixes et l'alidade mobile ; le zéro du vernier doit coïncider avec le zéro du limbe. S'il n'en est pas ainsi, il existe une *erreur de collimation*. On appelle ainsi l'angle que le rayon visuel fixe forme avec le diamètre (0—200). Cet angle est marqué par la graduation sur laquelle s'est arrêté le zéro du vernier après l'opération dont nous venons de parler.

Quand les visières fixes sont placées au-dessus du limbe, il peut être assez difficile, sinon impossible, de viser le même point avec les deux alidades. Dans ce cas, on peut opérer de la manière suivante : on vise un point A (*fig*. 60) avec l'alidade fixe, on place l'alidade mobile sur le chiffre 100 du limbe et on remarque un point B dans la direction du rayon visuel. L'angle APB doit être droit. On s'en assure en amenant l'alidade fixe sur le point B et en visant dans l'alidade mobile. Celle-ci étant restée sur le chiffre 100, on doit apercevoir A. S'il n'en est pas ainsi, il y a une erreur de collimation qui est précisément égale à la différence qui existe entre 100 et la graduation sur laquelle on a dû mettre l'alidade mobile pour retrouver le point A.

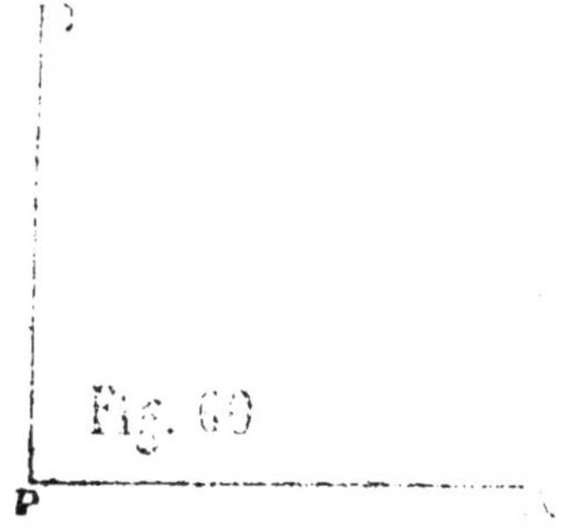
Fig. 60

(72) *Mesurer un angle avec un graphomètre qui est affecté d'une erreur de collimation.*

Si les visières fixes sont au-dessous du limbe, on place le zéro du vernier sur le zéro du limbe; par le mouvement général de l'instrument, on amène le rayon visuel supérieur sur le point de droite D et on vise dans l'alidade inférieure pour prendre un point de repère R dans la campagne (*fig.* 58). On amène ensuite l'alidade mobile sur le point de gauche C, et on vise de nouveau dans l'alidade fixe pour s'assurer que le limbe n'a pas été dérangé. S'il en est ainsi, le chiffre donné par le vernier exprime l'amplitude de l'angle observé. Dans le cas contraire, on recommence l'opération.

Si les visières fixes sont au-dessus du limbe, on met le zéro du vernier sur une graduation quelconque, 10, par exemple; on amène l'alidade mobile sur le point de droite par le mouvement général, et on continue comme nous venons de le prescrire pour le cas précédent.

Quand l'opération est terminée, on diminue la graduation obtenue du chiffre sur lequel on avait placé le zéro du vernier.

(73) *Limite de l'emploi du graphomètre.*

Cette limite est donnée par la formule $b = \dfrac{e}{2 \sin. \alpha}$ trouvée (15), dans laquelle ou remplace e par 0^m0002 et α par l'erreur de lecture.

Ainsi que nous l'avons dit (69), les verniers adaptés aux graphomètres ont ordinairement 25 ou 30 divisions, selon que ces instruments portent la nouvelle ou l'ancienne graduation. Dans ce cas, l'approximation est de **1** minute centésimale ou de $\frac{1}{4}$ minute sexagésimale. La formule $b = \dfrac{e}{2 \sin. \alpha}$ donne $b = 0^m,64$ ou $b = 0^m,32$ selon que $\alpha = 1$ ou $2'$. Il est rare que les plans topographiques soient exécutés à une échelle plus grande que celle de $\frac{1}{10,000}$. A cette échelle, les valeurs graphiques trouvées pour b correspondent aux longueurs naturelles de 6,400 et 3,200 mètres, chiffres en dessous desquels on reste habituellement.

(74) *Emploi du graphomètre pour le levé des plans.*

Le graphomètre est employé avantageusement pour l'exécution d'un grand canevas topographique comme celui auquel nous avons fait allusion (11). Cet instrument étant assez portatif, on peut le mettre en station dans les clochers, maisons qui forment le sommet des triangles. De cette façon, on peut mesurer les trois angles dans chacun des triangles BFG, FDG, FDC, CDG, BCG (*fig.* 7). Si l'on ne peut se mettre en station sur les verticales des points de mire, on arrive néanmoins à obtenir les angles exacts par la réduction au centre des stations (134). La mesure des trois angles dans chaque triangle permet d'atténuer les erreurs de lecture. En effet, les triangles sur lesquels on opère étant rectilignes, la somme de leurs angles est égale à deux droits. Si l'on trouve une somme moindre ou plus grande que 200, la différence ne peut être attribuée qu'à des erreurs de lecture; on la répartit par tiers sur chaque angle, selon que l'on a trouvé un nombre moindre ou plus grand que 200. On applique le calcul aux triangles et on obtient les longueurs de leurs côtés avec la limite d'exactitude que comporte l'emploi de la trigonométrie.

Pour placer les points sur le papier, on détermine leurs distances à la méridienne et à la perpendiculaire qui passent par l'une des extrémités de la base. Le canevas se trouve ainsi préparé dans les meilleures conditions (*Voir* le chapitre Iᵉʳ du livre III, dans lequel ce problème est traité d'une manière générale ; puis l'exemple particulier des paragraphes 158 et suivants).

On préconise quelquefois l'emploi du graphomètre pour mesurer les angles et celui du rapporteur pour déterminer par recoupement les projections des points. Il est facile de comprendre que l'emploi simultané de ces deux instruments est défectueux. En effet, le graphomètre donne les angles avec assez grande approximation ; le rapporteur, au contraire, ne les donne qu'à 12 à 15 minutes près environ (92). Par con-séquent, si l'on veut obtenir des résultats exacts, on ne doit pas se servir du rapporteur pour construire les angles mesurés avec le graphomètre. Si l'on ne tient pas à une exactitude parfaite dans les résultats, il vaut mieux mesurer les angles avec un instrument moins exact, mais plus commode que le graphomètre.

Planchette et alidade.

(75) L'emploi simultané de ces deux instruments permet de tracer sur le papier les projections des angles, au fur et à mesure qu'on les observe sur le terrain.

La planchette se compose d'une table de $0^m,50$ de côté, sur laquelle on colle une feuille de papier (*fig.* 61). Une tablette MN de $0^m,20$ de côté est fixée par quatre vis au-dessous du centre de la planchette. Cette tablette est percée d'une ouverture cylindrique dans laquelle s'engage une tige qui a la forme indiquée (*fig.* 62). Elle est cylindrique de A en B, carrée de B en C, et terminée par un pas de vis CD, sur lequel peut se mouvoir un écrou E. La tête A affleure à la partie supérieure de MN, qui peut tourner autour de AB. Quand la planchette est fixée à la tablette, on l'adapte à un plateau muni de trois pieds terminés par des pointes en fer (*fig.* 61). Ces pieds, unis au plateau par des tenons en cuivre, sont fixés quand on serre les écrous V, et ils ont un mouvement libre quand on les desserre. L'ouverture carrée O donne passage à la partie BC

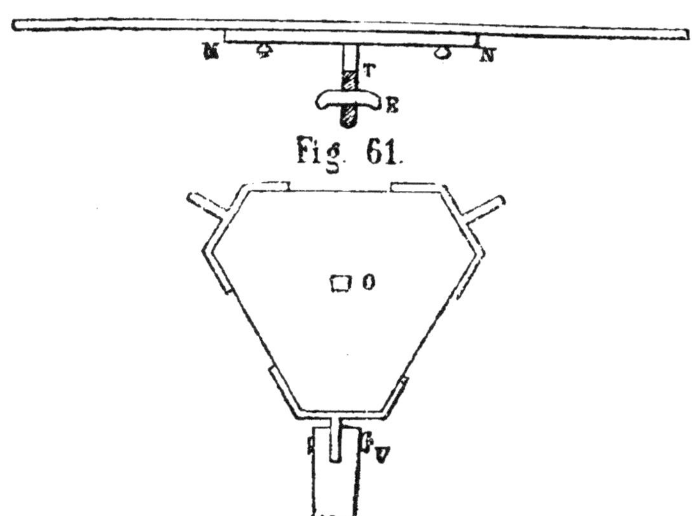

Fig. 61.

de la tige. Quand on serre l'écrou E, la tête A arrête le mouvement de la tablette MN, qui fixe elle-même la planchette. Quand cet écrou est desserré, la planchette peut tourner autour de AB.

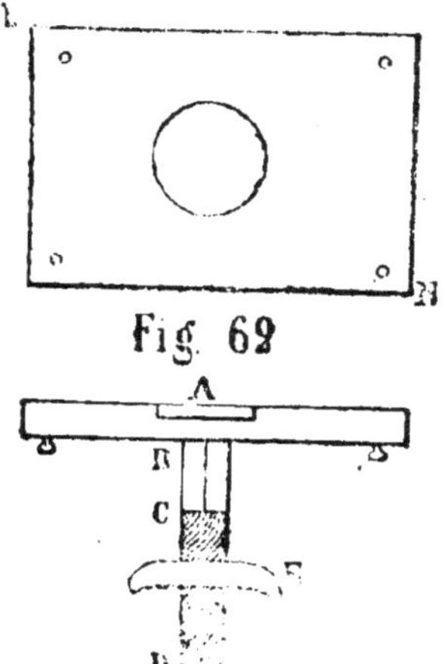

Fig. 62

(76) *Mise en station de la planchette.* La planchette étant destinée à fournir les projections des angles, elle doit être placée horizontalement. C'est une opération que l'on fait à vue en écartant les pieds de façon à obtenir une hauteur commode. On serre ensuite les écrous V pour fixer la position de l'instrument, qui

dans cet état, ne peut avoir de mouvement qu'autour de sa tige.

(77) *Alidade.* L'alidade la plus élémentaire se compose d'une règle en cuivre ou en bois, dont un des côtés, qui est biseauté, porte le nom de *ligne de foi.*

Aux extrémités de cette règle (*fig.* 63), sont établies deux

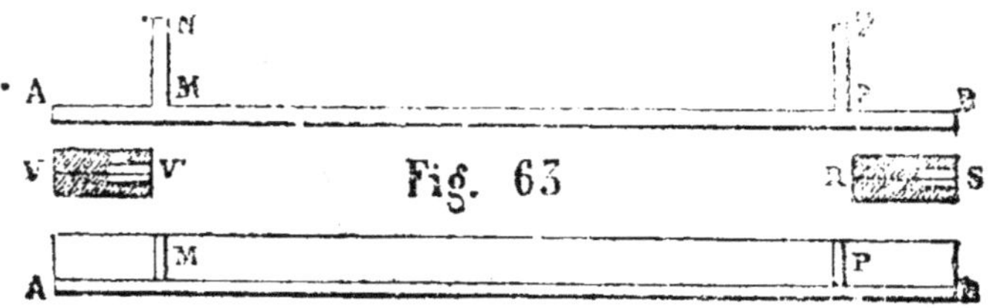

visières MN, PQ, construites comme celle du graphomètre. On fait en sorte que le plan visuel qu'elles déterminent soit parallèle à la ligne de foi.

Toutefois, cette condition n'est pas indispensable, ainsi que nous le démontrerons plus loin (84).

La hauteur des visières n'excédant pas $0^m,05$ à $0^m,06$, quand cette alidade repose sur un plan horizontal, elle ne permet pas de viser des points situés dans un plan quelconque. En conséquence, on fait en sorte que le rayon visuel puisse s'élever ou s'abaisser à volonté; c'est ce qui donne lieu à l'*alidade plongeante.*

(78) *Alidade plongeante.* En un point Q de la ligne AB (*fig.* 64), est établie une lame de cuivre PQ à l'extrémité de

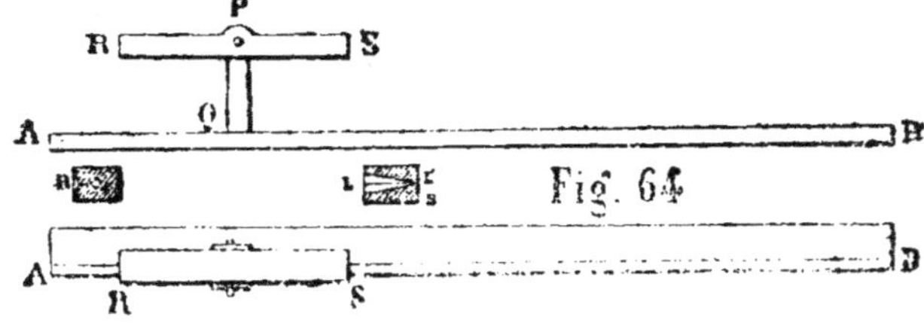

laquelle est fixée une lunette qui peut se mouvoir autour d'un pivot P, perpendiculaire à la direction de la règle et parallèle à son plan. On remplace souvent la lunette par un tuyau visuel en bois RS. En R est une plaque percée d'un trou O qui sert d'oculaire ; en S est une autre plaque munie d'une ouverture dans laquelle on ménage une languette LL' qui, avec le point O, détermine la direction du rayon visuel.

Il est clair que la lunette est préférable au tuyau visuel pour l'exactitude du pointé ; cependant l'instrument, tel que nous le décrivons, donne des résultats d'une exactitude suffisante.

Il est nécessaire que l'alidade satisfasse à certaines conditions qui sont les suivantes :

1° L'axe visuel doit décrire un plan, quand l'alidade tourne autour de son pivot, ce qui ne peut avoir lieu qu'autant qu'il lui est perpendiculaire.

Pour reconnaître si cette condition est satisfaite, on se met en station avec la planchette, on vise un point éloigné de la campagne et on trace une droite AB suivant la ligne de foi

Fig. 65.

(*fig.* 65). On démonte la lunette et on lui fait exécuter une révolution de 200 g. autour de son axe ; c'est-à-dire que si elle était à droite du montant, on la place à gauche en la mettant sens dessus dessous. Faisant passer la ligne de foi par A, on vise le même point de la campagne. Si la ligne de foi se confond avec AB, l'alidade est bonne ; sinon, on trace AC suivant la ligne de foi, et on prend la bissectrice AD de l'angle CAB. On remet la lunette dans la position habituelle, on applique l'alidade sur AD et on déplace le réticule jusqu'à ce que la croisée de fils couvre le point visé. Si l'on fait

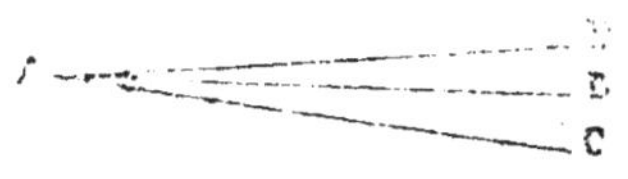

6.

construire une alidade en bois, on fixe provisoirement la plaque S avec des punaises, et après avoir mis la ligne de foi sur AD, on déplace S de telle sorte que la languette couvre le point visé. C'est alors que l'on fixe définitivement la plaque.

Pour justifier cette opération, nous ferons remarquer que si l'axe visuel n'est pas perpendiculaire à l'axe de rotation, il décrit une surface conique dont P est le sommet et dont le rayon visuel VV' est une génératrice (*fig.* 66).

Fig. 66.

Quand on déplace la lunette pour la mettre de l'autre côté du montant, on obtient la position V_1V_1', d'une seconde génératrice. Le pivot est l'axe du cône, et la bissectrice de l'angle VPV_1 est la trace du plan que doit décrire le rayon visuel.

2° L'un des fils de la lunette ou la languette LL' doit couvrir une verticale quand la règle est horizontale.

On s'en assure en même temps que l'on résout le problème précédent, et, pour cela, il suffit de viser une verticale naturelle.

(79) *Emploi de la planchette et de l'alidade.* Les divers problèmes que l'on peut résoudre avec ces instruments ont pour but de fournir sur le papier la projection du troisième sommet d'un triangle dont on a un côté, ou deux sommets d'un quadrilatère quand on a les deux autres, ou le quatrième sommet quand on en a trois.

Nota. Nous désignerons par les grandes lettres de l'alphabet les points du terrain, et par les petites lettres correspondantes leurs homologues du plan.

1er Cas. *Connaissant les projections de deux points acces-sibles, trouver celle d'un troisième point.*

Soient *a*, *b* les projections des points accessibles A, B ; C le point dont on cherche la projection (*fig.* 67).

Fig. 67.

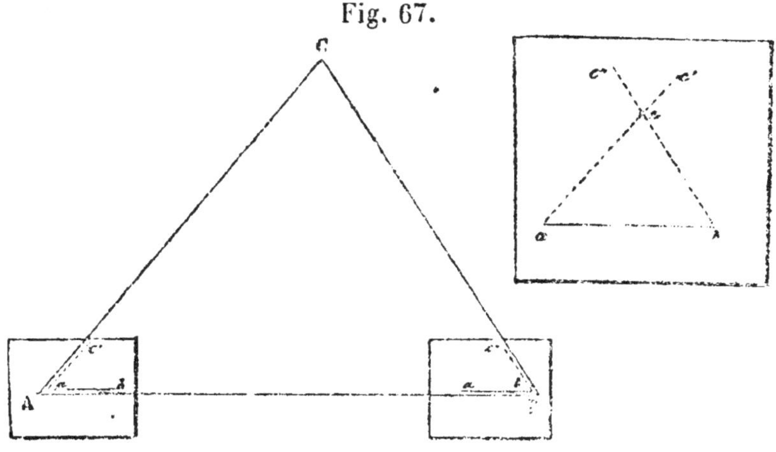

On s'établit en station en A, en laissant à la planchette son mouvement libre. On met la ligne de foi sur *ab* et sans dé-ranger l'alidade, on fait tourner la planchette jusqu'à ce qu'en visant dans la lunette, on aperçoive B. Quand il en est ainsi, *ab* est dans le même plan vertical que AB. On dit alors que l'on est *décliné* sur cette direction. On serre l'écrou qui fixe la planchette. On fait pivoter la ligne de foi autour de *a*, jusqu'à ce qu'en visant on aperçoive C, on trace *ac'*. Il est clair que l'angle *c'ab* est la projection de CAB. On se trans-porte en B où l'on décline *ba* sur BA, on fait pivoter l'alidade autour de *b* pour viser C et on trace *bc''*. Le triangle *cab* est semblable à la projection de CAB, et *c* est le point cherché.

On voit que cette opération revient à construire un triangle au moyen d'un côté et de deux angles adjacents.

2e Cas. *Connaissant les projections de deux points dont*

*l'un est inaccessible, trouver la projection d'un troisième
point accessible.*

Supposons que A et B étant donnés en *a* et *b*, B soit inaccessible et que C soit accessible (*fig.* 67). De la station **A**, on
trace *ac'* après avoir décliné *ab* sur AB. On va ensuite
stationner en C où l'on se décline sur CA au moyen de *c'a*.
On fait pivoter la ligne de foi autour de *b* jusqu'à ce qu'on
aperçoive B, et on trace *bc''*. Le point *c* résout la question.

Ce problème revient à construire un triangle dans lequel
on connaît un côté, un angle adjacent et l'angle opposé.

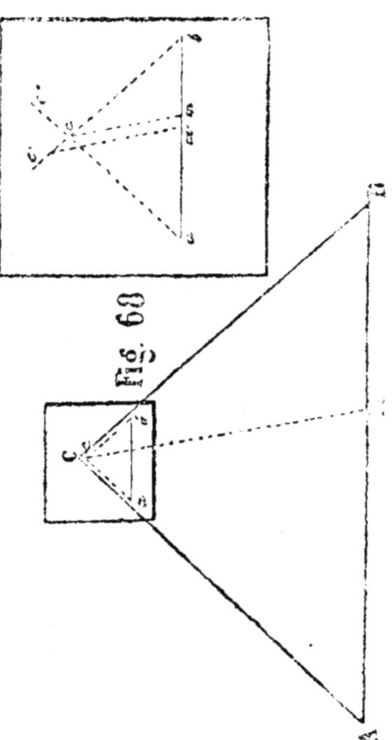

3ᵉ **Cas.** *Connaissant les
projections* a, b, *de deux
points inaccessibles* A, B,
*entre lesquels on peut sta-
tionner, trouver celle d'un
troisième point accessi-
ble* C.

On cherche sur AB un
point accessible M (*fig.* 68);
on se décline sur AB et on
marque sur *ab* un point *m'*
que l'on considère provi-
soirement comme la pro-
jection de M. Par *m'* on
vise C, et on obtient la
droite *m'c'* qui fait avec *ab*
l'angle *c'm'b*=CMB. On se
transporte en C où l'on
décline *c'm'* sur CM ; *ab*
est alors parallèle à AB.
En conséquence, faisant
passer la ligne de foi par *a*

et *b* successivement et visant A et B, on trace en *a* et *b* deux angles respectivement égaux à A et B. Les triangles *abc* et ABC étant semblables, *c* est la projection de C.

Le point *c* est en dehors de *c'm'*, et il ne pourrait se trouver sur cette ligne qu'autant que par hasard *m'* serait la projection de M. Si ce dernier point avait de l'importance, on pourrait trouver sa projection en le visant après avoir placé la ligne de foi en *c*. La ligne *cm* est parallèle à *c'm'* (80).

On peut s'établir avec la planchette sur l'alignement AB, sans le secours d'un jalonneur. A cet effet, quand on a trouvé un point N que l'on suppose être sur AB, on décline *ba* sur NA, puis, retournant l'alidade bout pour bout et la plaçant sur *ab*, on vise dans la direction de B. Dans le cas que nous avons choisi, le point B étant à gauche du rayon visuel, on doit appuyer vers la gauche. Après quelques tâtonnements, on arrive à apercevoir A et B en plaçant successivement l'alidade bout pour bout sur *ab*. L'alignement est ainsi trouvé.

4ᵉ Cas. *Déterminer une base accessible au moyen d'une base accessible.*

On a les projections *a*, *b* de deux clochers A, B entre lesquels on ne peut se mettre en station, et on se propose de trouver les projections des points accessibles M, N (*fig.* 69).

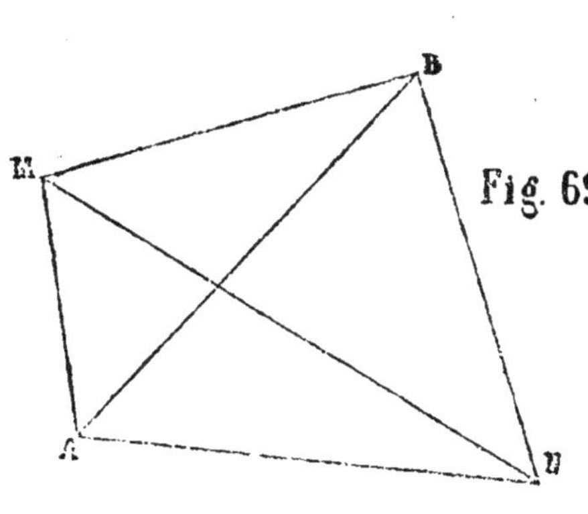

Fig. 69

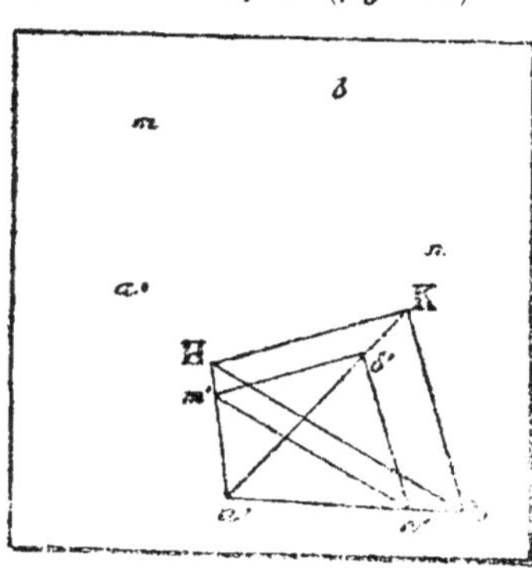

Dans l'un des angles de la planchette, on trace une ligne *m'n'*, que l'on considère provisoirement comme étant la projection de MN. On stationne en N et on décline *n'm'* sur NM. Par *n'* on vise successivement A, B et on trace *n' a' n' b'*. On va se placer en M, où, agissant de la même manière, on trace *m' a'*, *m' b'*. On forme ainsi un quadrilatère *n' a' b' m'*, semblable à celui du terrain. Il ne reste plus qu'à construire une figure semblable à ce quadrilatère et réduite à l'échelle du plan.

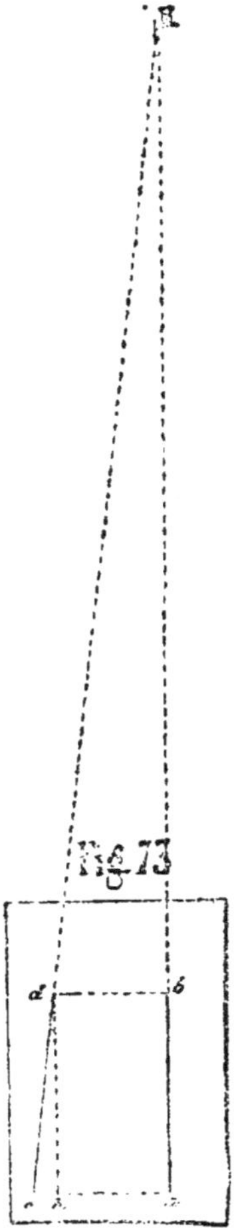

Pour cela, on porte en *a'*K une ouverture de compas égale à *ab* ; par K, on trace KL, KH respectivement parallèles à *b' n'*, *b' m'*, et terminés à la rencontre de *a' n*, *a' m'* prolongés s'il y a lieu. Il est clair que *a'*LKH satisfait à la question. Des points *a*,*b*, avec *a'*H, KH *a'*L, KL comme rayons, on décrit des arcs de cercle dont les intersections *m*,*n* donnent les projections de M, N.

(80) *Tracer avec l'alidade une parallèle à une droite donnée.* Comme on n'emporte pas d'équerre sur le terrain, on emploie l'alidade pour tracer les parallèles dont nous venons de parler. A cet effet, on place la ligne de foi sur *b'm'*, on vise un point de la campagne distant de 300 à 400 mètres et on arrête le mouvement de la planchette. Par K, on vise le même point et on trace KH, qui est graphiquement parallèle à *b' m'*.

Pour justifier cette opération, considérons sur la planchette une droite *a b* (*fig.* 73), à laquelle on veut mener une parallèle *cd* par le point *c*. Supposons que *ab* et *cd* concourent au point K. Joignons *ac*, menons *bd*, *dh*, respectivement parallèles à *ac*, *ab*. Les triangles *ac*K, *cdh*, donnent :

$$\frac{aK}{ac} = \frac{dh}{ch} = \frac{ab}{ch} ;$$ d'où $aK = \frac{ac.ab}{ch}$. Les lignes *ab*, *cd* seront graphiquement parallèles si *ch* ne dépasse pas $0^m,0002$, limite des quantités appréciables sur le papier. Le minimum de *a*K est donc donné par $aK = \frac{ac.ab}{0^m,0002}$. En attribuant à *ac* et *ab* des valeurs plus grandes que celles qui se présentent généralement, on trouve une limite. Posons, par exemple, $ab = 0^m,20$, $ac = 0^m,10$; il vient : $aK = \frac{0^m,20 \times 0^m,10}{0,0002} = \frac{200}{2} = 100^m$. Ainsi, quand on vise un point distant de 300 à 400 mètres, on est certain que le parallélisme est suffisant.

(81) *Connaissant les projections de trois points inaccessibles, trouver celle d'un quatrième point accessible.*

Soient A, B, C les points inaccessibles donnés en *a*, *b*, *c* (*fig.* 70) et M le point accessible dont on cherche la projection *m*.

Il est clair que *m* se trouve sur un segment capable de l'angle AMB décrit sur *ab* et sur un segment capable de l'angle BMC décrit sur *bc*. En conséquence, il suffit de faire aux points *a* et *c* des angles *bak*, *bch* respectivement égaux aux angles AMB, BMC (*Voir* les traités de géométrie élémentaire), d'élever des perpendiculaires sur les milieux de *ab*, *bc* et sur *ak*, *ch* aux points *a*, *c*. Les points d'intersection *o*, *o'*, de ces lignes sont les centres de cercles qui, décrits avec les rayons *oa*, *o'c*, se coupent au point cherché *m*.

On peut avoir une vérification en remarquant que *m* se trouve sur un segment capable de AMC, décrit sur *ac*. On peut donc chercher le centre o'' d'un troisième cercle, que l'on trace avec $o''c$ comme rayon, et qui doit passer par le point d'intersection m des deux premiers (*).

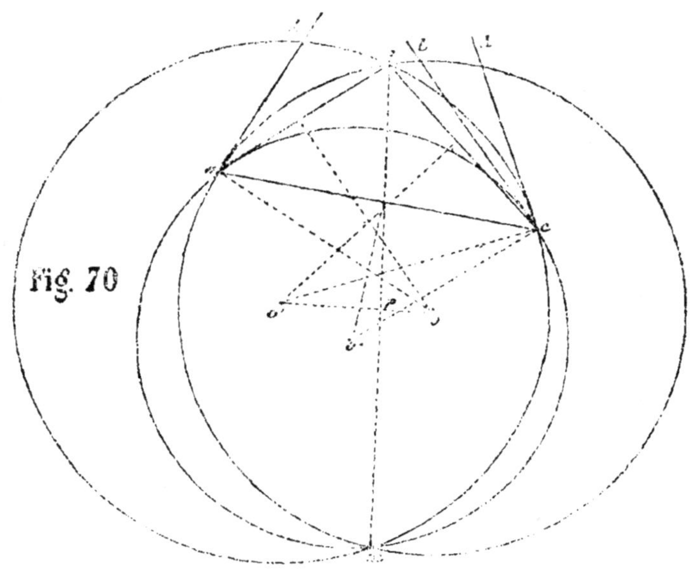

Divers moyens de résoudre ce problème avec la planchette.

1ʳᵉ *Méthode*. On se met en station en M et on décline ab sur MB ; puis, par a on vise A et on obtient une droite ak, qui fait avec ab un angle égal à AMB. On décline ensuite cb sur MB ; par c, on vise C, et on trace ch. Il ne reste plus qu'à trouver o et o', ce qui se fait au moyen des perpendiculaires dont nous avons parlé plus haut.

Si l'on veut éviter de tracer les cercles, on remarque que

(*) Pour bien comprendre ce que nous disons, on imaginera un quadrilatère ABCM semblable à celui qui est formé par les points a, b, c, m des *fig.* 70, 71.

quand deux circonférences se coupent, la ligne des centres partage en deux parties égales la corde commune à laquelle elle est perpendiculaire. En conséquence, on joint *oo'*, on abaisse *bp* perpendiculaire sur cette ligne, et on prend avec le compas **pm** = *pb*.

Pour vérifier *m*, on peut chercher *o''*, joindre *o' o''*, abaisser du point *c* une perpendiculaire sur cette ligne; cette perpendiculaire prolongée doit passer par *m*. La perpendiculaire abaissée de *a* sur *oo''* devrait aussi passer par le même point.

Dans la pratique, on fait la vérification de la manière suivante: on place la ligne de foi sur *ma*, on fait tourner la planchette jusqu'à ce que l'on aperçoive A, et on fixe sa position. Plaçant ensuite la ligne de foi sur *mb*, *mc* successivement, et visant dans l'alidade, on doit apercevoir B, C.

2ᵉ Méthode, dite de tâtonnements. Si l'on veut éviter d'élever des perpendiculaires, on procède par tâtonnements. A cet effet, on se met en station en M, et on se décline à vue, c'est-à-dire que l'on fait en sorte que les points *a*, *b*, *c* soient autant que possible dans les directions MA, MB, MC. Par les points *a*, *b*, *c* (*fig.* 71) on vise A, B, C et on obtient trois droites qui, généralement, viennent se couper de façon à donner un triangle α β γ dont les sommets appartiennent aux arcs de cercle dont nous avons parlé. Ainsi, il est clair que l'angle *a* α *b* est égal à AMB; ce point appartient donc au segment capable de AMB, décrit *ab*. Il en est de même pour β et γ. Quand on obtient un semblable triangle, on en conclut que la planchette est mal déclinée. On la fait tourner d'une très-petite quantité, et on recommence l'opération. Si le triangle α' β' γ' que l'on obtient est plus petit que le précédent, et s'il est disposé de la même manière, c'est une preuve que la planchette est mieux déclinée que la première fois. Si le triangle est plus grand, on est moins bien décliné. Selon le cas, on continue à faire mouvoir la planchette dans le même sens, ou on revient dans le sens contraire.

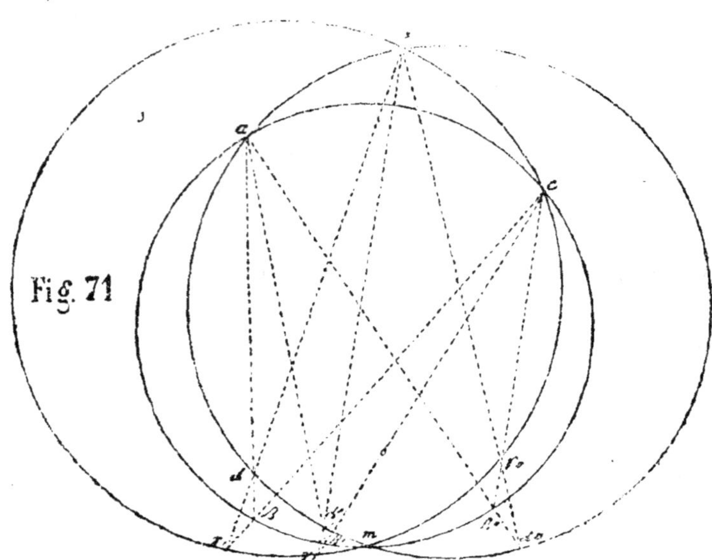

Fig. 71

Si les deux triangles sont symétriquement placés, comme $\alpha'\,\beta'\,\gamma'$, $\alpha''\beta''\gamma''$, c'est une preuve que le point cherché est entre eux. Dans ce cas, pour diminuer le nombre des tâtonnements, on peut remarquer que les droites qui joignent les sommets analogues sont des cordes d'arcs assez petits, qui vont concourir au même point. Si l'on trace ces droites, elles se coupent suivant un très-petit triangle, voisin du point cherché. On vérifie si un point extérieur à ce dernier triangle résout la question S'il n'en est pas ainsi, il suffit d'imprimer un très-petit mouvement à la planchette pour que les trois directions aA, bB, cC viennent concourir au même point.

3° *Méthode, par le papier végétal.* On colle une feuille de papier végétal sur la planchette (*fig.* 72). On prend m' pour

projection de **M**, et, par ce point, on vise **A,B,C**. On en conclut trois droites $m'a'$, $m'b'$, $m'c'$, qui font entre elles les angles AMB, BMC. On dé-
colle le papier végétal et
on le promène sur la
feuille du levé jusqu'à ce
que les trois droites passent respectivement en
a,b,c, on pique m' en m
qui est la projection du
point cherché. On se vé-

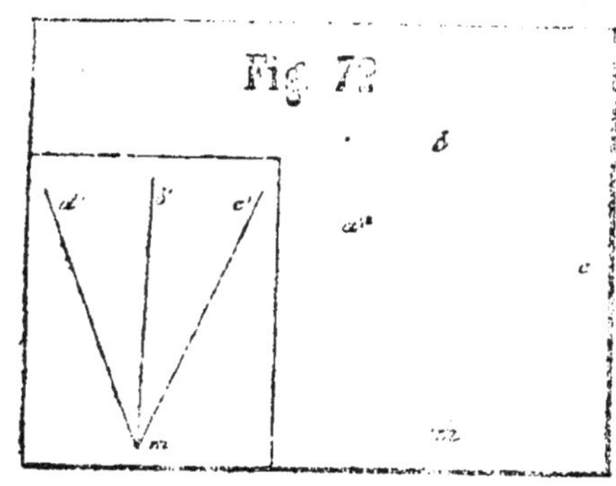

rifie comme dans les méthodes précédentes.

(82) *Considérations qui déterminent le choix du point accessible.* Le choix du point **M** est déterminé par une consi-
dération géométrique et par des considérations topographiques.
Ainsi, ce point ne peut être ni sur le cercle passant par **A,
B, C**, ni auprès de ce cercle. Dans le premier cas, les trois
cercles se réduisent à un seul, et le problème est indéterminé.
Dans le deuxième cas, le point d'intersection des trois cercles
laisse de l'incertitude. Il faut aussi que M soit un point matériel, un arbre, par exemple, situé sur un en droit élevé,
duquel on puisse apercevoir plusieurs points principaux.
Cette dernière condition n'est pas indispensable, mais elle est
avantageuse.

(83) *Déterminer la méridienne et orienter une droite.*

Pour orienter un plan, il est nécessaire que l'on ait l'azimut d'une droite. Il faut donc que l'on sache déterminer la
méridienne.

On exécute ce problème avec la planchette, par l'observation des hauteurs correspondantes du soleil, avant et après midi.

Dans son mouvement journalier, le soleil décrit sensiblement un cercle dont le plan est perpendiculaire à l'axe du

monde et il parcourt des arcs égaux dans des temps égaux (*).
Il résulte de là que, si on place un style sur un plan horizontal, son extrémité donnera des ombres égales aux heures
également éloignées du midi vrai.

Soit AB (*fig.* 74 et 74 *bis*) une base dont on connaît la longueur, et que l'on veut placer sur une plan-
chette, de telle sorte que le plan que l'on doit
exécuter ait le nord en haut.

Fig. 74.

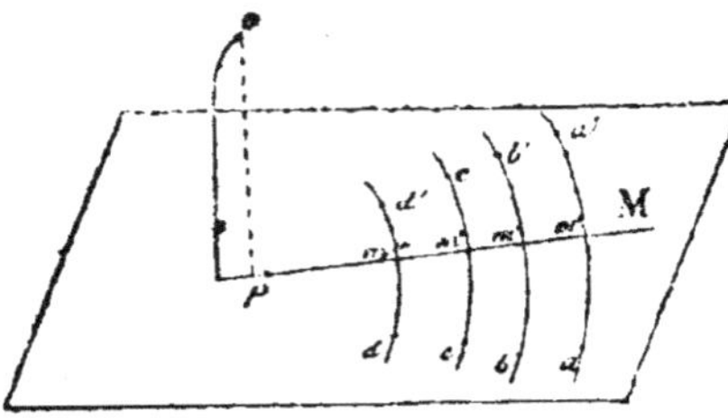

On se transporte à l'une des extrémités de
cette ligne, en A, par exemple. On établit la planchette horizontalement avec tout le
soin possible (**). On place dessus un style recourbé
terminé par une plaque percée d'un trou O, dont
on détermine la projection *p* avec un fil à plomb.
De ce point, comme centre, on décrit des arcs de

Fig. 74 *bis*.

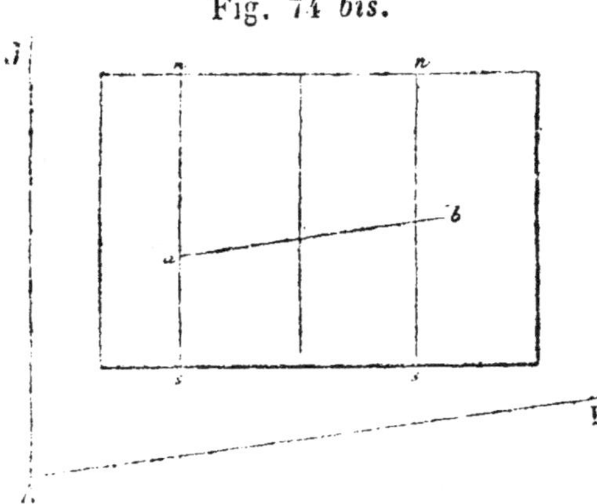

(*) Ce que nous disons ici n'est vrai que pour un temps très-court;
on sait que dans le mouvement apparent, le soleil décrit une spirale
avec un mouvement qui n'est pas uniforme.

(**) Pour cette opération, on peut employer un niveau à bulle d'air ou
même une bille qui joue le rôle de niveau sphérique.

cercle avec des rayons différents. Sur chacun de ces cercles, on détermine les points a', b', c', d', qui sont rencontrés par le rayon lumineux avant midi. On répète la même opération après midi, et on obtient d, c, b, a.

Il est évident que les deux points obtenus sur chaque cercle sont placés symétriquement par rapport à la méridienne. En conséquence, les milieux m, m', etc., des arcs aa', bb', etc., appartiennent à la méridienne. Il peut se faire que ces points ne soient pas parfaitement en ligne droite, par suite des erreurs d'observation ; on prend pour méridienne la droite pM qui s'en approche le plus.

On enlève le style, et plaçant la ligne de foi sur pM, on remarque un point de la campagne dans la direction du rayon visuel. A défaut de point remarquable, on plante un jalon J. Ce point et la station déterminent la direction de la méridienne (*fig.* 74 *bis*).

Pour orienter la ligne AB, on trace sur la planchette une ligne ns parallèle à l'un des côtés du cadre et représentant la méridienne. On décline cette ligne sur AJ, et autour d'un point quelconque a pris pour projection de A, on fait pivoter la ligne de foi de l'alidade pour viser B. La droite ab, tracée suivant la ligne de foi et sur laquelle on prend une longueur égale à celle de AB réduite à l'échelle du plan, représente la projection cherchée.

(84) *Une alidade qui est affectée d'une erreur de collimation ne nuit en rien à l'exactitude d'un levé.*

Soit une alidade dont la ligne de foi et l'axe visuel sont indiqués par AB et VV' (*fig.* 75). Il en résulte une erreur de collimation égale à l'angle VCB.

On a sur une planchette la projection np de NP, et l'on se propose de faire en n un angle égal à la projection de MNP.

L'observateur, plaçant la ligne de foi sur np, fait tourner la planchette jusqu'à ce qu'en visant il aperçoive **P**. Par

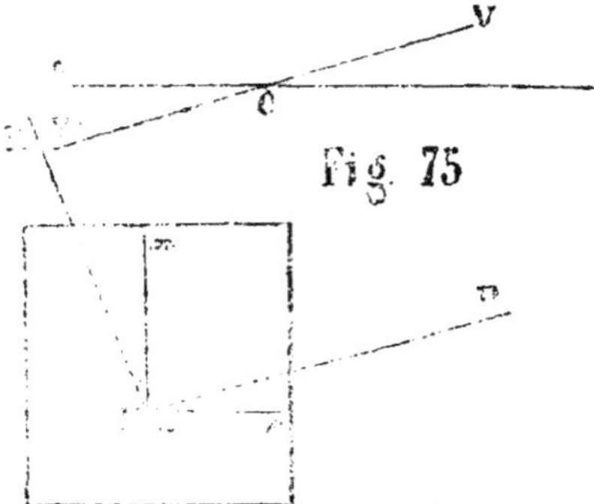

suite de l'erreur de collimation dont l'alidade est affectée, la droite np est inclinée sur le plan vertical de **N P** d'une quantité $Pnp =$ VCB. Par la même raison, quand on vise M, la ligne de foi trace une droite nm qui fait, avec le plan vertical de NM, un angle $Mnm =$ VCB. Les angles MNP, mnp sont égaux comme ayant une partie commune et une partie égale. Une alidade, comme celle à laquelle nous faisons allusion, donne donc exactement les projections des angles.

Déclinatoire.

(85) Le déclinatoire est une boîte rectangulaire au milieu de laquelle est fixé un pivot qui supporte une aiguille aimantée, dont les extrémités affleurent à des lames de cuivre **AB**,

Fig. 76.

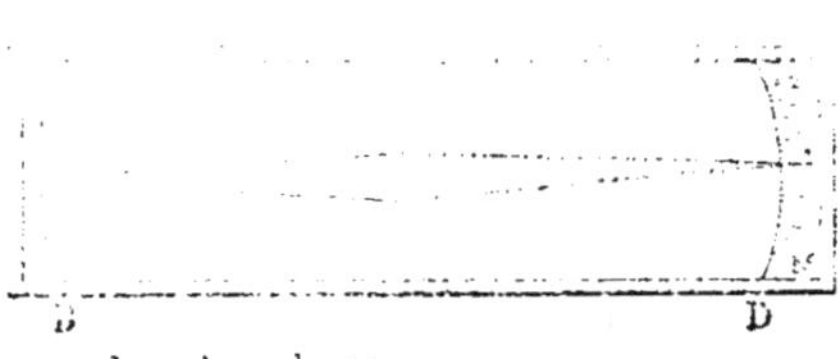

CD (*fig.* 76). Celle de ces lames qui est voisine de la pointe bleue porte un index au moyen duquel on règle l'instrument quand on s'en sert avec la planchette.

Soit une planchette (*fig.* 77) sur laquelle on a la projection a, b, c, etc., des points A, B, C, etc. Si l'un d'eux, C, est accessible, on l'y transporte et on décline ca sur CA. Sur l'un des angles de la planchette, on place la boîte du déclina-

Fig. 77.

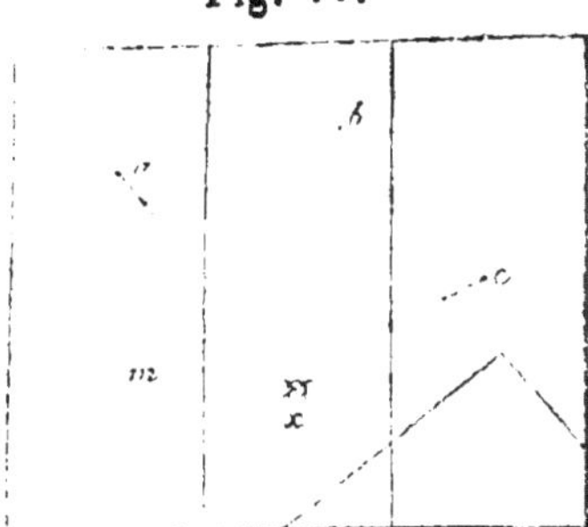

toire, et on la fait tourner jusqu'à ce que l'index vienne se
placer sous la pointe bleue.
Quand il en est ainsi, on marque au crayon le contour de la
boîte, on l'enlève et on indique
par une flèche la direction de la
pointe bleue. Le déclinatoire se
trouve *réglé*.

Si aucun des points connus n'est accessible, on détermine
la projection de M par l'une des méthodes du n° 81, ce qui
donne le moyen de décliner la planchette et de régler le déclinatoire, comme nous venons de le dire. On peut encore faire
cette opération en se déclinant sur l'alignement de deux des
points dont on a la projection.

Quand on veut obtenir la projection x d'une station X, on
place le déclinatoire entre ses repères, on fait tourner la
planchette jusqu'à ce que l'index vienne sous la pointe bleue,
et on arrête son mouvement. Par les points a, c on fait passer
la ligne de foi de l'alidade pour viser A, C, et on obtient deux
directions qui, par leur intersection, donnent la projection
cherchée x.

(86) ***Déclinatoire muni d'un limbe.*** Un limbe est quelquefois tracé sur la plaque de cuivre qui porte l'index. Le rayon
zéro est parallèle au grand côté de la boîte. L'instrument
ainsi modifié permet d'obtenir la déclinaison (*) de l'aiguille

---

(*) La déclinaison de l'aiguille aimantée est l'angle que le méridien
magnétique forme avec le méridien terrestre. L'Annuaire du bureau des
longitudes fait connaître chaque année l'amplitude de cet angle.

quand on a la méridienne. Quand on est décliné en un point quelconque du terrain, on place le grand côté de la boîte sur la méridienne, et la pointe bleue marque un chiffre qui exprime la déclinaison.

Quand on connaît la déclinaison de l'aiguille, on peut employer l'instrument pour orienter une base. Soit AB (*fig.* 74 *bis*) la droite que l'on veut orienter. On trace sur la planchette la ligne *ns* ; on se met en station en A, et, plaçant le grand côté du déclinatoire sur la méridienne, on fait tourner la planchette jusqu'à ce que le chiffre qui exprime la déclinaison soit sous la pointe bleue de l'aiguille. On arrête le mouvement de la planchette, et, visant AB par le point *a*, on obtient la ligne orientée *ab*.

L'emploi d'un semblable déclinatoire dispense, comme on le voit, de déterminer la méridienne comme nous l'avons fait (83).

(87) *Limites de l'emploi de la planchette et du déclinatoire.*

L'exactitude des résultats fournis par la planchette est une conséquence de la longueur des droites sur lesquelles on établit la ligne de foi quand on veut orienter l'instrument, la coïncidence étant d'autant plus parfaite que les droites sont plus longues.

Il résulte de là que, quand on a visé une direction en faisant passer l'alidade par un point de l'intérieur du cadre, on doit tracer une amorce tout à fait sur le bord de la planchette; de telle sorte que l'amorce et le point déterminent une droite aussi longue que possible. Cette droite sera toujours au moins égale au rayon du cercle inscrit dans la planchette, et, si la ligne de foi s'en écarte de $0^m,0002$ (limite de quantité appréciable à vue), à l'une de ses extrémités, on commettra une erreur angulaire de $0^m,0002$ sur le cercle en question. Celui-ci ayant $0^m,25$ de rayon, l'arc de 1^g y est exprimé par $0^m,004$ et le chiffre $0^m,0002$ y correspond à un angle de $5'$. En appliquant ces données à la formule $b = \dfrac{e}{2 \sin. \alpha}$ (15), on obtient $b = 0^m,125$, résultat que l'on peut traduire de la manière suivante :

Les erreurs d'observation sont inappréciables, tant que la distance graphique entre la station et le point visé n'excède pas $0^m,125$ ou le quart du côté de la planchette, soit 1250^m à l'échelle de $1/10000$.

Si l'on a soin de marquer les traces de la ligne de foi sur les deux bords du cadre, on détermine des droites qui sont doubles des précédentes et qui peuvent être considérées comme appartenant à des cercles de $0^m,50$ de rayon ; le chiffre de $0^m,0002$ correspond dans ces cercles à un angle de $2'50$. La formule déjà citée donne, dans ce cas, $b = 0,^m25$.

L'erreur de $0^m,0002$, que nous avons admise, peut être considérée comme bien faible ; si on la porte à $0^m,0004$, on trouve pour limite graphique $0,25$. On voit, dans tous les cas, que la planchette est susceptible de donner des résultats fort exacts.

Le déclinatoire donne nécessairement beaucoup moins d'approximation, parce que son aiguille n'a que $0^m,11$ de longueur. L'arc de 1^g est représenté par $0^m,0008$ sur le cercle de ce diamètre, et la limite des quantités appréciables correspond à un angle de $25'$. La formule $b = \dfrac{e}{2 \sin. \alpha}$ donne, dans ce cas, $b = 0,025$, quantité très-petite et qui indique que l'on ne peut compter sur l'exactitude des résultats que quand on se décline sur des lignes graphiques, dont la longueur ne dépasse pas le quart de l'aiguille. A l'échelle de

$\dfrac{1}{10000}$, cette valeur graphique correspond à 250 mètres.

Cependant on peut employer utilement le déclinatoire pour orienter la planchette, alors même que l'on doit viser des points dont les distances aux stations excèdent le chiffre trouvé :

1° Parce que, quand on exécute le travail avec soin, on peut placer l'index très-exactement sous la pointe bleue de l'aiguille;

2° Parce que, quand on emploie le déclinatoire pour faciliter les opérations d'un canevas, on vérifie toujours par un troisième point les stations qui ont été déterminées par deux autres. Dans ce cas, le déclinatoire sert à orienter la planchette approximativement, et quand le troisième point ne vérifie pas le résultat fourni par les deux premiers, il suffit d'imprimer un très-léger mouvement à la planchette pour l'orienter complétement.

(88) *Usage de la planchette et du déclinatoire.*

La planchette employée isolément donne les moyens d'exécuter un canevas graphique sur un terrain d'une étendue moyenne. Les opérations du canevas sont facilitées par le déclinatoire, qui permet d'orienter la planchette en un point quelconque.

Ces deux instruments réunis sont aussi employés avantageusement pour le tracé des détails d'un levé (*Voir* les paragraphes 139, 141, dans lesquels ces questions sont traitées d'une manière complète).

Rapporteur.

(89) Le rapporteur est un demi-cercle en corne assez mince pour être transparent. Son limbe porte les divisions de la circonférence en demi-grades ou demi-degrés de zéro à 400° ou à 360°. Il est terminé par une marge dont le bord

AB (*fig.* 78), que l'on nomme *ligne de foi*, est parallèle au diamètre 0 — 200.

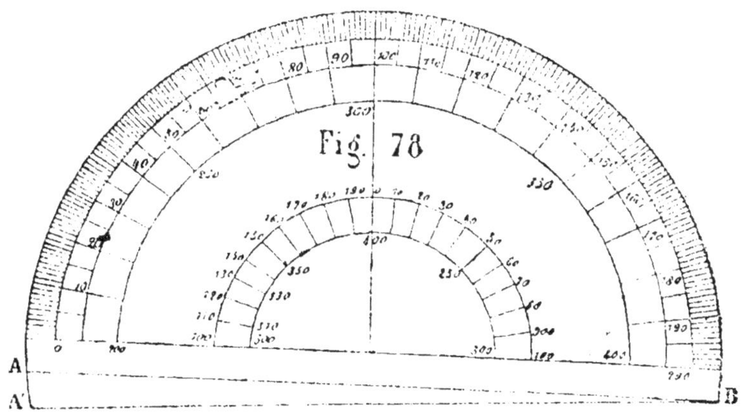

Les graduations, dirigées de gauche à droite, vont de 0 à 200 sur la circonférence extérieure et de 200 à 400ᵍ sur l'arc intérieur. Pour se rendre compte de cette dernière graduation, il suffit de supposer le cercle entier. Les rayons du demi-cercle (200 — 400) prolongés, viennent rencontrer l'arc intérieur du limbe aux points 200, 250, 300, etc.

(90) *Usages du rapporteur.* Le rapporteur sert à mesurer l'azimut d'une droite connue en projection ou à tracer par un point une direction dont on a l'azimut. On l'emploie aussi pour mesurer l'amplitude d'un angle dont on a les côtés en projection.

Nous avons vu (18) que les azimuts se comptent de 0 à 400ᵍ à partir du nord, pour y revenir en passant par l'ouest, le sud et l'est. Il résulte de là que, si l'on considère deux droites, NS, EO (*fig.* 79), représentant la méridienne et sa perpendiculaire, l'observateur, placé en M, trouvera pour MA un azimut compris dans le premier quadrant ; celui de MA' sera dans le deuxième, etc.

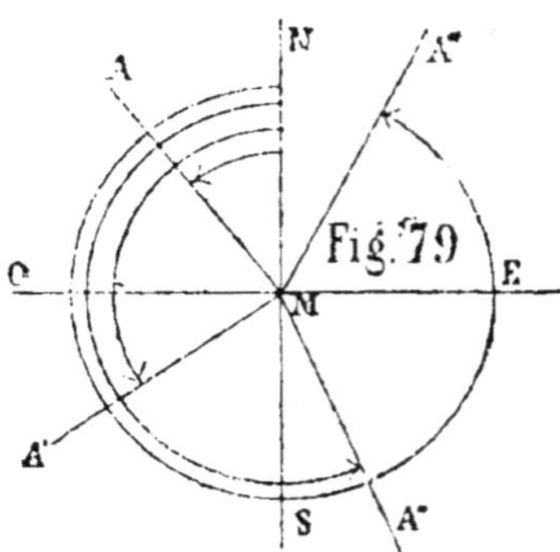

La première question qui se présente est la suivante : *Étant donnée la projection d'une droite, trouver son azimut.*

Soient *a*, *b*, *c*, *d* (*fig.* 80) les projections de plusieurs points, *ns*, *eo* la méridienne et sa perpendiculaire. Si l'on veut trouver l'azimut d'une droite quelconque *ac*, on place la ligne de foi sur cette direction et on fait glisser le rapporteur jusqu'à ce que son centre couvre la méridienne. Le rayon qui coïncide avec elle indique l'azimut cherché. Sur ce rayon, on trouve deux chiffres, par exemple, 50 et 250. L'observateur reconnaîtra facilement quel est celui de ces deux chiffres qu'il convient de prendre. S'il se suppose placé en C pour regarder vers A, il devra prendre 50. Il prendra, au contraire, 250, s'il se suppose en A pour regarder vers C.

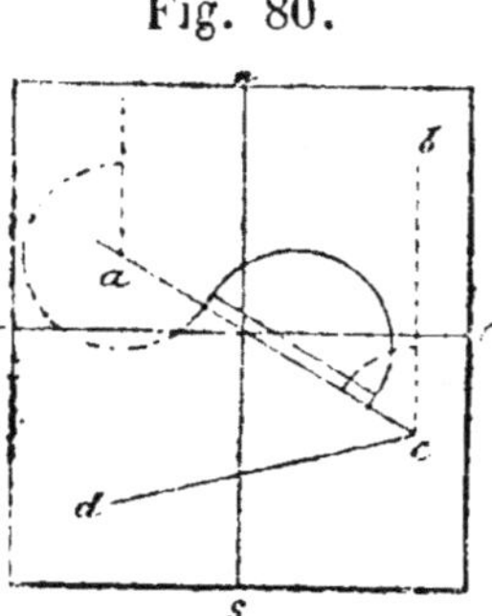

Fig. 80.

On résout avec la même facilité le problème inverse qui s'énonce de la manière suivante : *Par un point donné, faire passer une droite dont l'azimut est connu.*

Nous prendrons deux exemples (*fig.* 81) : 1° tracer par *a* une droite dont l'azimut est 35ᵍ. On applique le rayon 35 sur la méridienne et on fait glisser le rapporteur jusqu'à ce que la marge passe par le point donné ; la droite *ay* satisfait à la question ; 2° tracer par le point *d* une droite dont l'azimut est 325ᵍ ; on place le rayon 325 sur la méridienne, on continue comme précédemment et on obtient la droite *dx*.

Fig. 81.

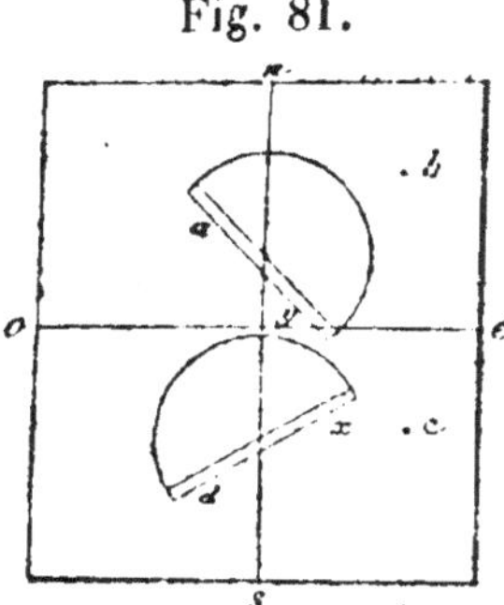

Si l'on veut mesurer un angle quelconque CAB (*fig.* 83), on applique le diamètre sur le côté de gauche AC, et on fait glisser le rapporteur jusqu'à ce que le centre couvre le côté de droite AB. La graduation qui coïncide avec AB exprime l'angle cherché.

(91) *Rapporteur complémentaire.* On trace ordinairement sur le dessin plusieurs méridiennes et plusieurs perpendiculaires. Cependant, quand on veut rapporter un azimut voisin de zéro ou de 200^g, il peut arriver qu'en plaçant le rayon de la graduation sur une méridienne, la ligne de foi ne puisse passer par le point donné.

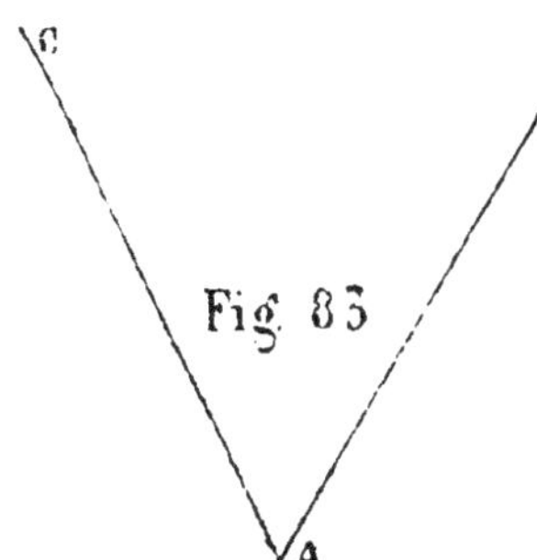

Fig. 83

Quand il en est ainsi, on emploie la perpendiculaire à la méridienne. L'origine des angles étant en n sur la méridienne, on la suppose en e sur la perpendiculaire, d'où il résulte que toute droite dont l'azimut est α fait avec la perpendiculaire l'angle $100 + \alpha$.

Fig. 82.

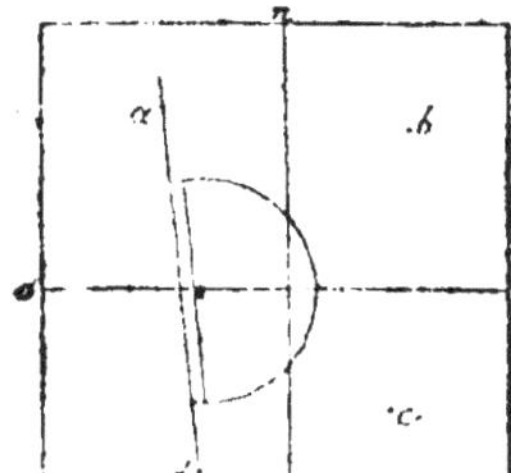

Si par a (*fig.* 82) on veut faire passer une droite dont l'azimut soit de 5^g, on place le rayon 105 sur la perpendiculaire et on fait glisser le rapporteur jusqu'à ce que la ligne de foi passe en a. La ligne ad satisfait évidemment à la question.

Quand on est obligé d'employer la perpendiculaire pour mesurer un azimut, le chiffre du rayon que l'on a dû faire coïncider avec *co*, diminué de 100ᵍ, donne l'azimut cherché.

Pour les rapporteurs gradués dans la nouvelle division, l'addition d'un angle droit ne présente aucune difficulté. Quand les rapporteurs portent l'ancienne division, l'angle droit étant représenté par 90°, l'addition 90 + α est un peu moins simple que dans le cas précédent. Dans l'un et l'autre cas, on trace sur le rapporteur deux limbes intérieurs dont les graduations diffèrent de 100ᵍ (90°) de celles des limbes extérieurs (*fig.* 78). On obtient ainsi le *rapporteur complémentaire*.

Quand on emploie la méridienne, on prend les azimuts α sur les limbes extérieurs, et on les prend sur les limbes intérieurs quand on se sert de la perpendiculaire.

(92) *Vérification du rapporteur.* Les angles mesurés et rapportés ne le sont, avec leur véritable amplitude, qu'autant que la ligne de foi est parallèle au diamètre (0 — 200).

Pour reconnaître si cette condition est satisfaite, on peut opérer de la manière suivante : on prend une droite AB (*fig.* 83) sur laquelle on place un rayon quelconque du rapporteur, 70, par exemple ; on trace AC suivant la marge. On fait ensuite descendre le rapporteur jusqu'à ce que le rayon zéro coïncide avec AC, le centre étant au sommet A. Si le chiffre 70 ne couvre pas AB, il y a une erreur de collimation dont l'amplitude est marquée par la

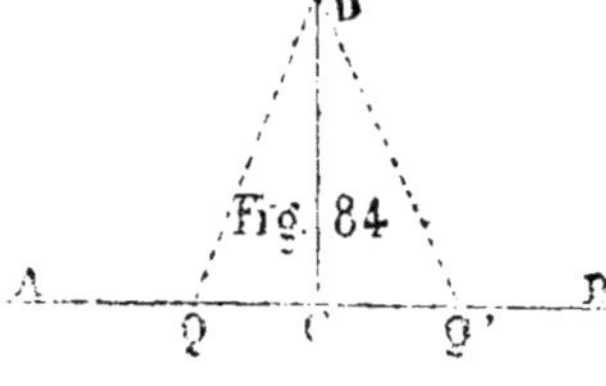

différence entre 70 et le rayon qui, en dernier lieu, coïncide avec AB.

On peut encore tracer une droite AB (*fig.* 84) sur laquelle on élève une perpendiculaire CD.

Plaçant le centre du rapporteur sur cette dernière droite, et faisant coïncider la marge avec AB, le rayon 100 doit couvrir CD. Quand ceci n'a pas lieu, l'erreur de collimation est égale à la différence entre 100 et le chiffre qui coïncide avec CD.

Un semblable rapporteur doit être rectifié ; cependant on peut s'en servir sur le terrain, ainsi que nous le ferons voir à l'article de la boussole.

Boussole.

(93) La boussole se compose d'une boîte carrée au fond de laquelle repose un limbe circulaire portant en grades et demi-grades les divisions de la circonférence. Les graduations sont ordinairement dirigées de gauche à droite (*fig. 85*).

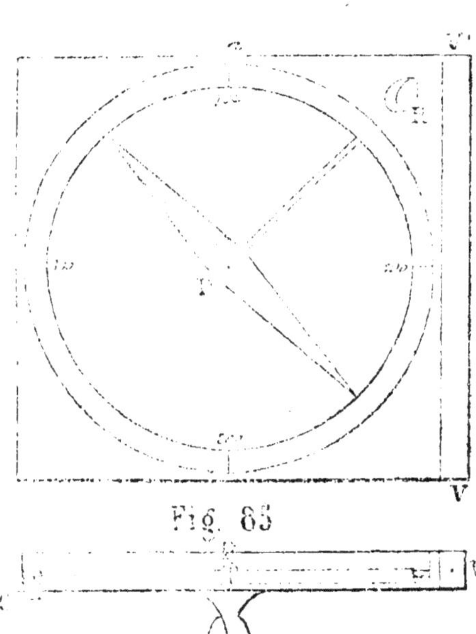

Fig. 85

Au centre du limbe est un pivot supportant une aiguille aimantée dont la pointe bleue se tourne vers le nord magnétique. Les pointes doivent affleurer au bord du limbe quand la boîte est horizontale.

Un levier PR, mis en mouvement par la pièce R, soulève l'aiguille contre la glace qui recouvre le limbe. Ceci a pour résultat de ménager la chappe quand on se transporte d'un point à un autre.

Le limbe peut recevoir un mouvement particulier au moyen d'une crémaillère dans laquelle engrène une roue dentée que l'on fait tourner en employant la tige C.

Une lunette ou un tuyau visuel plongeant VV' est fixé sur l'un des côtés de la boîte. On le place face à droite pour viser les objets.

Au-dessous de la boîte est une douille munie d'un genou qui permet de fixer l'instrument sur un pied et d'établir le limbe dans un plan horizontal.

(94) *Station de la boussole, angles qu'elle mesure.*

La boussole, qui est munie d'une alidade plongeante, donne les angles réduits à l'horizon. En conséquence, pour la mettre en station, il suffit de la fixer sur son pied et d'établir son limbe dans un plan horizontal (*).

On ne l'emploie pas, comme le graphomètre, pour mesurer directement les angles des triangles ; on s'en sert pour obtenir les inclinaisons de leurs côtés sur une ligne constante que l'on nomme *directrice*.

Quand le limbe a un mouvement particulier, on choisit pour directrice la méridienne, et les angles que l'on obtient se nomment *azimuts*, comme nous l'avons dit (18) ; on les compte à partir du nord, qui est l'origine, pour y revenir en passant par l'ouest, le sud et l'est.

Il est facile de comprendre que l'on doit, en effet, les compter en sens inverse de la graduation du limbe. Supposons que le zéro soit sous la pointe bleue lorsque l'alidade est

---

(*) Pour placer le limbe horizontalement, il suffit de faire en sorte que les deux pointes de l'aiguille viennent affleurer au limbe. Ce procédé n'est pas exact en théorie, attendu qu'une droite ne détermine pas la position d'un plan, mais il suffit dans la pratique.

dirigée vers le nord ; il est clair que, si on fait tourner la boussole de droite à gauche, les chiffres qui passent sous l'aiguille augmenteront successivement de façon à donner les angles NMA, NMA', etc. (*fig.* 79).

On voit en outre que, si l'on veut avoir l'angle formé par deux directions MA, MA', on doit faire la différence NMA' — NMA ; c'est-à-dire, *retrancher l'azimut du côté de droite de celui du côté de gauche.* Cette règle est générale, même quand les deux graduations sont à droite et à gauche de l'origine. On a, par exemple : azimut MA''' $= 370^g$, azimut MA $= 40^g$. La soustraction 40 — 370 ne pouvant s'effectuer, on la rend possible en ajoutant 400^g à l'azimut de gauche, et on a : 440 — 370 $=$ 70 ; chiffre que l'on obtiendrait aussi en ajoutant à l'azimut MA la différence entre 400 et l'azimut de MA'''.

De ce qui précède, nous conclurons que, quand on a besoin de connaître un angle d'un triangle, on l'obtient par une différence d'azimuts.

(95) *Régler la boussole.* Cette opération a pour but la placer le limbe de telle sorte que, quand on vise une direction, son azimut soit exprimé par le chiffre qui vient se placer sous la pointe bleue.

Les boussoles sont quelquefois munies d'un index a, fixé à la boîte (*fig.* 85), et qui avec le centre détermine une droite parallèle à l'axe visuel.

Pour régler ces boussoles, il suffit de faire tourner le limbe par son mouvement particulier, jusqu'à ce que le chiffre qui indique la déclinaison de l'aiguille soit sous l'index.

La déclinaison étant actuellement de $18^g,20$ ouest, il est clair que si on vise le nord quand le zéro est sous l'index, la pointe bleue doit marquer 400^g — $18^g,20$ $=$ $381^g,80$. Elle marquera au contraire zéro, si on amène le chiffre $18^g,20$

sous l'index. Si, après cette opération, on fait tourner la boîte de droite à gauche, toutes les graduations viendront successivement se placer sous l'aiguille, et on lira les angles **AMN**, A'MN, etc. (*fig.* 79).

Quand la boussole n'a pas d'index, on la règle au moyen d'une feuille de levé sur laquelle on a la méridienne et les projections *a*, *b*, *c*, etc. (*fig.* 80) de plusieurs points principaux déterminés avec la planchette.

On se transporte au point accessible A, duquel on aperçoit C, B. On trace la ligne *a c* qui joint les projections de A, C et on mesure avec le rapporteur l'azimut de cette droite. Soit 230 le chiffre trouvé. On met la boussole en station en A, on vise C, et, sans déranger la position de la boîte, on fait tourner le limbe par son mouvement particulier, jusqu'à ce que le chiffre 230 vienne se placer sous l'aiguille. Après l'opération, on vise de nouveau pour s'assurer que l'instrument n'a pas été dérangé.

Pour se vérifier, on joint *ab*, on mesure son azimut avec le rapporteur, et visant B, on doit lire le même angle sur la boussole.

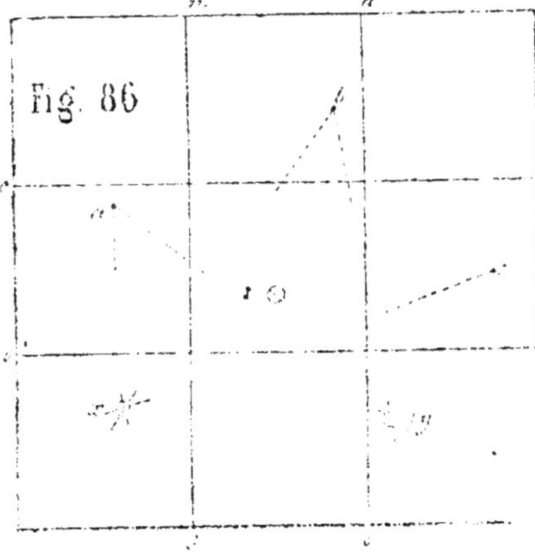

(96) *Déterminer avec la boussole la projection d'une station ou celle d'un point inaccessible.*

Soit X un point accessible duquel on aperçoit A, B, C, etc., connus par leurs projections *a*,*b*,*c*,etc.(*fig.*86). On se met en station en ce point, on vise A, B, et on obtient deux azimuts que l'on rapporte par a et b ; l'intersection des deux droites ainsi obtenues donne la projection cherchée x. On trouverait de même y projection de Y. Si de X,Y on aperçoit un point inaccessible Z, on le vise de chacune des stations et on obtient deux azimuts qui, rapportés par x, y, donnent z.

Quand on exécute ces opérations on doit faire en sorte que les directions visées donnent de bons recoupements, c'est-à-dire que les angles compris entre elles s'approchent autant que possible de l'angle droit. Si les recoupements sont mauvais, on vérifie les stations par un troisième point dont on a la projection. De X on vise C par exemple, et l'azimut rapporté par c doit passer en x.

(97) *Limites de l'emploi de la boussole.* Il existe une limite *maxima* résultant de l'incertitude de lecture, et une limite *minima* qui provient de ce que le rayon visuel ne passe pas par le centre du limbe.

Limite maxima. La plus petite graduation est un arc de 50′, dont on peut apprécier le quart à vue. Il en résulte que la boussole donne des angles à 12′,50 près.

Dans le cas qui nous occupe actuellement, la formule

$$b = \frac{c}{2 \sin.\alpha} \ (15) \ \text{devient} : b = \frac{0^m,0002}{2 \sin.12'5,} = \frac{0^m,0001}{\sin.\ 12',5};$$

$\sin.\ 12',5 = 0,002$, et, par conséquent, $b = \dfrac{0^m,0001}{0,002} = 0,05.$

Cette valeur, que nous trouvons pour b, étant à peu près égale à la demi-aiguille de la boussole, on exprime la limite de la manière suivante : *La distance graphique entre une station et un point visé ne doit pas dépasser la demi-aiguille de la boussole.*

On satisfait à cette condition en rapprochant les points du

canevas, jusqu'à ce que les côtés des triangles ne soient pas plus grands que $0^m,10$.

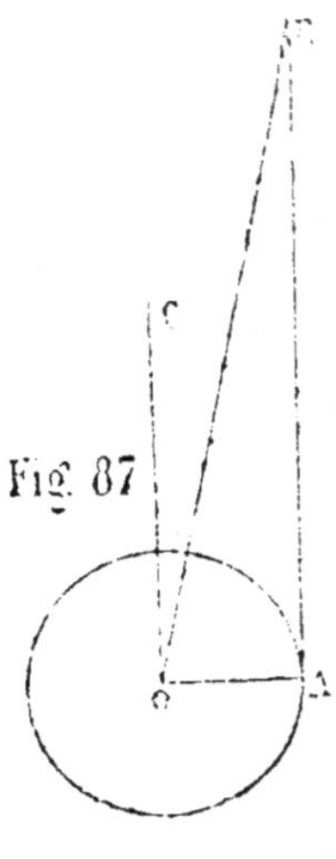

Fig. 87

Limite minima. Soit une boussole dont le centre est en O (*fig.* 87). Quand on vise B avec l'alidade passant en A, on n'obtient pas le même angle que si on visait ce point avec une alidade passant par le centre, et on commet une erreur COB $=$ OBA qui est d'autant plus grande que le point B est plus rapproché de l'observateur. Cette erreur peut atteindre $12',50$ sans cesser d'être inappréciable sur l'instrument. Cherchons donc quel est le minimum de AB dans le triangle ABO, pour que l'angle B ne dépasse pas $12',50$.

On a : $\quad AB = \dfrac{AO}{\text{tang.ABO}} = \dfrac{0,05}{\text{tang.}12'5}$, et comme

$\text{tang.}12',5 = 0,002$, $AB = \dfrac{0^m,05}{0,002} = 25^m$.

Par conséquent, les points visés doivent être distants de 25 à 30 mètres au moins.

(98) *Boussole à limbe fixe.* Il existe des boussoles dont le limbe est fixé invariablement au fond de la boîte. On ne peut les régler par rapport à la méridienne, mais il est très-facile de trouver la projection de leur *directrice*, qui est la droite à partir de laquelle on compte les angles.

Soit une planchette sur laquelle on a les projections a, b, c, etc., de plusieurs points principaux (*fig.* 88). On se met en station au point accessible B, et on vise A. L'angle observé étant de 95^g par exemple, on en conclut que la directrice est à 95^g à droite de AB. En effet, si on faisait tourner la boussole de cette quantité vers la droite, le chiffre zéro viendrait se placer sous la pointe bleue, et l'alidade serait dirigée sur la directrice.

Fig. 88.

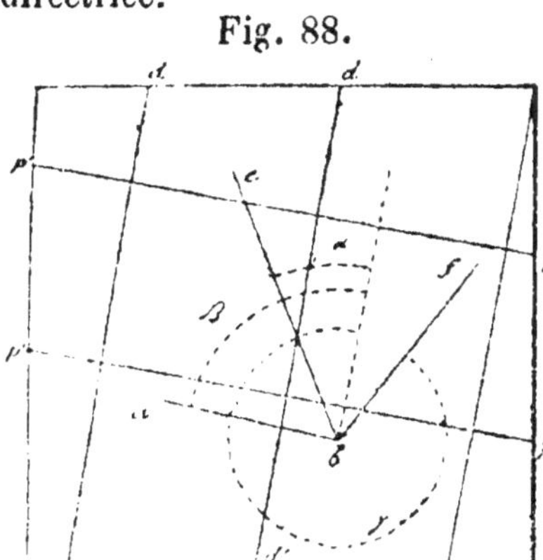

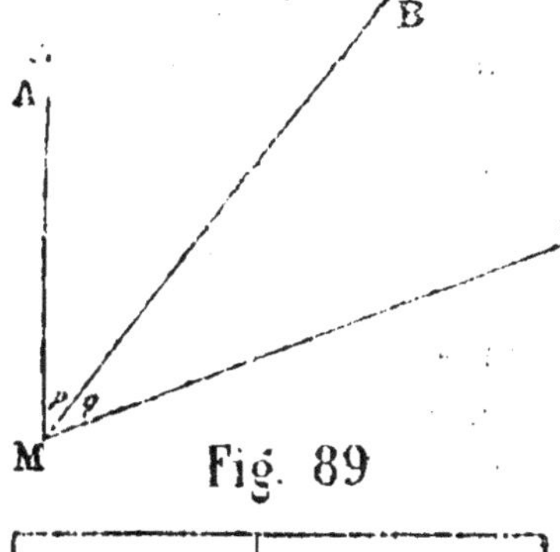

Fig. 89

Pour obtenir la projection de cette ligne il suffit de construire à droite de *ba* un angle de 95°. On y arrive en retournant le rapporteur qui devient propre à rapporter les angles de gauche à droite, et en plaçant 95 sur *a b*, la ligne *dd'* tracée suivant la marge résout la question.

Un système de parallèles et de perpendiculaires à *dd'* permet d'opérer exactement de la même manière qu'avec la méridienne.

(99) *Trouver la projection d'une station quand l'aiguille subit une influence magnétique qui la fait dévier.*

Soit M (*fig.* 89) un point accessible duquel on aperçoit A, B, C connus par leurs projections *a*, *b*, *c*.

Pour trouver la projection de la station M, on donne deux coups d'alidade sur A, B; on les rapporte par a, b, et on obtient deux droites qui se coupent en α. On se vérifie en visant C ; la direction MC, rapportée par c, doit passer par α.

S'il n'en est pas ainsi, les trois directions se coupent de façon à former un triangle $\alpha \beta \gamma$. On en conclut que la boussole ne donne pas les azimuts, et que l'aiguille s'écarte de sa direction habituelle.

On peut déterminer la station par l'un des procédés suivants :

1° On prend les différences entre les graduations obtenues sur A,B,C ; on en conclut les angles AMB $= p$, BMC $= q$ (94). Par le point de droite c (*), on fait passer une ligne $c\gamma'$, différant peu de $c\gamma$; avec le rapporteur, on construit les angles $p\gamma'c = q$, $a\alpha'b = p$ (90).

Si le triangle $\alpha' \beta' \gamma'$ est moindre que $\alpha \beta \gamma$, on continue les tâtonnements dans le même sens, jusqu'à ce que les trois droites se coupent en un point.

Si $\alpha'\beta'\gamma'$ est plus grand que $\alpha \beta \gamma$, on fait les tâtonnements dans le sens opposé. Si les deux triangles sont symétriquement placés, le point cherché est entre eux.

2° On substitue à la méridienne une droite qui fait avec elle un angle de 1° par exemple, à droite ou à gauche. Au moyen de cette ligne, que l'on prend momentanément pour directrice, on rapporte par a,b,c les directions obtenues. On continue à modifier la position de la directrice dans le même sens ou dans le sens opposé, selon que le deuxième triangle est moindre ou plus grand que le premier.

3° Il est plus simple de conserver la méridienne pour di-

(*) Nous prescrivons de commencer par le côté de droite, parce que le rapporteur trace les angles de droite à gauche; il devrait être retourné si l'on commençait par le côté de gauche.

rectrice, et de faire varier les angles fournis par la boussole ; on diminue, par exemple, chacun d'eux de 1°. Après les avoir ainsi modifiés, on les rapporte par a,b,c. On continue à les augmenter ou on les diminue selon que le deuxième triangle est moindre ou plus grand que le premier.

(100) *Vérification de la boussole.* Pour qu'une boussole soit bonne, elle doit satisfaire à certaines conditions, parmi lesquelles nous citerons les suivantes :

1° L'aiguille doit être un losange dans lequel le point de suspension coïncide avec le centre de figure ;

2° Elle doit être horizontale quand elle repose sur son pivot ;

3° Le pivot doit être exactement au centre du limbe ;

4° L'axe visuel doit être perpendiculaire à l'axe de rotation de l'alidade ;

5° L'index doit être sur un diamètre parallèle à l'axe optique.

1° *Reconnaître si l'aiguille est bien droite.* On trace une droite sur une feuille de papier. En un point de cette ligne, on fixe un pivot sur lequel on pose l'aiguille. On fait tourner la feuille jusqu'à ce que l'une des pointes soit au-dessus de la droite ; la même chose doit avoir lieu pour l'autre pointe, sans quoi la forme de l'aiguille est mauvaise.

2° On s'assure en même temps que le centre de gravité se confond avec le point de suspension, ce qui a lieu lorsque l'aiguille est horizontale. Si cette condition n'est pas remplie, on donne un coup de lime sur le côté le plus lourd, ou l'on fixe un peu de cire sous la pointe la plus légère.

3° *Le pivot doit être au centre du limbe.* Soit le P pivot, C le centre, AB l'alidade (*fig.* 90). Dans la position que nous indiquons, bien que le pivot soit excentrique, l'aiguille NS peut couvrir le diamètre qui contient PC. Si l'on place l'alidade en A′B′ perpendiculairement à AB, le pivot P, décri-

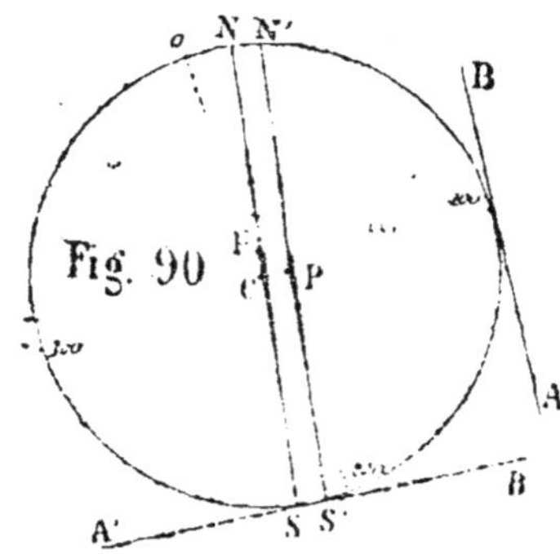

vant un cercle autour de C, vient se placer en P′ et l'aiguille prend la position N′S′ ; les graduations marquées par les pointes ne diffèrent pas de 200ᵍ, ce qui aurait lieu pour toutes les positions, si le pivot était au centre.

Le rayon du cercle décrit par le pivot peut être amené à être perpendiculaire à la direction de l'aiguille. Ceci a lieu au moment où la différence entre les deux lectures diffère autant que possible de 200ᵍ.

Si l'excentricité est faible, on la détruit en courbant légèrement le pivot à l'aide d'une pince. Si cette opération est impossible, on peut obtenir les angles exacts de la manière suivante :

L'aiguille occupant la position excentrique N′ S′, désignons par α, α' les arcs o N′, o N′ S′ marqués par les pointes, et appelons a l'arc o N que l'on se propose d'obtenir.

Nous voyons que o C N ou $a = \dfrac{o\,FN' + 200\,FS'}{2}$, mais

oFN $= \alpha$, 200 FS′ $= \alpha' - 200$, par conséquent $a = \dfrac{\alpha + \alpha' - 200}{2}$;

c'est-à-dire que pour avoir l'angle réel, il faut faire la somme des angles lus, en retrancher 200 et prendre la moitié du résultat.

Exemple : $\alpha = 26$, $\alpha' = 230$ $a = \dfrac{26 + 230 - 200}{2} = \dfrac{56}{2} = 28$.

On peut encore chercher l'erreur NN′ $= e$ qui existe entre

l'angle réel et celui qui est donné par la pointe bleue. On a :

$$e = a - \alpha = \frac{\alpha + \alpha' - 200}{2} - \alpha = \frac{\alpha' - \alpha - 200}{2}.$$

Cette quantité est positive ou négative selon que $\alpha' - \alpha$ est plus grand ou moindre que 200.

En appliquant ceci à l'exemple précédent, on trouve :

$$e = \frac{230 - 26 - 200}{2} = 2;$$

et, comme $a = \alpha + e$, on a : $\alpha = 28$.

4° *L'axe optique doit être perpendiculaire à l'axe de rotation.* Soit PQ la trace du plan perpendiculaire à l'axe de rotation CA, OV l'axe visuel (*fig. 91*).

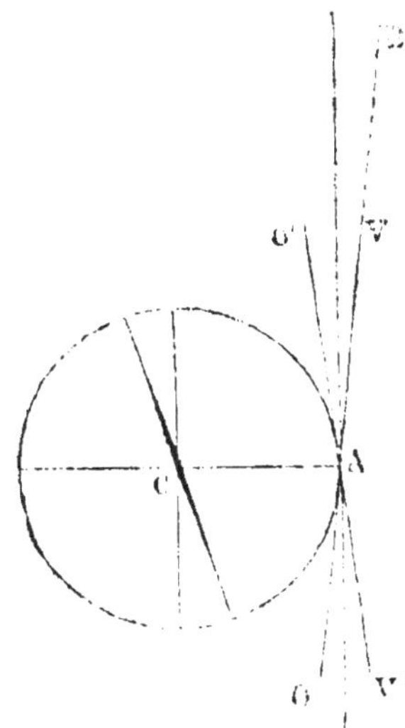

Fig. 91.

Pour voir si ces deux directions se confondent, on vise un point B de la campagne en plaçant l'alidade alternativement face à droite et face à gauche. Les graduations lues doivent différer de 200ᵍ. Dans le cas contraire, OV donnant l'angle α, supposons pour un instant que l'on retourne l'alidade bout pour bout sans déranger la boîte, elle prendra la position O'V' ; et si on pouvait l'amener sur B sans la placer face à gauche, on lirait un angle α' différant de α de la quantité VAO' $= 2e$, d'où l'on pourrait conclure $e = \frac{\alpha - \alpha'}{2}$.

Pour obtenir e, on vise B après avoir placé le tuyau visuel face à gauche et on lit l'angle $\beta = \alpha' + 200$ d'où $\alpha' = \beta - 200$ et

$$e = \frac{\alpha - (\beta - 200)}{2}.$$

Soit A l'angle que l'on obtiendrait si le rayon visuel se con-fondait avec PQ, on a : $A = \alpha - e$.

Remplaçant dans cette dernière relation e par la valeur trouvée ci-dessus, on obtient :

$$A = \frac{2\alpha - \alpha + (\beta - 200)}{2} = \frac{\alpha + \beta}{2} - 100.$$

Connaissant A, on fait marquer cet angle à la boussole en établissant le tuyau visuel face à droite, puis on déplace la plaque qui sert d'objectif jusqu'à ce qu'en visant, la languette directrice couvre B.

3° *L'index doit être placé sur un diamètre parallèle à l'axe visuel.* Pour reconnaître si cette condition est satisfaite, on peut régler la boussole en plaçant sous l'index le chiffre qui indique la déclinaison. Prenant ensuite une feuille de levé (*fig.* 80) sur laquelle on a des points orientés par rapport à la méridienne, on cherche avec le rapporteur l'azimut d'un côté $a\,c$. On stationne en A avec la boussole, on vise C, et l'angle observé doit être le même que celui qui a été donné par le rapporteur. S'il n'en est pas ainsi, l'index est mal placé ; on l'enlève après avoir réglé la boussole, on le fixe au-dessus du chiffre qui marque la déclinaison.

Quand on est certain que l'index est bien placé, on peut employer la boussole pour orienter une première droite ; on évite ainsi de résoudre le problème du n° 83, qui exige beau-coup de précautions.

(101) *Un rapporteur qui est affecté d'une erreur de colli-mation donne cependant des résultats exacts quand on l'em-ploie avec la boussole.* Supposons que la marge du rappor-

teur soit A'B (*fig.* 78) et que son inclinaison sur le diamètre soit de 5° par exemple. Quand on règle une boussole au moyen de la feuille de levé (*fig.* 80), on place la marge sur *ac* et on lit un angle qui diffère de l'angle réel d'une quantité égale à l'erreur de collimation. Visant ensuite avec la boussole la direction C A, on fait marquer l'angle donné par le rapporteur.

Supposons qu'au lieu de 50 on ait trouvé 45 pour l'azimut de *c a*. Si on vise CD, on lira par exemple 115 au lieu de 120. L'angle 115 construit avec le rapporteur par *c* sera en réalité angle de 120 ; par conséquent *acd*=ACD. Les angles ne sont donc nullement altérés.

Équerre d'arpenteur.

(102) L'équerre est un prisme à huit pans ou un cylindre en cuivre dans lequel sont ménagées deux visières *aa'*, *bb'* (*fig.* 92) qui déterminent deux directions rectangulaires. En

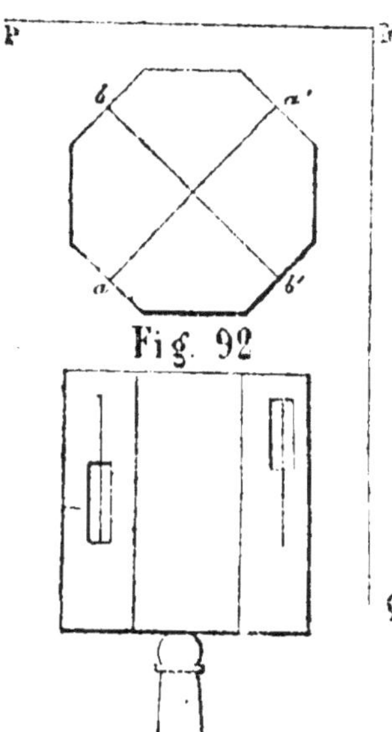

Fig. 92

dessous est une douille fixée par un pivot autour duquel l'équerre peut tourner. On place cet instrument sur un trépied ou même sur un bâton que l'on enfonce dans le sol.

Avant d'employer l'équerre, on s'occupe de reconnaître si les directions des axes visuels sont perpendiculaires l'une à l'autre. A cet effet, on vise avec *aa'* une direction M P ; visant ensuite avec *b b'*, on jalonne la direction MQ du second rayon visuel. On fait décrire à l'instrument un angle droit autour de son axe ; on vise MP avec *b b'*, et visant avec *a a'* on doit apercevoir Q.

Supposons quant à présent que les axes visuels sont rectangulaires, et passons en revue quelques-uns des problèmes que l'on peut résoudre avec l'équerre.

1° *Trouver le pied d'une perpendiculaire abaissée d'un point extérieur sur une droite.*

L'observateur marche sur AB (*fig.* 84) et tâtonne de façon à trouver un point C, tel que, voyant B avec l'une des visières, il aperçoive D avec l'autre. Un jalon planté en C marque le pied de la perpendiculaire.

2° *Déterminer la contenance ou construire le plan d'une surface accessible à l'intérieur.*

Soit ABNCD (*fig.* 93) la surface à lever. On jalonne la

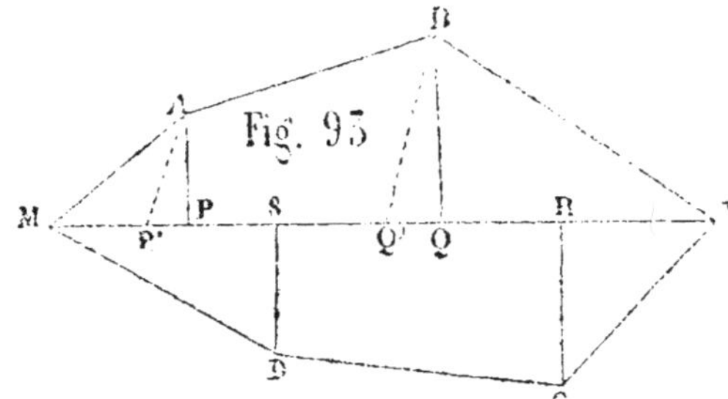

plus grande diagonale MN ; marchant sur cette ligne, on détermine les pieds P,S,Q,R des perpendiculaires abaissées des divers sommets. On décompose ainsi la surface en triangles rectangles et en trapèzes. Dans les premiers on mesure la base et la hauteur ; dans les autres on mesure la hauteur et les deux côtés parallèles. On calcule la surface de chacune des parties, la somme exprime la contenance cherchée.

Si l'on veut construire le plan, il est facile d'obtenir sur le papier une figure semblable à celle du terrain et réduite à l'échelle convenue.

3° *Mesurer une surface inaccessible à l'intérieur, mais qui n'arrête pas la vue.*

En dehors de la surface, on jalonne deux axes rectangulaires AX, AY (*fig.* 94). De 10 en 10 mètres ou de 20 en 20 mètres on détermine les pieds des perpendiculaires élevées sur

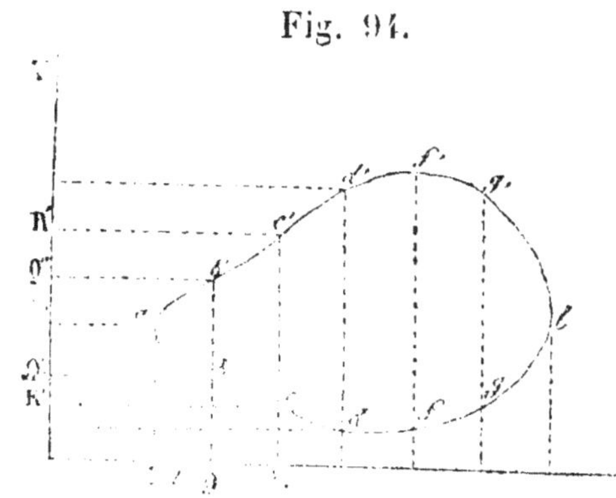

Fig. 94.

AX et passant par les points a ; b,b' ; c, c' etc., que l'on jalonne ainsi que P, Q, R, etc. La figure est ainsi décomposée en une série de trapèzes qui ont même hauteur et dont il est facile de déterminer les bases. A cet effet on cherche sur AY les pieds des perpendiculaires abaissées de a,b,b', etc., et on mesure $Q'Q''$, $R'R''$, etc.

Pour obtenir la surface, on profite de ce que les trapèzes, qui ont deux à deux une base commune, ont aussi même hauteur h. Dans le cas de la figure 94, on voit que la surface est exprimée par :

$$S = \frac{h}{2}.(bb') + \frac{h}{2}(bb' + cc') + \frac{h}{2}(cc' + dd' + \text{etc.}.) =$$

$$h\,(bb' + cc' + dd' + \text{etc.}).$$

Ainsi, en général, il suffit de faire la somme des bases que l'on multiplie par la hauteur commune. S'il existe un dernier trapèze, on met dans la parenthèse la moitié de sa dernière base.

Quand le contour de la surface est polygonal, on prend des trapèzes dont les côtés passent par les sommets du polygone.

4° **Mesurer un bois.** Le polygone EFGH, etc. (*fig.* 95) formant le contour d'un bois, on l'entoure d'un rectangle ABCD dont on mesure la base et la hauteur. De divers sommets du poly-

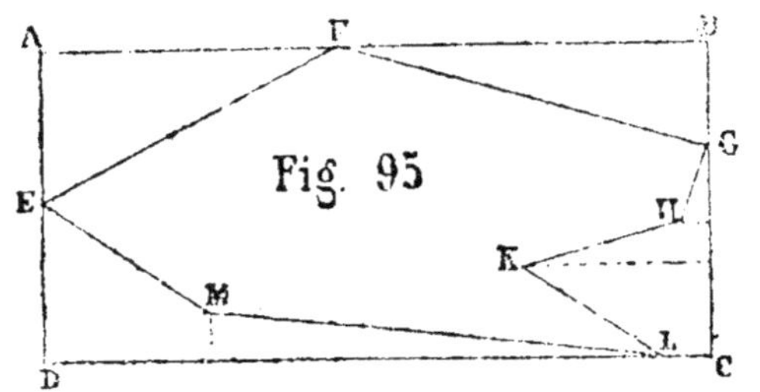

gone , on abaisse des perpendiculaires sur les côtés du rectangle , et on forme une série de trapèzes et de triangles dont la somme est retranchée de la surface totale. La différence obtenue résout la question.

On peut obtenir la surface d'un bois ou toute autre surface à l'aide d'une balance. A cet effet, on rapporte sur le papier les opérations que nous indiquons. On découpe le rectangle, que l'on mesure et que l'on pèse; on découpe aussi le bois, que l'on pèse également. Le rapport des poids est le même que celui des surfaces, et le quatrième terme d'une proportion donne le résultat cherché.

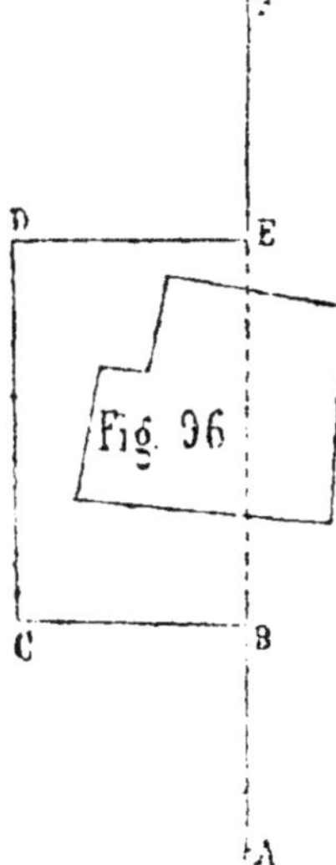

5° *Prolonger une droite au delà d'un obstacle qui arrête la vue.*

Si rien n'empêche de circuler autour de l'obstacle (*fig.* 96), on trace d'abord l'alignement AB, sur lequel on élève une perpendiculaire BC que l'on mesure; on fait l'angle droit BCD et on prolonge CD de façon à dépasser l'obstacle. On élève D E perpendiculaire à CD et on prend cette ligne égale à BC. La perpendiculaire EF à DE détermine le prolongement de AB.

Si l'on est obligé de passer entre deux obstacles qui empêchent de construire des angles droits, on prend un alignement auxiliaire CD (*fig.* 97) sur lequel on détermine les pieds des perpendiculaires AC, BG que l'on mesure. Le point E est donné par la proportion

$$\frac{CE}{GE} = \frac{AC}{BG} \text{ ou } \frac{CE-GE}{GE} = \frac{AC-BG}{BG} \text{ ou } \frac{CE}{GE} = \frac{AC-BG}{BG},$$

$$\text{d'où } GE = \frac{CG.BG}{AC-BG}.$$

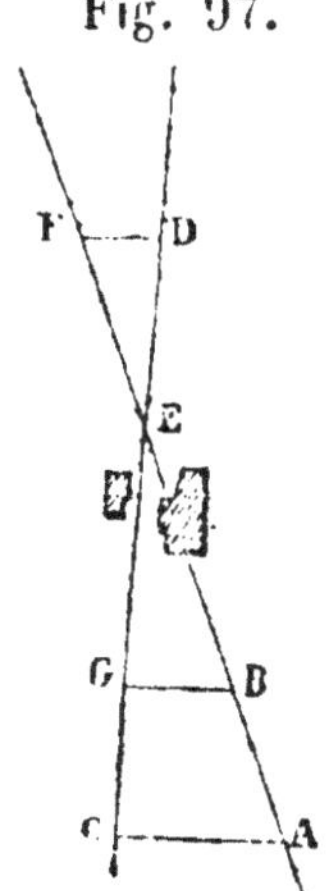

Fig. 97.

A partir de E, on prend DE=EG; au point D, on élève la perpendiculaire DF = BG. Les points E, F, déterminent le prolongement cherché.

6° *Trouver la distance entre un point accessible et un point inaccessible.*

Soit à mesurer la distance AB (*fig.* 98). On élève AC perpendiculaire sur AB et CE perpendiculaire sur AC. Au point D, milieu de AC, on plante un jalon. L'alignement BD, prolongé, détermine le triangle CED dont le côté CE satisfait à la question.

On pourrait prendre CD = ½ ou ⅓ de AD et on en conclurait CE = ½ ou ⅓ de AB. Ce dernier procédé

Fig. 98.

est plus expéditif que le précédent, parce que les distances à mesurer sont moins longues ; mais il est moins exact.

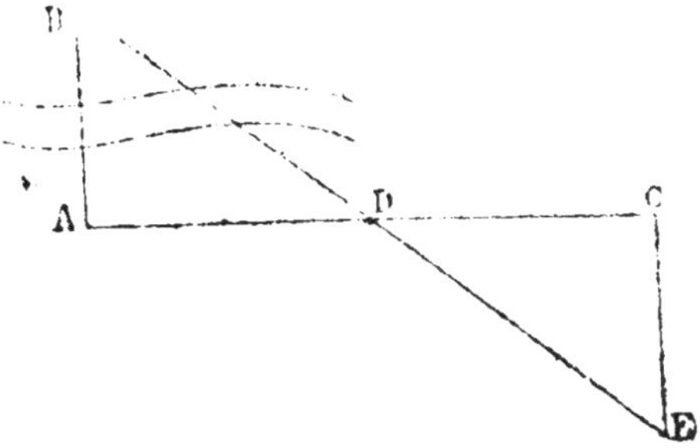

7° *Trouver la distance entre deux points inaccessibles.*

Pour trouver la distance inaccessible AB (*fig.* 99), on détermine un alignement CD sur lequel on marque le pied

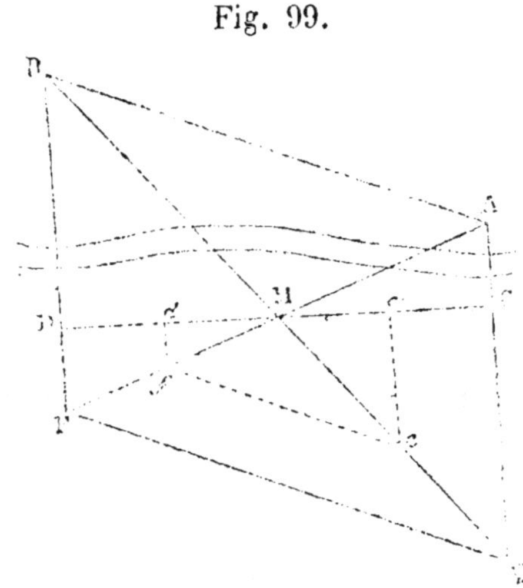

Fig. 99.

des perpendiculaires AC, BD que l'on prolonge. Au moyen d'un jalon planté au milieu M de CD, on trace les alignements AM, BM que l'on prolonge jusqu'à FE. La ligne EF est égale et parallèle à AB; on peut prendre

$$Md = \frac{MD}{2}$$

$Mc = \frac{MC}{2}$, et on en conclut $cf = \frac{EF}{2}$.

(103) *Emploi d'une équerre qui ne donne pas des angles droits.*

Quand les deux visières ne déterminent pas des directions rectangulaires, on peut néanmoins résoudre les problèmes que nous venons de passer en revue.

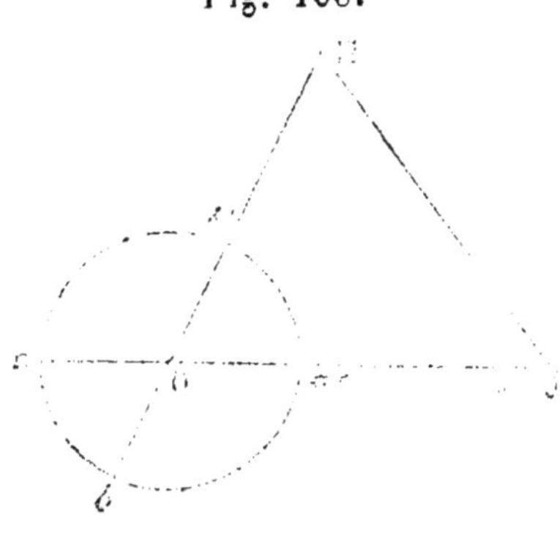

Fig. 100.

1° *Trouver le pied d'une perpendiculaire.*

Supposons que les axes visuels soient représentés par aa', bb' (*fig.* 100), on cherchera sur AB (*fig.* 84) un point Q tel que visant B avec aa' on aperçoive D avec bb'. On trouvera en-

suite Q' duquel on verra A,D avec *bb'*, *aa'*. Le triangle Q
DQ' étant isocèle, le milieu C de la base marque le pied de
la perpendiculaire.

Pour tous les autres problèmes, on agit d'une manière analogue à celle que nous avons indiquée, et on décompose les
figures en triangles ou trapèzes obliquangles. Ainsi, au lieu
d'avoir MAP, PABQ, etc. (*fig.* 93), on obtient MAP',P'AB
Q', etc.

Si l'on veut calculer la surface sur le terrain même, on est
dans la nécessité de trouver les perpendiculaires MP, BQ; ce
qui complique le travail. Si l'on veut avoir le plan de la surface, il suffit de construire sur le papier l'angle formé par les
directions des visières. A cet effet, on plante les jalons J, H,
on mesure à la chaîne les trois côtés du triangle OJH(*fig.*100),
et, construisant ce triangle sur le papier au moyen de ses
trois côtés, on a l'angle en question.

Pour éviter de commettre des erreurs d'angles on doit avoir
soin de marquer sur l'instrument les points *a*, *b*, afin d'y
placer toujours l'œil quand on vise les objets.

A défaut d'équerre, on peut construire un triangle en corde
ayant les côtés proportionnels aux chiffres 3, 4, 5. Ce triangle
est rectangle et permet de résoudre les problèmes dont nous
venons de parler.

CHAPITRE IV.

INSTRUMENTS DE NIVELLEMENT.

Niveau d'eau. — *Niveau de maçon.* — *Niveau à bulle d'air.* — *Éclimètre,* sa description, angles qu'il mesure ; viser un point, régler l'instrument. — *Éclimètre nouveau modèle,* chercher son erreur de collimation ou le régler s'il y a lieu. — Trouver le rayon de courbure d'un niveau à bulle d'air. — Formule du nivellement avec l'éclimètre.

Niveau d'eau.

(104) Le niveau d'eau est fondé sur la propriété que possèdent les liquides de se mettre en équilibre dans des vases communicants.

Il est formé d'un tuyau cylindrique en fer-blanc ou en cuivre, terminé par deux fioles de même diamètre qui se relèvent à angle droit (*fig.* 101). Le milieu du tube porte une douille destinée à recevoir l'extrémité du pied autour duquel l'instrument peut tourner pour exécuter un tour d'horizon.

Pour s'en servir, on verse de l'eau jusqu'à ce qu'elle arrive à peu près aux deux tiers de la hauteur des fioles ; puis on met le niveau sur son pied, en ayant soin qu'il soit à peu près horizontal. Toute ligne menée tangentiellement aux fioles par la partie supérieure du liquide est une horizontale, dont l'observateur détermine assez exactement la position en s'éloignant du niveau à une distance d'environ 1^m,50.

Il convient de remarquer que l'eau s'élève le long des parois en formant un onglet sphérique d'autant plus marqué que le diamètre des fioles est plus petit. Il en résulte de l'incertitude dans le point de contact des rayons visuels tangents. C'est pour cette raison que nous prescrivons de placer l'œil à 1^m,50 environ de l'instrument. A cette distance, l'onglet ne présente qu'une ligne verdâtre, très-propre à diriger le rayon visuel.

On emploie le niveau avec une mire qui se compose d'une règle et d'une coulisse mobile (*fig.* 102), à l'extrémité de laquelle

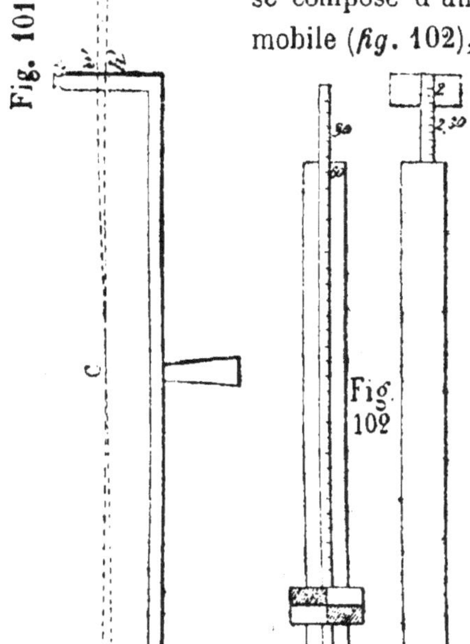

est fixé un voyant peint de couleurs tranchantes. Au repos, le milieu du voyant correspond à l'extrémité de la règle dont la hauteur est de 2 mètres. Les graduations sont inscrites sur la coulisse. Elles vont de 0 à 2 mètres sur la face antérieure, et de 2 à 4 mètres sur la face postérieure.

L'inspection de la figure montre que la distance du centre du voyant au sol est toujours marquée par la graduation qui vient affleurer à l'extrémité de la règle.

(105) *Vérification du niveau d'eau.* La vérification de cet instrument consiste à reconnaître si les deux fioles sont de même diamètre. Quand cette condition n'est pas satisfaite, le niveau du liquide peut s'élever ou s'abaisser lorsqu'on fait un tour d'horizon.

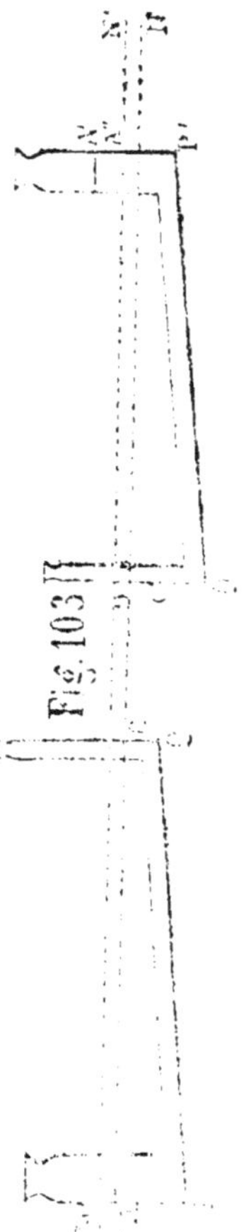

En effet, soit MN (*fig.* 103) la ligne de niveau au moment où l'instrument occupe la position PQ. Si on lui fait exécuter une révolution de 200^g, les points A,C viennent se placer en A', C' à des distances égales au-dessus et au-dessous de MN.

L'eau contenue dans la grande fiole A' se décompose en deux parties :

1° Celle qui est destinée à remplir C'D ;

2° Celle qui doit se répartir aux deux extrémités et qui donne le niveau M'N', qui diffère d'autant plus de MN que l'instrument est plus incliné et que la différence entre les diamètres des fioles est plus grande.

Comme on ne peut s'astreindre à placer le tube horizontalement, tout niveau dont les fioles ne seront pas de même calibre devra être rejeté.

(106) *Limite de l'emploi du niveau d'eau.* Quand on vise une direction, on n'est pas certain que le rayon visuel passe exactement par les deux surfaces qui terminent le liquide. On peut bien admettre que l'on commet une erreur de 0^m,001 sur chacune des surfaces, ce qui tend à déterminer un rayon visuel qui diffère de l'hori-

zontale, et à occasionner une erreur d'autant plus grande que le porte-mire est plus éloigné de l'observateur.

Soit hh' (*fig.* 101) l'horizontale qui rencontre la mire en A, vv' le rayon visuel, résultant d'une erreur, en moins sur une des fioles et en plus sur l'autre. Il rencontre la mire en B, et l'on commet une erreur AB $= e$. Les triangles semblables CAB, C$h'v'$ donnent : $\dfrac{C\,h'}{h'v'} = \dfrac{CA}{AB}$. En désignant par L la longueur de l'instrument, et remarquant que $h'v' = 0^m,001$,

on a : $\dfrac{\frac{1}{2}L}{0^m,001} = \dfrac{CA}{e}$, d'où CA ou $x = \dfrac{e\,L}{0^m,002} = 500\ eL$.

On peut attribuer à e une valeur particulière suivant l'exactitude nécessaire pour le travail que l'on exécute.

Si on pose $e = 0^m,1$, il vient $x = 50\ L$.

On prend ordinairement cette limite de 50 fois la longueur de l'instrument, et on exprime ainsi que l'erreur commise peut aller jusqu'à $0^m,1$.

Il existe encore une cause d'erreur, c'est l'évaporation du liquide qui peut abaisser la ligne de niveau d'une manière assez sensible quand on travaille pendant longtemps. Pour l'atténuer, on a soin de boucher les deux fioles après chaque opération.

(107) *Nivellement simple.* Quand on veut prendre la différence de niveau entre deux points M,N (*fig.* 104) on place le niveau sur leur alignement et à peu près à égale distance de chacun d'eux. On envoie le porte-mire en M et N successivement, en lui prescrivant de placer la mire bien verticale. On dirige un rayon visuel tangent aux fioles et passant par les onglets qui marquent l'extrémité.

Fig. 104.

du liquide, et par un signe de la main on fait élever ou abaisser le voyant jusqu'à ce que la ligne de niveau passe par son centre.

Selon que cette ligne est à moins ou plus de 2 mètres au-dessus du sol sur lequel repose la mire, on lui donne la position A ou A' (*fig.* 102). On lit la graduation qui vient affleurer à l'extrémité de la règle. Il est évident que $MP - NQ$ exprime la différence de niveau cherchée.

On agit toujours ainsi quand la distance entre les points que l'on veut niveler n'excède pas 100 à 120 mètres, et quand d'ailleurs leur différence de niveau n'est pas trop considérable pour la hauteur de la mire.

On place le niveau en un point intermédiaire dans le but d'éliminer la hauteur du liquide qu'il serait difficile de mesurer exactement, et aussi pour atténuer l'erreur qui résulte de la sphéricité des onglets.

(108) *Nivellement composé.* Quand les points dont on veut obtenir la différence de niveau sont trop éloignés l'un de l'autre, on fait un nivellement composé, au moyen de plusieurs stations.

Pour déterminer la différence de niveau entre M et N (*fig.* 105), on laisse la mire au point de départ, on se porte

Fig. 105.

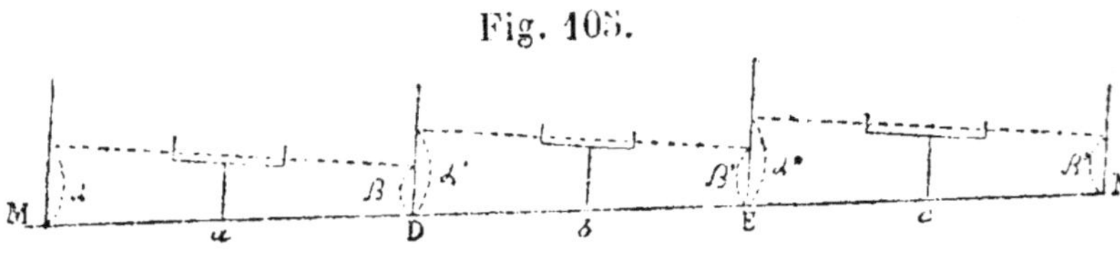

à 40 ou 50 mètres en avant et on s'établit en *a* sur l'alignement de MN (cette condition n'est pas indispensable). On prend la hauteur *a* du voyant, on envoie le porte-mire en D, on détermine β et on continue ainsi de proche en proche.

Désignons par α, α' α'', etc., les coups de niveau d'arrière, par β, β' β'', etc., ceux d'avant. Les différences de niveau entre M et D, D et E, etc., sont exprimées par $\alpha - \beta$, $\alpha' - \beta'$, etc., La différence de niveau totale est donc :

$$dn = \alpha - \beta + \alpha' - \beta' + \text{etc.}$$
$$= (\alpha + \alpha' + \alpha'' + \text{etc.}) - (\beta + \beta' + \beta'' + \text{etc.}),$$

c'est-à-dire qu'elle est marquée par la somme des *coups de*

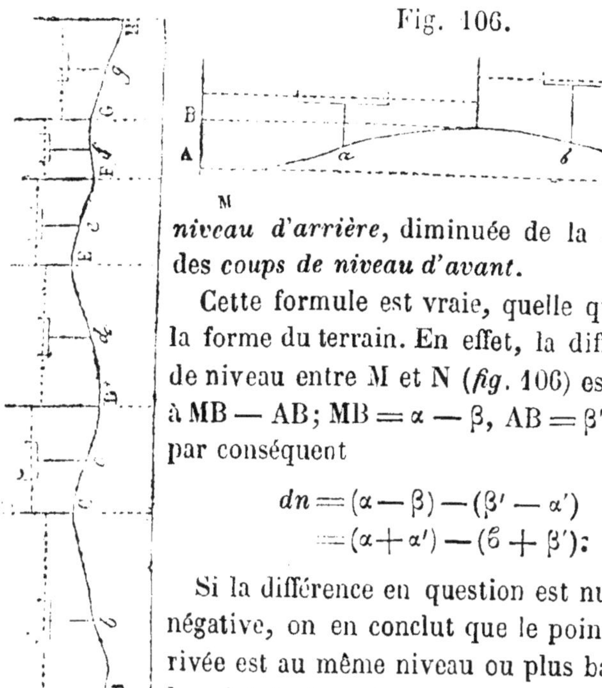

Fig. 106.

niveau d'arrière, diminuée de la somme des *coups de niveau d'avant*.

Cette formule est vraie, quelle que soit la forme du terrain. En effet, la différence de niveau entre M et N (*fig*. 106) est égale à MB — AB; MB $= \alpha - \beta$, AB $= \beta' - \alpha'$; par conséquent

$$dn = (\alpha - \beta) - (\beta' - \alpha')$$
$$= (\alpha + \alpha') - (\beta + \beta');$$

Si la différence en question est nulle ou négative, on en conclut que le point d'arrivée est au même niveau ou plus bas que le point de départ.

(109) *Exécution d'un profil avec le niveau d'eau*. On fait un profil quand on a besoin de connaître les cotes de différents points situés dans un même plan vertical.

Soit à exécuter le profil du terrain ABCD (*fig*. 107). On

cherche les cotes de tous les points qui marquent les changements de pente. A cet effet, on donne une cote arbitraire au point de départ A ; on se porte en *a* et on envoie la mire successivement en A, B. La différence α — β ajoutée à la cote de A, ou retranchée de cette quantité, donne la cote de B, selon que ce point est plus haut ou plus bas que A. On a de même les cotes de C, D, E, etc.

Pour éviter les chances d'erreur, on inscrit dans un registre le résultat des observations sur la mire, et ce n'est que plus tard que l'on fait les calculs propres à la détermination des cotes.

Le registre d'observations peut avoir la forme que nous indiquons ici :

Registre d'observations avec le niveau d'eau.

STATIONS.	POINTS visés.	COUPS d'arrière.	COUPS d'avant.	DIFFÉR. de niveau en plus.	DIFFÉR. de niveau en moins.	COTES.
a	A	3.20		+1.40		100
	B		2.10			101.40
b	B	3.70		+2.00		101.40
	C		1.70			103.40
c	C	0.80			—2.40	103.40
	D		2.20			100.70

On peut encore donner au registre la forme suivante, qui est adoptée dans les ponts et chaussées :

Cote de A. 100ᵐ

Coup d'arrière. . . . . + 3.20
____
Cote du plan de niveau de l'instrument. 103.20

Coup d'avant. . . . . − 2.10
____
Cote de B 101.10

Coup d'arrière. . . . . + 3.70
____
Cote du plan de niveau. 104.80

Coup d'avant. . . . . − 1.70
____
Cote de C 103.10

Coup d'arrière. . . . . + 0.80
____
Cote du plan de niveau 103.90

Coup d'avant. . . . . − 3.20
____
100.70

Cette disposition, qui est très-simple, écarte toute chance
d'erreur, si l'on remarque que les coups d'arrière sont toujours additifs et que ceux d'avant sont toujours soustractifs.

Quand on fait un profil dans le but d'exécuter un travail
sur le terrain même, on peut se contenter de marquer par
des jalons les points A,B,C, etc. Ceci peut avoir lieu notam-
ment pour le tracé d'un chemin.

Si l'on veut niveler une surface d'une certaine étendue, on
prend des points à coter à droite et à gauche de la direction
principale que l'on suit. Le calcul fait connaître la quantité
de déblai ou de remblai à effectuer aux points dont les cotes
ont été déterminées.

Lorsqu'un plan doit être ajouté au projet de travail, on
exécute la planimétrie au préalable, on indique les projections
des jalons ainsi que la hauteur de chaque point coté.

Niveau de maçon.

(110) Le niveau de maçon peut être employé, soit pour déterminer une horizontale, soit pour obtenir l'inclinaison d'une pente.

Il est fondé sur la propriété que possède le fil à plomb de se diriger suivant la verticale.

Il se compose d'un triangle rectangle isocèle en bois ou en cuivre (*fig.* 108), au sommet D duquel est suspendu un fil à

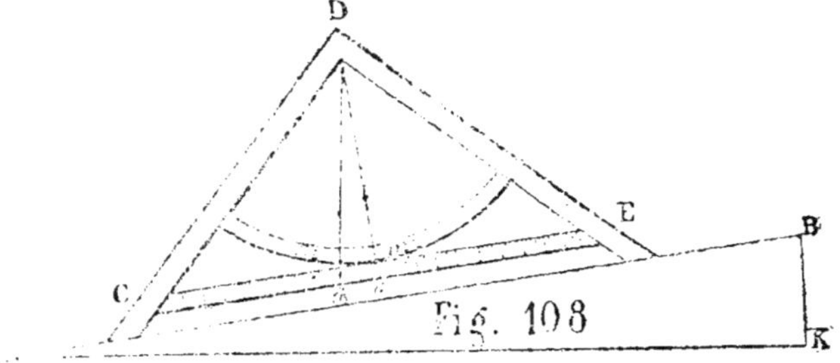

plomb qui doit battre sur le milieu de la base, quand elle repose sur un plan horizontal. Pour déterminer ce point, on place l'instrument sur un plan légèrement incliné AB. Le fil à plomb tombe en un point *m* que l'on marque. On retourne le niveau de façon à placer C en E et réciproquement, et on trouve un nouveau point *m'*. Le milieu *o* de *mm'* résout la question.

Pour rendre cet instrument propre à apprécier les pentes, on partage *o* C en un certain nombre de parties égales, 100 par exemple. D'après la nature du triangle CED, on a : *o*D = *o*C. Si donc on veut mesurer la pente BAK, c'est-à-dire trouver le rapport entre sa hauteur et sa base, on remarque que les triangles BAK, *o*D*m*, qui sont semblables comme ayant les côtés perpendiculaires, donnent la proportion $\dfrac{BK}{AK} = \dfrac{om}{oD}$. Si m tombe sur la 25e division, on a :

$\dfrac{BK}{AK} = \dfrac{25}{100} = \dfrac{1}{4}$; expression qui permet de conclure de combien une pente s'élève par mètre.

On peut rendre l'instrument propre à donner l'amplitude des angles ; pour cela, on substitue à la base rectiligne CE un arc de cercle portant, à partir de o, les divisions de la circonférence.

(**111**) *Limite de l'emploi du niveau de maçon.* On peut admettre que l'on se trompe de 1 millimètre dans l'appréciation du point de la base sur lequel tombe le fil à plomb. Si l'on désigne par e l'erreur qui en résulte sur BK, on a la proportion $\dfrac{BK + e}{AK} = \dfrac{om + 0^m,001}{oD}$, d'où BK. $oD + e.\ oD = om$ AK $+ 0^m,001$. AK. Nous avons trouvé plus haut BK. $oD = om.$ AK ; par conséquent $e.\ oD = 0^m,001$. AK, d'où AK ou

$$x = \frac{e.\ oD}{0^m,001}.$$

oD est la hauteur du triangle que l'on appelle *apothème*, et que nous désignerons par r. Il en résulte

$$x = \frac{er}{0^m,001} = 1000\ er.$$

On arrive à la même conclusion en raisonnant de la manière suivante : soit om l'erreur de lecture qui est $0^m,001$; BK l'erreur e, c'est-à-dire la quantité dont la ligne AK, supposée horizontale, s'écarte de l'horizontale réelle AK, on a la proportion

$$\frac{0^m,001}{oD} = \frac{e}{AK} \text{ ou } \frac{0^m,001}{r} = \frac{e}{x}, \text{ d'où } x = \frac{0^m,001}{er} = 1000\ er.$$

En admettant que l'erreur peut aller jusqu'à $0^m,1$, on a $x = 100\ r$. C'est pourquoi on dit généralement que la limite de l'emploi du niveau de maçon est égale à 100 fois *son apo-thème.*

Niveau à bulle d'air.

(112) Quand un liquide et un fluide sont en repos dans un vase, le fluide occupe la partie supérieure, et la couche de sé-paration est horizontale.

C'est sur cette particularité qu'est fondé le niveau à bulle d'air, qui permet de repérer une horizontale avec une grande exactitude. Cet instrument se compose d'un tube de verre légèrement courbé, dans lequel on introduit un liquide coloré en laissant une bulle d'air. Ce tube, hermétiquement fermé, est protégé par une armature en cuivre qui laisse à découvert la partie convexe.

Le niveau est réglé lorsqu'on a déterminé l'emplacement de deux index à égale distance desquels les extrémités de la bulle doivent venir se placer, quand il repose sur un plan ho-rizontal.

Pour reconnaître si cette opération a été bien faite, on éta-blit l'instrument sur un plan légèrement incliné AB (*fig.* 109).

La bulle prend une position MN, dont on marque les extrémités. On retourne bout pour bout. Les extrémités de la bulle viennent aux points M'N' que l'on marque également. Le milieu O de M'N doit être à égale distance des index. Des divisions égales sont marquées à droite et à gauche des index.

La première opération que l'on doit exécuter, quand on se sert du niveau, consiste à le *caler,* c'est-à-dire à établir la bulle entre des divisions symétriques.

(113) *Limite de l'emploi du niveau à bulle d'air.* L'erreur que l'on peut commettre dans l'appréciation de la position qu'occupe la bulle d'air étant supposée égale à $0^m,001$, il en résulte que le rayon de courbure qui passe au milieu de la bulle, au lieu de se confondre avec la verticale, fait avec elle un angle dont la tangente est $\dfrac{0^m,001}{R}$, (*fig.* 110). La base sur laquelle repose le niveau, au lieu de se confondre avec l'horizontale CA, fait avec elle un angle dont la tangente est $\dfrac{e}{x}$. A cause de la similitude des triangles, on a : $\dfrac{e}{x} = \dfrac{0^m,001}{R}$, d'où

$$x = \frac{eR}{0^m,001} = 1000\,eR.$$ Cette quantité devient égale à 100 R. quand on suppose, comme précédemment, que $e = 0^m,1$.

L'erreur de lecture que nous apprécions à $0^m,001$ est sans doute exagérée, car la bulle d'air renfermée dans le tube n'est influencée ni par l'agitation atmosphérique ni par le frottement. On peut donc, sans erreur sensible, prendre pour limite 100 R, valeur toujours considérable, vu la longueur du rayon de courbure qui varie de 15 à 20 mètres.

Nous indiquerons plus loin (123) un moyen de trouver la valeur du rayon de courbure.

Éclimètre.

(114) L'éclimètre est un instrument que l'on fixe sur l'une des faces de la boîte d'une boussole, et qui sert à mesurer les angles dans les plans verticaux (Voir la note 6 pour l'approximation de cet instrument). Il se compose d'un limbe dont le diamètre AB (*fig.* 111) porte à ses extrémités le chiffre 100.

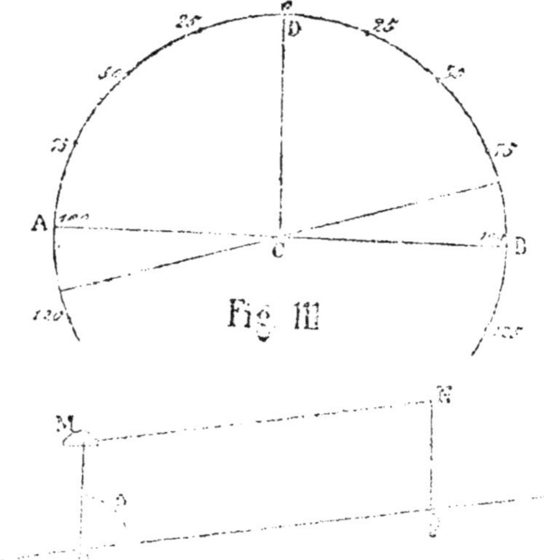

Les graduations partent du rayon CD perpendiculaire à AB. Au centre C se meut une alidade munie de deux verniers. Une lunette, fixée à l'alidade, sert en même temps pour la boussole et pour l'éclimètre.

Pour mesurer l'inclinaison d'une pente PQ (*fig.* 111), on se met en station en P, on place le limbe dans un plan vertical et on établit le diamètre AB horizontalement. On dirige un rayon visuel sur une mire placée en Q, et dont le voyant est à une distance du sol égale à la hauteur de l'instrument. Il est clair que le zéro du vernier doit marquer une graduation qui exprime la *distance zénithale* Δ de PQ.

Quelques instruments portent le chiffre zéro aux points A et B et le chiffre 100 au point D. Ils donnent les inclinaisons à l'horizon. Cette disposition est moins favorable que la précédente, en ce que, quand on a mesuré une inclinaison, il faut indiquer si l'angle observé est d'*ascension* ou de *dépression* : c'est-à-dire si le point visé est au-dessus ou au-dessous de l'horizon.

Un angle d'ascension, considéré comme angle de dépression, ou réciproquement, occasionne une erreur double de la dif-

férence de niveau entre la station et le point visé. Supposons, en effet, que l'on veuille déduire la cote de B (*fig.* 112)

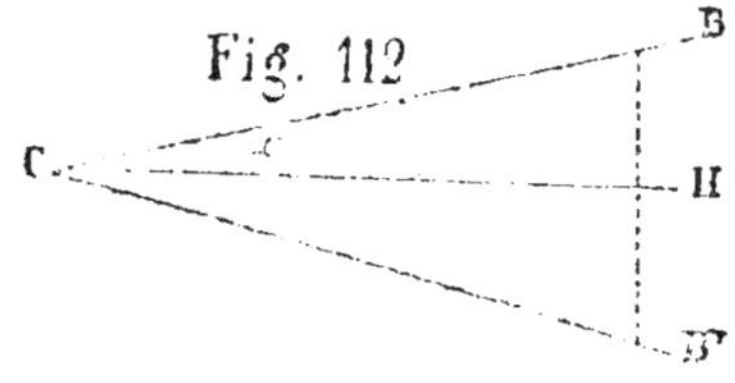

de celle de C, et que l'on
prenne α comme angle de dépression : le point B est rapporté au niveau de B', et l'erreur commise BB' = 2 BH.

Les distances zénithales que
l'on observe en topographie sont toujours assez voisines de
100ᵍ; elles n'atteignent presque jamais les limites de 60 et de
140. En conséquence, on allége l'instrument en supprimant
une partie du limbe et on lui donne la forme indiquée (*fig.* 113).

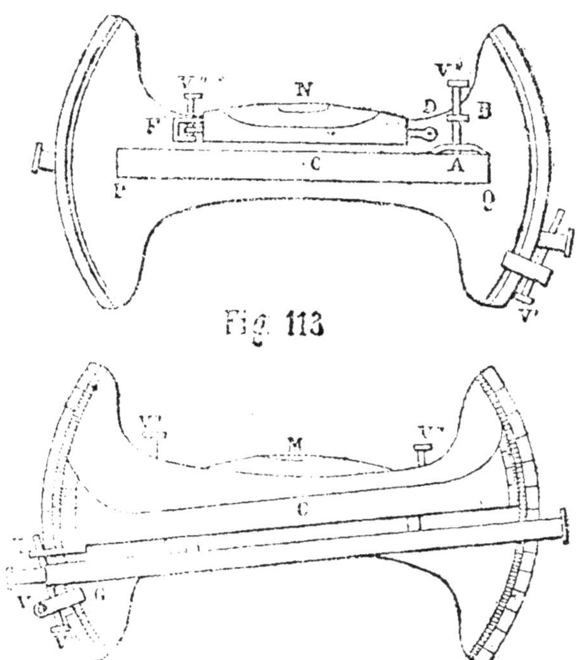

Fig. 113

(115) ***Description de l'éclimètre.*** La partie **N** (*fig.* 113)
représente la face postérieure de l'éclimètre fixé à la boîte PQ

de la boussole, au moyen d'un pivot qui passe par le centre C du limbe. La vis V″ est destinée à faire mouvoir l'instrument autour de son pivot ; on l'appelle *vis du mouvement général*. Elle traverse un appendice B fixé au limbe dans lequel elle tourne sans avancer, et elle entre dans un écrou A placé sur la boîte. Il résulte de là que, quand on tourne cette vis, on oblige B à s'approcher ou à s'éloigner de A, ce qui donne le mouvement général.

Un niveau à bulle d'air, placé en DF sur le limbe, est terminé par une patte qui entre dans l'appendice F. La vis V‴ qui s'appuie sur la base de F, peut, en tournant, faire monter ou descendre la patte qu'elle traverse. Il en résulte un moyen de faire varier l'inclinaison du niveau. Comme on se sert rarement de la vis V‴, que l'on nomme *vis du mouvement particulier du niveau*, sa tige est terminée par un carré analogue à celui d'une montre. On la fait mouvoir au moyen d'une clef que l'on enlève après l'opération.

Dans la partie M, qui représente la face antérieure de l'éclimètre, G est une pince formée de deux plaques maintenues sur la circonférence au moyen d'une rainure que l'on voit en N. Une vis V, que l'on nomme *vis de la pince*, permet de serrer les plaques l'une contre l'autre, de façon à arrêter la pince quand c'est nécessaire. Celle-ci est fixée à l'extrémité de l'alidade au moyen d'une vis V′ qui tourne en G sans avancer, et traverse un écrou en K. Cette vis, destinée à donner un mouvement doux à l'alidade, est dite *vis du mouvement particulier de l'alidade*.

La lunette, fixée invariablement à l'alidade, a ordinairement son axe optique parallèle aux zéros du vernier, mais cette condition n'est nullement indispensable.

(116) *Mettre l'éclimètre en station, viser un point.*

L'éclimètre est en station quand son limbe est dans le plan

vertical de l'objet que l'on veut viser. On se place au point A
(*fig.* 118), duquel on aperçoit un objet B d'un pointé certain.

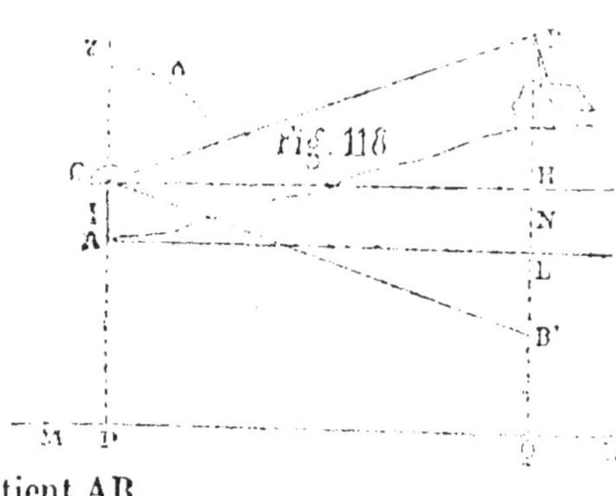

On fixe la boussole
sur son pied et on
place la boîte hori-
zontalement à vue.
Ceci assure suffisam-
ment la verticalité
du limbe que l'on
fait tourner de façon
à le placer dans le
plan vertical qui con-
tient AB.

Mettant une main à chacune des extrémités du limbe, on
déplace la boîte de façon à faire arriver la bulle du niveau à
peu près entre ses repères.

Cette opération, que l'on ne peut faire qu'imparfaitement
avec la main, donne le moyen de caler le niveau par quelques
tours de la vis du mouvement général. Quand on a calé le
niveau, on desserre la vis de la pince, et, avec la main, on
amène la croisée des fils de la lunette à peu près sur le point B.
On serre V et on amène le rayon visuel exactement sur B
avec V'.

On s'assure que, pendant cette opération, le niveau n'a pas
été décalé. Si ce fait avait eu lieu, on recalerait avec V″ et on
ramènerait la lunette sur B avec V'.

(117) *Régler l'instrument.* L'angle que l'on obtient par
l'opération dont nous venons de parler n'exprime la distance
zénithale de la direction AB qu'autant que l'instrument est
réglé. Ceci a lieu lorsque *le rayon 100 est horizontal, ou le
rayon zéro vertical, au moment où la bulle est entre ses
repères.*

Quand cette condition n'est pas satisfaite, il y a une erreur de collimation, et le rayon zéro, au lieu de se confondre avec

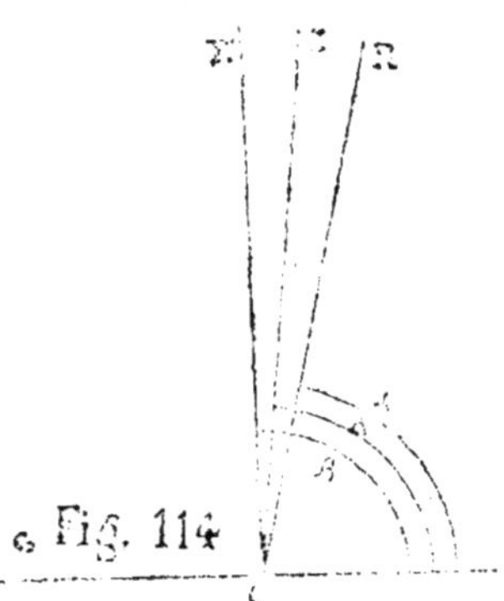

la verticale CZ, est dirigé suivant CR ou CR' (*fig*. 114). L'erreur de collimation est égale à ZCR ou ZCR'. Supposons que l'on ait obtenu l'angle α, soit CL le rayon visuel, Δ la distance zénithale cherchée, et e l'angle ZCR=ZCR', on a :

$$(1) \quad \alpha = \Delta - e.$$

Pour reconnaître si cette relation existe, on retourne l'instrument face à gauche, on ramène vers soi l'oculaire de la lunette, et on recommence l'opération. S'il n'y a pas d'erreur de collimation, on lit le même angle qu'à la première opération. S'il y en a une, le rayon zéro a décrit une surface conique dont CZ est l'axe, et CL étant toujours le rayon visuel, on obtient un angle β lié à Δ par la relation (2) $\beta = \Delta + e$.

Pour éliminer e, il suffit d'ajouter (1) et (2), ce qui donne

$$\alpha + \beta = 2\Delta \text{ et } \Delta = \frac{\alpha + \beta}{2}.$$

On connaît ainsi la distance zénithale de CB (*fig*. 118). On remet l'instrument face à droite, on place le zéro du vernier sur la graduation $\dfrac{\alpha + \beta}{2}$, on se remet en station et on amène le rayon visuel sur B au moyen de la vis du mouvement général. Après cette opération, le rayon zéro est vertical, mais le niveau n'est pas calé, puisqu'il y a erreur de collimation. On le cale en employant la vis du mouvement particulier.

En résumé, pour régler l'éclimètre, on vise le même point en plaçant le limbe alternativement face à droite et face à gauche. On prend la demi-somme des graduations lues. On revient face à droite, on fait marquer par le zéro du vernier le chiffre obtenu, on amène la croisée des fils sur le point visé par la vis du mouvement général, et on cale le niveau par la vis du mouvement particulier.

Un exemple est suffisant pour familiariser avec cette opération.

La plus petite graduation du limbe est de $1/2^g$ ou $50'$; le vernier a 25 divisions et donne par conséquent les angles de 2 en 2'.

On a les angles $\alpha = 98^g,42''$

$$\beta = 99^g,30'$$

$$\Delta = \frac{\alpha + \beta}{2} = \frac{98^g,42 + 99^g,30'}{2} = 98^g,86.$$

Pour faire marquer cette graduation par le vernier, on desserre la vis de la pince, on met le zéro sur 98,50, et on serre la pince. Il faut avancer de $36'$, quantité qui correspond à la dix-huitième division du vernier. On fixe l'œil sur cette division, et, par la vis du mouvement particulier, on la fait avancer jusqu'à ce qu'elle se trouve sur le prolongement d'une division du limbe.

(118) *Vérification de l'éclimètre.* La vérification consiste à voir si l'alidade pivote au centre du limbe; ce que l'on reconnaît à ce que les deux verniers marquent des angles supplémentaires ou égaux, selon que l'instrument donne les distances zénithales ou les angles à l'horizon.

Cette condition est toujours satisfaite, parce que les limbes sont centrés et gradués par la même machine.

(119) *Éclimètre nouveau modèle.* On construit aujourd'hui un éclimètre qui n'a que la partie du limbe placée à gauche du centre (*fig.* 115). Comme il a un rayon double de celui de l'éclimètre ancien modèle, la plus petite graduation peut

être portée à 1/4 de grade ou 25', et comme le vernier a vingt-cinq divisions, on lit les angles de minute en minute.

Cet éclimètre est composé des mêmes parties que l'ancien. Dans le principe, on lui avait adapté un niveau fixe, et, l'instrument ne pouvant être réglé, on se contentait de déterminer son erreur de collimation dont on corrigeait les angles observés.

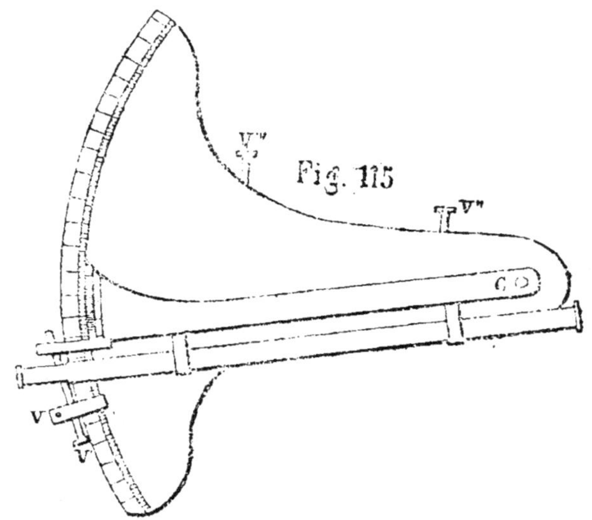

Fig. 115

Aujourd'hui, quelques constructeurs adaptent à cet éclimètre un niveau mobile.

(120) *Déterminer l'erreur de collimation d'un éclimètre nouveau modèle.* On se met en station en A (*fig.* 116). Au point B, distant de 400 ou 500 mètres, on envoie une mire dont le voyant est à une distance

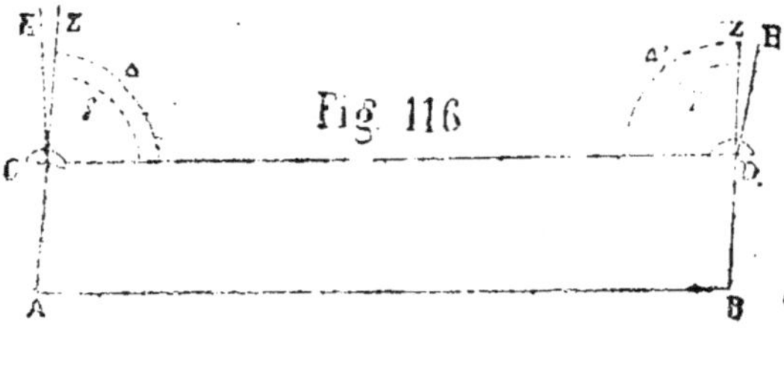

Fig. 116

du sol égale à la hauteur de l'instrument. On peut même se contenter d'envoyer un homme et de viser une partie de son corps placée à une hauteur convenable.

On vise par les procédés indiqués (116). Le zéro du vernier marque un certain angle Δ qui peut différer de la distance zénithale réelle δ, d'une quantité e qui est précisément l'erreur de collimation.

Dans la figure 116, CK représente la direction du zéro, et CZ celle de la verticale. On a donc : (1) $\Delta = \delta + e$.

On va s'établir en B, on envoie la mire en A et on recommence l'opération. Il est clair que si le rayon était en arrière de la verticale dans le premier cas, il doit prendre une direction analogue DH dans le deuxième. On a donc : (2) $\Delta' = \delta' + e$.

On peut éliminer δ et δ' entre (1) et 2, en remarquant que les verticales de A et B étant parallèles, $\delta + \delta' = 200$. Ajoutant donc (1) et (2), on a : $\Delta + \Delta' = 200 + 2e$, d'où

$$e = \frac{\Delta + \Delta'}{2} - 100.$$

Si la quantité e est positive, on a : $\delta = \Delta - e$, et tous les angles observés doivent être diminués de l'erreur de collimation. Dans le cas contraire, ils doivent être augmentés de cette quantité.

(121) *Régler l'instrument quand le niveau est mobile.*

Supposons que l'on ait obtenu successivement $\Delta = 98^{\text{g}},82'$ et $\Delta' = 101^{\text{g}},70'$. On en conclut

$$\Delta = 98^{\text{g}},82 = \delta + e$$
$$\Delta' = 101^{\text{g}},70 = \delta' + e$$
$$\Delta + \Delta' = 200^{\text{g}},52 = 200 + 2e$$
$$e = \frac{200^{\text{g}},52}{2} - 100 = 26'.$$

Il résulte de là que $\delta' = 101^g,70 - 26' = 101^g,44'$.

L'instrument donnant la minute, on place le zéro du vernier sur $101^g,25'$, et on serre la pince. On tourne la vis du mouvement particulier de l'alidade, jusqu'à ce que la dix-neuvième division du vernier coïncide avec une graduation du limbe. Plaçant alors l'instrument sur son pied, on amène l'axe optique de la lunette sur le point C par le mouvement général, et on cale le niveau par son mouvement particulier.

Nota. Quand on fait des observations de nivellement avec l'éclimètre, on doit s'assurer qu'il n'a pas été dérangé d'un jour à l'autre. À cet effet, après l'avoir réglé, ou avoir déterminé son erreur de collimation, on choisit une station de laquelle on prend une distance zénithale sur un objet d'un pointé certain. Chaque jour, au moment du départ, on se met à la même station, et on prend la distance zénithale sur le même objet.

(122) *On peut négliger l'erreur provenant de ce que les verticales des deux stations ne sont pas parallèles.*

Nous avons supposé que les verticales de A et B sont parallèles, et nous en avons conclu que $\delta + \delta' = 200$. Ceci n'est pas complétement exact; car ces deux lignes vont concourir au centre de la terre et forment un angle d'autant plus grand que les points A et B sont plus éloignés l'un de l'autre.

Pour reconnaître de combien $\delta + \delta'$ diffère de 200^g, menons par le point B (*fig.* 117) une parallèle BH à AZ; on voit que $\delta + \delta' = 200 + 0$, et par conséquent $\Delta + \Delta' = \delta + \delta' + 2e$ devient $\Delta + \Delta' = 200 + 0 + 2e$, d'où $e = \dfrac{\Delta + \Delta'}{2} - 100 - \dfrac{0}{2}$.

La quantité $\dfrac{0}{2}$ est négligeable en topographie. En effet, on sait qu'en moyenne, un grade sur la terre correspond à 100000 mètres. On peut donc poser $100000^m = 10000''$, d'où

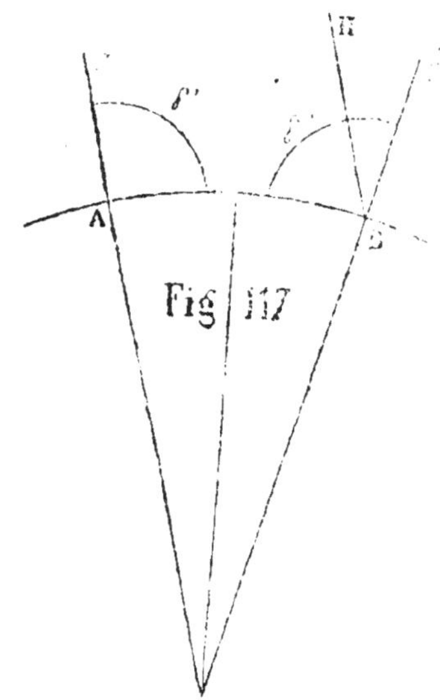

$100^m = 10''$. Comme l'approximation de l'éclimètre n'est que de $1'$ ou $100''$, on voit que les points A et B devraient être distants de 2000 mètres, pour que l'angle $\dfrac{O}{2}$ fût appréciable sur l'instrument. On peut donc négliger l'erreur qui résulte du non-parallélisme des deux verticales.

(123) *Détermination du rayon de courbure d'un niveau à bulle d'air.*

Après avoir réglé l'éclimètre, on vise un objet d'un pointé certain et on lit la distance zénithale. On déplace ensuite le vernier d'une certaine quantité, $4'$, par exemple, et on amène le rayon visuel sur le même point que précédemment au moyen du mouvement général. L'extrémité de la bulle qui, dans la première opération, était en P (*fig.* 109), vient en Q, et l'arc PQ a une amplitude de $4'$ sur l'arc de cercle dont on cherche le rayon de courbure. La circonférence contient $40000'$ ou 10000 PQ.

Posant $2\pi R = 10000$ PQ, on a : $R = \dfrac{10000\,PQ}{2\pi}$. Supposons

que $PQ = 0^m,01$; $R = \dfrac{10000.0^m,01}{2.3,1416} = \dfrac{5000.0^m.01}{3,1416} = 15,90$ ou

mieux 16 mètres ; ce qui indique que l'on peut viser jusqu'à une distance de 1600 mètres, sans commettre une erreur plus grande que $0^m,1$.

(124) *Formule de nivellement avec l'éclimètre.* Cette formule permet de déduire la cote d'une station A de celle d'un point visé B (*fig.* 118, page 157), et réciproquement.

L'instrument étant mis en station en A, on vise B par le procédé indiqué (116). Le rayon 100 prolongé se confond avec l'horizontale CH, et il forme l'un des côtés de l'angle droit du triangle rectangle BCH dont le côté BH est la différence de niveau entre le centre de l'éclimètre et le point visé.

La distance horizontale CH entre A et B est connue par la planimétrie ; nous la désignerons par K. L'angle BCZ est donné par l'éclimètre ; on a donc : BH $=$ K cot. BCZ.

Quand le point B est au-dessous de C, en B′, par exemple, la différence de niveau B′H $=$ K cot. CB′H, et CB′H étant supplémentaire de B′CZ, ces angles ont leurs cotangentes égales et des signes contraires, par conséquent :

$$\text{B′H} = - \text{K cot. B′CZ.}$$

Si l'on désigne par Δ l'angle que donne l'éclimètre, et par dn la différence de niveau, on a la formule :

$$dn = \text{K cot. } \Delta,$$

dans laquelle le deuxième membre est positif ou négatif, selon que Δ est plus petit ou plus grand que 100^g.

Établissons une relation entre la cote de la station et celle du point visé ; pour simplifier, nous appellerons la première S, la deuxième V, et nous désignerons la hauteur de l'instrument par dt.

Quand le point visé est en B, on a :

$$V = \text{QL} + \text{LH} + \text{BH}$$
$$= \text{AP} + \text{AC} + \text{BH}$$
$$= \text{S} + dt + \text{K cot. } \Delta.$$

Si ce même point est en B', on a :

$$V = QL + LH - B'H$$
$$= AP + AC - B'H$$
$$= S + dt - K \cot. \Delta \, ;$$

d'où nous conclurons que la formule générale, qui établit une relation entre S et V, est

$$(1) \quad V = S + dt + K \cot. \Delta \, ,$$

à la condition que l'on donnera au terme K cot. Δ le signe qui est la conséquence de la valeur de Δ.

Les termes dt, K cot. Δ sont toujours connus dans cette formule ; il est donc très-facile de l'employer pour obtenir V ou S, selon que l'une de ces deux quantités est l'inconnue.

$$\text{S connu,} \quad \Delta < 100 \quad V = S + dt + K \cot. \Delta$$
$$\Delta > 100 \quad V = S + dt - K \cot. \Delta .$$

$$\text{V connu,} \quad \Delta < 100 \quad S = V - dt - K \cot. \Delta$$
$$\Delta > 100 \quad S = V - dt + K \cot. \Delta .$$

On donne ordinairement une autre forme à l'expression (1), d'où l'on tire V — S = K cot. $\Delta + dt$.

Le premier membre exprime la différence de niveau entre la station et le point visé ; on le représente par dn, et l'on a :

$$dn = K \cot. \Delta + dt.$$

Le second membre représente BL ou B'L (*fig.* 118) : il est toujours la somme ou la différence de K cot. Δ et dt, selon que l'on a $\Delta <$ ou > 100.

On l'ajoute à la cote de la station pour obtenir celle du point visé ; dans ce cas, dt est pris avec le signe $+$ et K cot. Δ avec le signe qui lui est propre.

On le retranche de la cote du point visé quand on veut obtenir celle de la station ; alors, dt est pris avec le signe — et K cot. Δ avec le signe contraire de celui qui lui est propre.

Pour donner à la formule toute sa généralité, on l'écrit sous la forme suivante :

$$(2)\quad dn = \mathrm{K}\,\cot.\,\Delta \pm dt.$$

On peut encore écrire :

$$(3)\quad dn = \pm(\mathrm{K}\,\cot.\,\Delta + dt).$$

La quantité comprise entre parenthèses est prise avec son signe absolu, puis on l'ajoute à la cote de la station ou on la retranche de celle du point visé, selon le cas.

On voit que ces trois formules rentrent l'une dans l'autre. Quand on commence les applications, il est avantageux d'employer (1), qui laisse peu de chances d'erreur.

LIVRE III.

ENSEMBLE DES OPÉRATIONS D'UN LEVÉ RÉGULIER.

CHAPITRE PREMIER.

CANEVAS TOPOGRAPHIQUE.

Opérations que comporte l'exécution d'un canevas. — *Canevas avec le graphomètre.* — Choix des points principaux. — Canevas provisoire. — Mesure des angles. — Réduction aux centres des stations. — Calcul des triangles. — Procédé à suivre pour placer les points sur le papier. — *Canevas à la planchette*, avec ou sans données préliminaires. — Emploi du déclinatoire pour faciliter le travail.

(125) *Ensemble des opérations nécessaires à l'exécution d'un canevas.*

Nous avons vu (11) que le canevas a pour but de déterminer les projections des points principaux qui couvrent le terrain dont on veut exécuter le plan.

Pour résoudre ce problème, on doit passer par les opérations suivantes :

1° Choisir les points principaux ;

2° Déterminer l'emplacement de la base, la mesurer et la réduire à l'horizon ;

3° Trouver l'azimut d'un premier côté de triangle ;

4° Mesurer les angles et résoudre les triangles par le calcul ;

5° Placer les points sur le papier ;

6° Terminer le canevas avec la planchette (*).

(126) *Choix des points principaux.* Les points principaux peuvent être distants les uns des autres de 3 à 4,000 mètres, chiffre qui exprime la limite de l'emploi du graphomètre (73). Les meilleurs sont les clochers dans lesquels on peut faire station, et où l'on trouve des fenêtres qui permettent le tour d'horizon.

A défaut de clochers suffisamment rapprochés, on peut prendre des cheminées appartenant à des maisons isolées, et desquelles il est possible d'apercevoir plusieurs points.

On peut aussi choisir des arbres isolés, facilement reconnaissables et placés sur des endroits élevés. On les signale au besoin.

(127) *Choix et mesure de la base.* Elle doit satisfaire aux conditions énoncées (12). On la choisit dans un endroit tel, que l'on puisse la rattacher immédiatement à deux points remarquables. Quand cette condition ne peut être satisfaite, on signale les extrémités.

On prend la pente de chacune de ses parties (54), on les mesure avec la chaîne (53) et on les réduit à l'horizon au

---

(*) Nous supposons que l'observateur doit lever un terrain d'une certaine étendue, de 12 à 15 kilomètres de côté par exemple, et nous admettons qu'il n'a aucune donnée préliminaire. Un travail de ce genre pourrait être exécuté autour d'une ville de garnison, dans le but de préparer un levé d'ensemble destiné à être réparti entre les officiers au moment des travaux exigés pour les inspections générales. Chaque feuille de détail devrait avoir cinq ou six points principaux, pour faciliter l'exécution des reconnaissances.

moyen de la table (54). La somme de toutes les réductions donne la longueur cherchée.

Quand on veut avoir une grande exactitude et se rendre compte du degré d'approximation obtenu, on peut mesurer deux bases comme nous l'avons indiqué (13).

(128) *Déterminer l'azimut de la base.* On cherche la direction de la méridienne passant par l'une de ses extrémités (83), on la jalonne dans la campagne et on mesure l'azimut avec le graphomètre ou avec la boussole.

Quand on a une boussole munie d'un index, on la règle au préalable par la connaissance que l'on a de la déclinaison de l'aiguille aimantée. On évite ainsi de déterminer la méridienne par la méthode des hauteurs correspondantes. Il suffit en effet de viser la direction de la base pour obtenir son azimut.

(129) *Canevas provisoire.* On exécute ce travail dans le but d'avoir une idée approximative de la forme des triangles et de la longueur de leurs côtés. A cet effet, on stationne aux points principaux avec la boussole, et on prend les azimuts des côtés. On trace ensuite des méridiennes et des perpendiculaires sur une feuille provisoire, on y place la base d'après son azimut, et à l'échelle du plan, on construit les triangles avec le rapporteur. On a ainsi un polygone à peu près semblable à celui du terrain (*).

(130) *Mesure des angles.* On mesure les trois angles dans chaque triangle avec le graphomètre. On ne les a pas toujours exactement, parce qu'il n'est pas possible de se placer sur les

---

(*) Ce travail pourrait servir de point de départ pour une reconnaissance. Bien que les points ne soient pas très-bons, ils le sont cependant assez pour un canevas destiné à ce genre de travail.

verticales des points de mire. Ceci a lieu surtout quand on stationne auprès d'une maison dont une des cheminées doit entrer dans le canevas. Pour avoir les angles exacts, on exécute la réduction au centre de station.

(131) *Réduction au centre de station.* Soient C la verticale du point de mire (*fig.* 119), O le centre de l'instrument. On

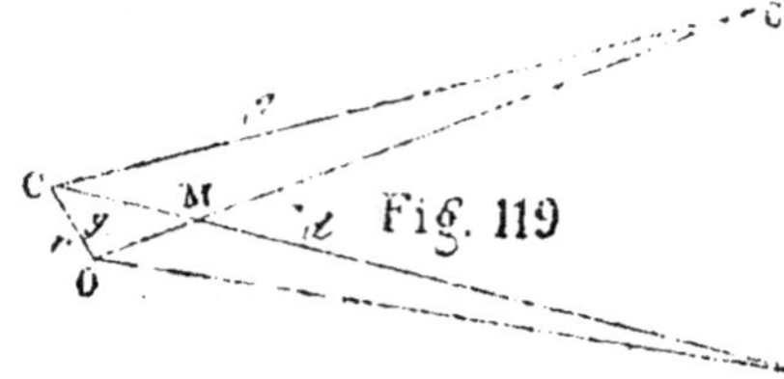

vise les sommets D, G du triangle DCG. L'angle obtenu DOG diffère de DCG, d'une quantité qu'il s'agit de déterminer.

A cet effet, on remarque que M, extérieur aux triangles CMG, OMD, est égal à la somme des intérieurs opposés, ce qui donne :

$$GMD = C + G = O + D, \text{ d'où}$$
$$(1)\ C - O = D - G.$$

Pour exprimer le second membre de cette égalité en fonctions de quantités connues, on mesure la distance OC, que nous désignerons par r, et l'angle COG, que nous appellerons y.

Les sinus des angles étant proportionnels aux côtés opposés, on a :

$$\frac{\sin. G}{\sin. y} = \frac{r}{g} \qquad \frac{\sin. D}{\sin. (O + y)} = \frac{r}{d}, \text{ d'où}$$
$$\sin. G = \frac{r \sin. y}{g} \qquad \sin. D = \frac{r \sin. (O + y)}{d},$$

Les angles D et G étant très-petits, on leur substitue leurs sinus dans (1), et il vient :

$$(2)\ C - O = \frac{r \sin. (O + y)}{d} - \frac{r \sin. y}{g}.$$

Cette formule devant exprimer des minutes, on fait subir une légère transformation au second membre, attendu que, dans sa forme actuelle, chaque terme exprime une longueur. En effet, sin. $(O + y)$ et sin. y sont des rapports ; r, d, g sont des lignes. Pour que chaque terme exprime des minutes, il suffit de le multiplier par $\dfrac{1}{\sin.\ 1'}$ (*), ce qui donne :

$$(3)\quad C - O = \frac{r\ \sin.\ (O + y)}{d\ \sin.\ 1'} - \frac{r\ \sin.\ y}{g\ \sin.\ 1'}.$$

Pour appliquer cette formule, on doit mesurer avec soin r, O, y, à chaque station. L'angle y, qui se compte à partir du côté de gauche, peut varier de zéro à 400^g. Les côtés d, g sont donnés par le canevas provisoire. Bien qu'ils ne soient pas exacts, il n'en résulte aucune erreur dans la détermination de $C - O$, vu leur grande longueur (*Voir* Salneuve, 2e édition, p. 379).

Quand on effectue la réduction au centre de station, on fait la somme des trois angles de chaque triangle, et on corrige chacun d'eux du tiers de l'excès ou de la différence à 200^g. On diminue ainsi les erreurs de lecture résultant de l'emploi du graphomètre.

(*) La longueur métrique de la circonférence est cir. $= 2\,\pi\,$R, d'où R$^m = \dfrac{\text{cir.}}{2\,\pi}$. On peut écrire aussi, 400^g ou 40000$'$ $= 2\,\pi\,$R, d'où R$' = \dfrac{40000'}{2\,\pi}$. Le rayon exprimé en mètres a la même longueur que le rayon exprimé en arc. En les représentant par R^m et R$'$, on a : R$^m = $ R$'$. arc 1$' = $ R sin. 1$'$, parce que le sinus est égal à l'arc qui exprime l'unité de longueur dans le second membre. Cette relation donne R$' = $ R$^m \dfrac{1}{\sin.\ 1'}$. C'est-à-dire que, pour transformer une longueur en arc il faut la multiplier par $\dfrac{1}{\sin.\ 1'}$ ou par $\dfrac{1}{\sin.\ 1''}$, selon que l'on veut obtenir des minutes ou des secondes.

(132) *Calcul des triangles.* Les triangles sont calculés par les formules de la trigonométrie rectiligne (*Voir* la note 5).

(133) *Placer les points sur le papier.* On peut employer pour cela l'un des deux procédés suivants :

1° Tracer sur la feuille du levé une ligne parallèle à l'un des côtés du cadre et la prendre pour méridienne ; placer la projection de la base à l'échelle du plan et d'après son azimut, et déterminer les sommets de triangle de proche en proche par intersection d'arcs de cercle.

Cette méthode, qui est suffisamment exacte pour l'exécution d'une reconnaissance, ne l'est pas assez pour un levé régulier. En effet, les points obtenus successivement, se déduisant de points dont la position n'est pas toujours très-exacte, les erreurs peuvent augmenter au fur et à mesure que l'on s'éloigne de la base.

2° Employer un système d'axe de coordonnées :

Soient ABCD, etc., le polygone supposé semblable à celui du terrain, YY′, XX′ la méridienne et sa perpendiculaire que l'on prend pour axes de coordonnées (*fig.* **120**).

On cherche les coordonnées AP ou y, BP ou x, etc., de A.

Elles appartiennent au triangle APB, dans lequel on connaît le côté AB calculé à l'avance et l'angle ABP $= \beta = 100 - \alpha$; α étant l'azimut de la base, on a donc :

$$A \begin{cases} x = AB \cos. \beta \\ y = AB \sin. \beta. \end{cases}$$

Les coordonnées de L appartiennent au triangle BLS, dans lequel on connaît BL, et l'angle LBS, $= \gamma = ABL - \beta$; par conséquent

$$L \begin{cases} y = BL \sin. \gamma \\ x = BL \cos. \gamma. \end{cases}$$

En agissant d'une manière analogue pour tous les points,
on arrive promptement à obtenir leurs coordonnées.

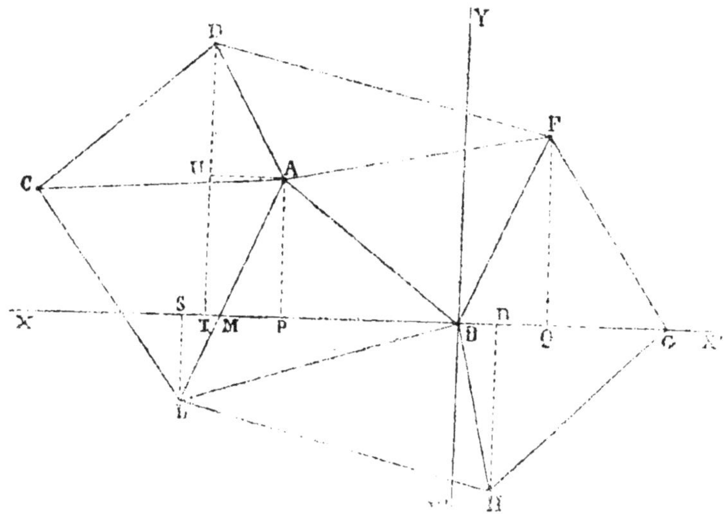

Fig. 120.

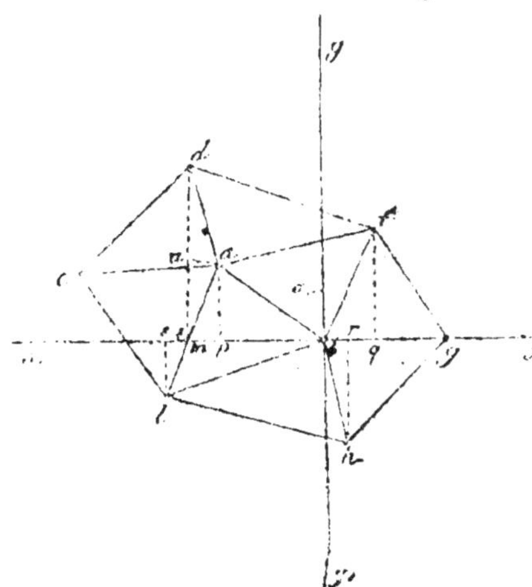

On doit avoir soin de
leur donner des signes
particuliers, suivant les
positions des points
dans l'un des quatre
angles. Si l'on considère
x, y comme positifs
dans l'angle YBX, ils se-
ront négatifs dans l'an-
gle opposé; x sera positif et y négatif dans
l'angle XBY'; le con-
traire aura lieu dans
l'angle YBX'.

Quand on a terminé les calculs que nous indiquons, on trace

10.

sur la feuille du levé deux droites parallèles aux côtés du cadre, représentant la méridienne et sa perpendiculaire. Leur point d'intersection *b* est la projection de B. On prend sur ces lignes, à partir de *b*, l'ordonnée et l'abcisse de chaque point, réduites à l'échelle du plan. On mène aux axes des parallèles dont les intersections donnent les projections des points.

Canevas avec données préliminaires.

(134) Dans beaucoup de localités, on trouve la base qui a servi à l'exécution du cadastre. On peut encore prendre sur une bonne carte les projections de deux ou trois points sur lesquels on appuie les opérations du canevas.

Si les points ainsi obtenus sont inaccessibles, on peut être obligé de résoudre l'un des deux problèmes suivants.

1° *Connaissant une base inaccessible, en déduire une base accessible.* Soit AB la base inaccessible (*fig.* 121) à

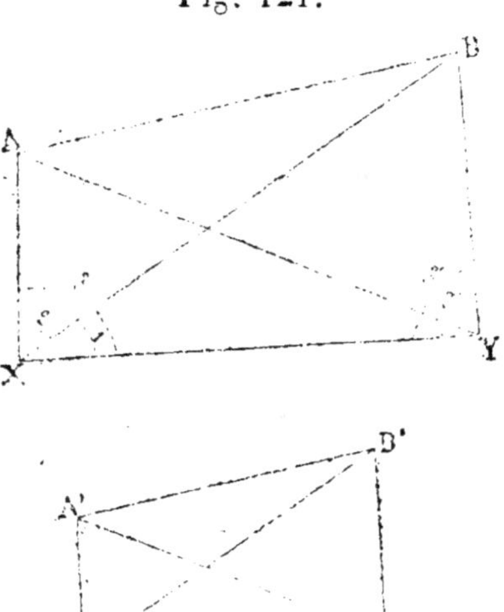

Fig. 121.

laquelle on veut rattacher la base accessible XY. Supposons pour un instant que cette dernière est connue, et désignons sa longueur par x. En stationnant en X et Y avec le graphomètre, on mesure les angles 1, 2, 3, 1', 2', 3'. Il en résulte que, dans le triangle B'X'Y', on connaît le côté x et les deux angles adjacents. On peut donc calculer ce triangle et trouver B'X', B'Y'. Au moyen du triangle A′X′Y′, on trouve A′X′, A′Y′. Par conséquent, dans le triangle A′B′X′, on a deux côtés et l'angle compris,

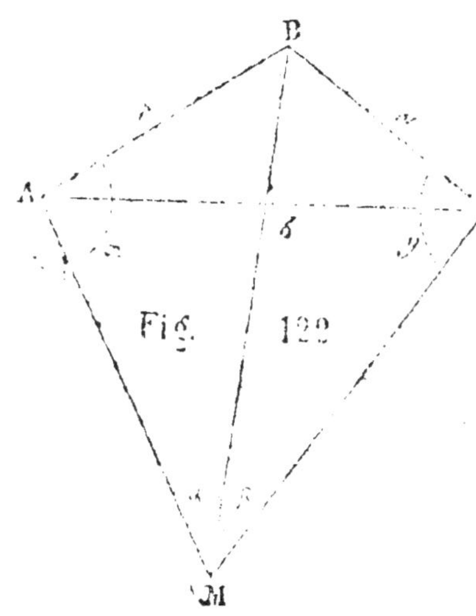

ce qui permet de déterminer les angles A′,B′. Comme ce triangle est semblable à **ABX** dans lequel on connaît maintenant AB et les angles adjacents, on peut obtenir AX, BX. On trouverait de même AY′ BY. On peut donc calculer AXY, BXY dans lesquels on connaît deux côtés et les angles. Les calculs de ces triangles donnent une vérification pour la longueur XY. Partant de cette base pour viser les points principaux, on retombe dans le cas ordinaire.

2° *Connaissant les projections de trois points inaccessibles* A, B, C (*fig.* 122), *trouver les distances d'un point accessible* M *à chacun d'eux.*

On connaît l'angle B du triangle ABC ; on peut mesurer avec le graphomètre les angles α, β. Cherchons d'abord x, y.

Les triangles ABM, BCM donnent : $\dfrac{BM}{c} = \dfrac{\sin.\,x}{\sin.\,\alpha}$, $\dfrac{BM}{a} = \dfrac{\sin.\,y}{\sin.\,\beta}$; d'où $\dfrac{c\,\sin.\,x}{\sin.\,\alpha} = \dfrac{a\,\sin.\,y}{\sin.\,\beta}$ et $\dfrac{c\,\sin.\,\beta}{a\,\sin.\,\alpha} = \dfrac{\sin.\,y}{\sin.\,x}$. Le premier membre peut être calculé ; posons donc : $\dfrac{c\,\sin.\,\beta}{a\,\sin.\,\alpha} = p$;

il en résulte $\dfrac{\sin.\,y}{\sin.\,x} = p$ et $\dfrac{\sin.\,y + \sin.\,x}{\sin.\,y - \sin.\,x} = \dfrac{p+1}{p-1}$ ou

$$\frac{\text{tang.} \frac{1}{2} (x + y)}{\text{tang.} \frac{1}{2} (x - y)} = \frac{p + 1}{p - 1},$$ d'où l'on tire tang. $\frac{1}{2} (x - y) =$

$\frac{(p - 1)}{(p + 1)}$ tang. $\frac{1}{2} (x + y)$. La valeur $x + y$ est connue, car dans

le quadrilatère ABCM, on a : $x + y = 400 - (B + \alpha + \beta)$.

La dernière relation donne donc la valeur de $\frac{1}{2} (x - y)$. Po-

sant $\frac{1}{2} (x + y) = P, \frac{1}{2} (x - y) = Q$, on en tire : $x = P + Q$,

$y = P - Q$.

Connaissant x, y, on a assez d'éléments pour le calcul des triangles ABM, BMC, et on peut trouver AM, BM, CM.

On part de là pour exécuter le canevas comme nous l'avons indiqué plus haut.

Canevas à la planchette.

(135) Pour exécuter le canevas du terrain représenté (*fig.* 123), on a fait une reconnaissance dans le but de choisir les points principaux et les stations, d'établir l'ordre dans lequel on doit les faire et de déterminer l'emplacement de la base.

On a reconnu que la base peut être facilement mesurée entre les deux arbres A et B, situés sur le bord d'une prairie voisine de la rivière. En appliquant ce que nous avons dit (127 et 128), on a obtenu la projection ab de cette base.

Nota. Sur la figure qui représente le terrain, nous avons tracé les côtés de tous les triangles qui ont servi à la détermination des points principaux. On voit qu'ils produisent une confusion que l'on doit éviter sur la planchette. A cet effet, on assure les directions des côtés par des amorces tracées en dehors du cadre. Ces amorces, jointes aux points connus, forment des droites dont on ne détermine que les recoupements qui sont les projections cherchées.

Fig. 123.

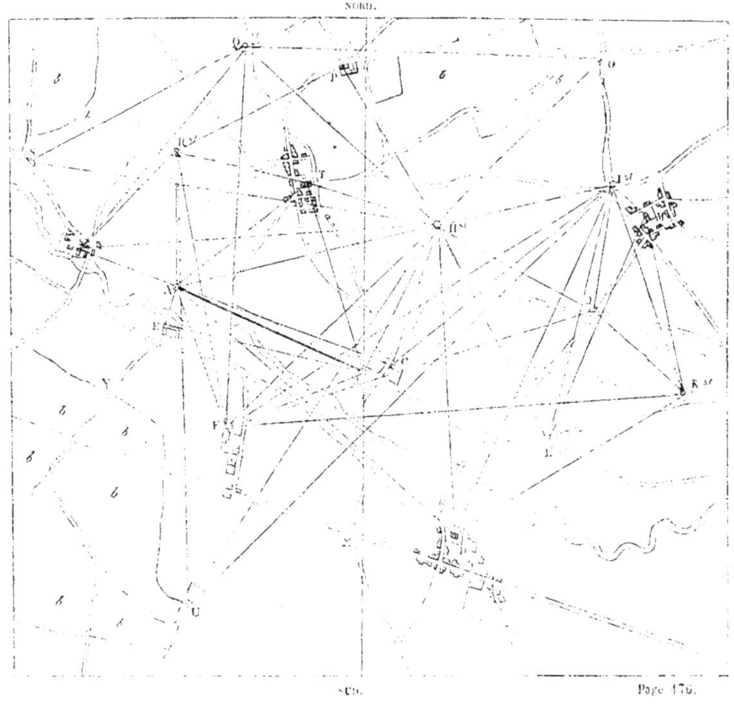

On ouvre une légende dans la direction nord-sud, et on inscrit, comme nous l'avons fait, le nom de chaque point avec une indication propre à le faire reconnaître.

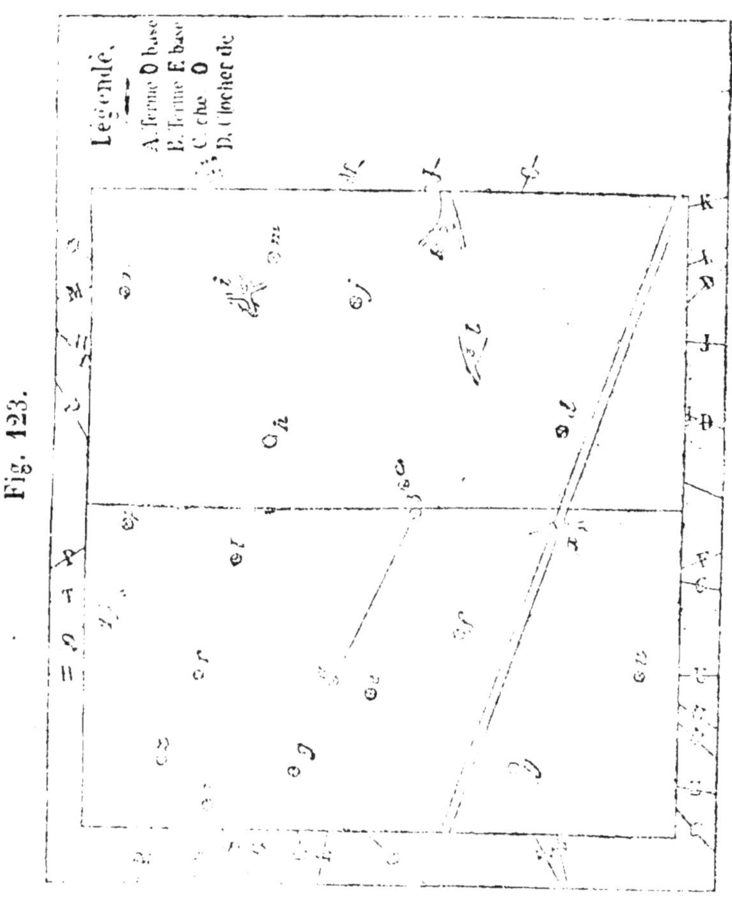

La planchette ayant été déclinée en A, on a exécuté un tour d'horizon sur les points F, E, G, R, T, H, C, D. Après avoir visé chacun d'eux en faisant pivoter l'alidade autour de a, on a tracé en dehors du cadre une amorce sur laquelle on a inscrit à cheval la lettre correspondant au point, et on a placé cette lettre dans la légende.

De B, on a recoupé E, F, H, T. On effectue le recoupement de la manière suivante : Pour le point T, par exemple, on trace une amorce dans la région du papier où l'on suppose que b T doit être rencontré par a T ; on place ensuite la ligne de foi sur a T, on trace une nouvelle amorce qui recoupe la première au point cherché. On entoure celui-ci d'un petit cercle auprès duquel on inscrit la lettre t.

On s'est transporté ensuite à la station H, où l'on a décliné la planchette sur HA au moyen de l'amorce H et de a. On a visé les points F, T, déjà déterminés, dans le but de les vérifier. La vérification a lieu pour le point F, par exemple, quand on aperçoit ce point dans la lunette, lorsque la ligne de foi est sur hf.

On a recoupé ensuite G, R, D, C, puis on a visé les points nouveaux S, Q, P, O, I, J, L, U.

On a continué ainsi de proche en proche. Pour fixer les idées, nous indiquons sommairement les opérations relatives à chaque station.

Station I déterminée par l'alignement h I, par le point D, et vérifiée par F.

    Point vérifié C ;

    Points recoupés O, J, L, U ;

    Points nouveaux M, K.

Station K déterminée par i K et par D ; vérifiée par F ;

    Points vérifiés J, L ;

    Point recoupé M.

Station R déjà déterminée par a R, h R vérifiée par F.

    Points vérifiés G, U (ce dernier avait été mal déterminé par les points H, I) ;

    Point recoupé P.

Station Q déterminée par *h* Q, par G, et vérifiée par F.

Points vérifiés P, O ;

Point recoupé S.

Pour faciliter l'exécution, il est bon de procéder avec méthode dans l'ordre suivant :

1° On détermine la station et on la vérifie quand c'est possible ;

2° On vérifie les poids déjà obtenus ;

3° On recoupe ceux pour lesquels on n'a qu'une seule direction ;

4° On vise des points nouveaux.

Quand les stations sont à des embranchements de chemins, on indique par des amorces les directions qui viennent y aboutir, comme nous l'avons fait aux points *q*, *i*, *k*.

Quand la nature des lieux l'exige, on peut laisser entre la station et le centre de la planchette une distance qui, réduite à ses dimensions graphiques, n'excède pas $0^m,0002$, limite des quantités appréciables à vue.

Cette distance peut être portée jusqu'à 2 ou 4 mètres, selon qu l'on opère à l'échelle de $\dfrac{1}{10000}$ ou à celle de $\dfrac{1}{20000}$.

(136) *Emploi du déclinatoire avec la planchette pour compléter le canevas.*

On tire un bon parti du déclinatoire, que l'on règle avec grand soin à la première station. Il sert à déterminer les points qui n'ont pu être visés, parce qu'ils ne sont caractérisés par aucun objet remarquable. C'est ainsi que l'on a obtenu le point X (*fig.* 123), qui a permis de vérifier U et de tracer la direction de la route. On en a fait autant pour les points Y, Z, qui marquent des points d'entrée dans des bois.

(137) ***Canevas avec données préliminaires.***

Si l'on a les projections de deux points inaccessibles, on y rattache une base accessible, et on continue le travail comme nous venons de le dire.

Si l'on a trois ou un plus grand nombre de points inaccessibles, on choisit un point accessible d'après les conditions que nous avons indiquées (82), et on résout le problème des segments capables.

Quand on a déterminé la station au moyen des trois points que l'on considère comme les meilleurs, on vérifie les autres. A cet effet, on place la ligne de foi sur la projection de la station et sur celle du point que l'on veut vérifier. En visant, on doit apercevoir le point du terrain. On continue comme dans le cas précédent.

CHAPITRE II.

LEVÉ DE DÉTAIL.

Levé de détail avec la planchette et le déclinatoire.—Choix des stations. — Procédé à suivre pour lever les villages, bois, ruisseaux, rivières. — Exemples. — Détail avec *la boussole et le rapporteur,* soit en employant des croquis, soit sans croquis.

(138) *Levé de détail avec la planchette et le déclinatoire.* Pour obtenir tous les détails de la planimétrie, on doit :

1° Déterminer des points par recoupement ;

2° Mesurer des distances.

Le déclinatoire ayant été réglé, on obtient les stations au moyen de deux points principaux, et même au moyen d'une direction et d'un point.

Quant aux stations desquelles on n'aperçoit aucun point principal, on les obtient en mesurant leurs distances à des points connus.

La mesure des distances s'effectue de diverses manières, suivant l'exactitude dont on a besoin.

On peut employer la chaine, la stadia et le pas.

Dans les levés militaires, on se sert généralement de ce dernier procédé, qui procure une exactitude suffisante. L'observateur doit donc être muni d'une échelle de pas, construite comme c'est indiqué (62).

Les points de détail où l'on doit faire station sont :

1° Les carrefours ;

2° Les changements de direction des routes et chemins ;

3° Les entrées des chemins dans les villages et dans les bois ;

4° Tous les points près desquels se trouvent des *maisons, clôtures, angles de mur*, etc.

Pour déterminer une station, on oriente la planchette avec le déclinatoire ; on fait passer la ligne de foi de l'alidade par les projections de deux points principaux que l'on vise, et on obtient deux amorces dont l'intersection donne la station, que l'on vérifie par un troisième point quand c'est possible.

On vise les directions des chemins qui aboutissent au point sur lequel on est placé, on les trace à la main en laissant entre les côtés une distance plus ou moins grande, suivant la largeur du chemin.

Dans les levés militaires à petite échelle, on amplifie presque toujours cette largeur. On doit néanmoins la mesurer afin d'en rendre compte dans le mémoire que l'on joint au dessin.

On mesure au pas les distances entre la station et les détails qui l'avoisinent, et on rapporte immédiatement ces longueurs au moyen de l'échelle de pas.

Les détails situés en dehors des chemins étant inaccessibles, on les vise, on trace de légères amorces dans la partie du papier où l'on présume que se trouvent les projections cherchées, et on quitte la station.

On suit le chemin sur lequel on se trouve, en comptant les pas, et on s'arrête après 150 ou 200 pas, à moins que l'on n'ait rencontré auparavant un point où l'on doit faire station. On apporte les distances.

Les détails compris entre le point que l'on vient de quitter et celui où l'on se trouve sont intercalés dans le dessin.

On fait cette opération à vue sans prendre les distances de détail. La longueur totale ayant été mesurée aussi exactement que le comporte l'emploi du pas, les erreurs que l'on commet en intercalant les détails à vue sont inappréciables (*).

On se décline, on vise la nouvelle direction que l'on va suivre et on la trace.

On continue ainsi de propre en proche, en ayant soin de ne quitter une station qu'après avoir dessiné tous les détails qui l'environnent ; recoupé, si c'est possible, les points visés de la station précédente; indiqué *les arbres, les fossés, les escarpements et les cultures.*

En prenant les directions avec soin, on augmente les chances de vérification. Si d'une station on aperçoit un seul point du canevas, on le vise, et l'intersection de la direction obtenue avec celle du chemin que l'on suit rectifie la distance donnée par le pas, si elle est inexacte.

Toutes les fois que l'on arrive sur un terrain découvert, on détermine la station par trois points principaux, et on rectifie les erreurs que l'on aurait pu commettre depuis la dernière station.

Levé des villages. On a dû faire entrer dans le canevas un certain nombre de cheminées appartenant à des maisons situées sur les rues.

On fait station à l'une des issues, et on se dirige sur une maison dont on a la cheminée, ou sur l'église. On s'arrête à chaque coude de rue, et on intercale à vue les détails des mai-

---

(*) Cette manière de procéder, qui ne serait pas assez exacte pour un levé très-précis, suffit pour les levés militaires, et prépare très-bien à l'exécution des reconnaissances.

sons. On part du point central pour aller à une autre issue, et ainsi de suite.

On marque la maçonnerie par un gros trait ; on trace des hachures non croisées dans l'intérieur des maisons, pour les distinguer des cours qui peuvent se trouver en avant ou en arrière.

Levé des cours d'eau. Il n'est presque jamais possible de stationner sur le cours d'un ruisseau. On suit le chemin qui en est le plus voisin. De chaque station on vise les arbres ou points remarquables situés sur les coudes. On les recoupe en avançant. La ligne qui joint les points ainsi obtenus donne le ruisseau.

Si une rivière a une largeur appréciable à l'échelle, il est avantageux de suivre une de ses rives. Sur la rive opposée on choisit des points sur les coudes et on les détermine par recoupement. Si l'on ne peut suivre la rivière, on recoupe des points sur chaque rive.

Levé des grands bois. Quand on doit lever un grand bois, on suit son contour pour en obtenir les sommets. On se recoupe et on se vérifie, quand c'est possible, aux points d'entrée des chemins. Dans l'intérieur, on procède d'une manière analogue à celle que nous avons indiquée pour les villages, c'est-à-dire que l'on va d'une issue à un point central ; de ce point à une autre issue, et ainsi de suite.

Nous rendrons ceci plus clair, en supposant que l'on ait à lever le terrain représenté (*fig.* 124).

Soit (1) la première station obtenue et vérifiée par trois points principaux. On amorce 1R, 1S, 1H ; on vise F, C, D, M, N, et on trace des amorces comme nous l'avons dit. En allant de 1 à 2, on s'arrête en K sur le prolongement de CD, on rapporte la distance 1K mesurée au pas, on se décline,

on recoupe les points F, C, D, M, N, on mesure KH, KQ ;
on dessine les détails et on vise 2. On mesure K 2, à moins

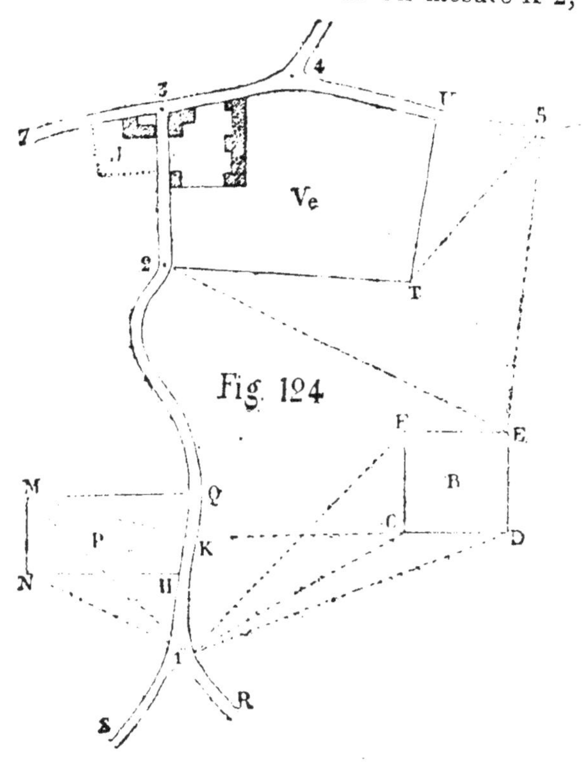

qu'il ne soit possible de se recouper en ce dernier point.
Après avoir déterminé 2, on vise E, T, 3. On compte les pas
de 2 en 3. En 3, on se décline, on vise 7, 4, on trace les
chemins, on dessine les maisons à vue et on se porte en 4.
Si de ce dernier point on ne peut se recouper, on opère
comme on l'a fait en 3. En allant de 4 en 5, on mesure 4U,
de 5 on vise T, E, ce qui donne les contours du verger V et
du bois B.

On voit qu'il est très-facile d'employer la planchette, soit
pour le canevas, soit pour le détail. Nous avons insisté sur

ce travail, parce que les instruments dont il est question se trouvent presque toujours dans les écoles régimentaires et peuvent servir pour les sous-officiers qui suivent les cours du deuxième degré.

(139) *Levé de détail avec la boussole.* La boussole fournit des résultats moins exacts que la planchette et le déclinatoire, mais elle permet d'opérer très-rapidement. D'ailleurs, comme elle est ordinairement munie d'un éclimètre, on peut faire les observations relatives au nivellement, en même temps que l'on exécute la planimétrie. Quand on lève à la boussole, on rapporte immédiatement sur le terrain ; ou bien on fait des croquis cotés que l'on rapporte dans le cabinet.

Nous envisagerons successivement ces deux procédés :

La première opération consiste à régler la boussole sur une direction connue (95).

On se met ensuite en station au point (1) (*fig.* 123). On vise deux et si c'est possible trois des points du canevas ; et, par les projections des points visés, on rapporte les azimuts obtenus. Leur intersection donne la station. On vise (1) A, (1) B, (1) C, (1) D, on rapporte ces directions et on trace les chemins. Les détails

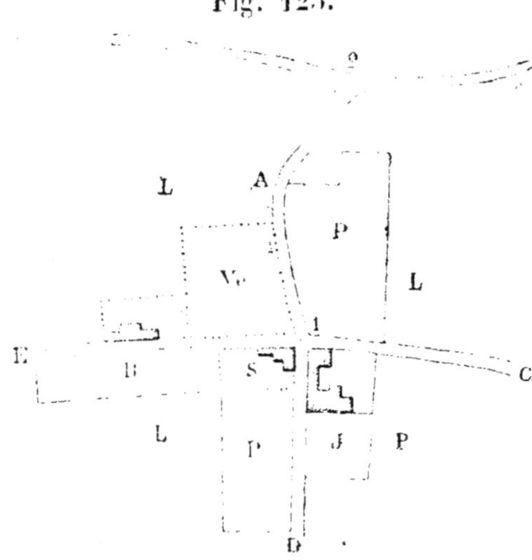

voisins de (1) sont mesurés au pas et dessinés immédiatement. S'il y a près de la station des lignes qui limitent des
divisions de culture, on les vise et on les rapporte.

On se dirige vers (2). Si ce dernier point peut être déterminé par recoupement, il est inutile de mesure la distance ;
sinon, on compte les pas de 1 en A et de A en 2. On rapporte
à l'échelle la projection de 1 A. Avec la boussole on prend
la direction 2 A que l'on rapporte par *a*, et sur la ligne ainsi
obtenue, on prend à l'échelle la longueur mesurée A 2. La
station 2 étant ainsi déterminée, on s'y comporte comme au
point (1).

Si, à droite et à gauche du chemin (1) (2), on a des sommets de détails inaccessibles, on les vise de la première station et on les recoupe de la deuxième.

Pour lever les bois, villages, ruisseaux, on se comporte
comme nous l'avons dit plus haut.

(140) *Lever les détails en s'arrêtant à une station sur deux.*
Quand on lève un chemin sinueux, une rivière, les contours
d'un bois; on active le travail en ne s'arrêtant qu'à un sommet sur deux. Soit à lever un chemin A B (*fig.* 126). On

Fig. 126.

détermine la projection de A par recoupement. On vise A 1,
que l'on rapporte, et on chemine en comptant les pas de A
en 1. Sans s'arrêter, on prend note du nombre trouvé, et on
recommence à compter de 1 en 2. Arrivé à ce dernier point,
on prend sur l'échelle de pas la longueur *a* 1 ; on vise (2) (1) et
(2) (3); par (1) on rapporte la première direction sur laquelle

on prend à l'échelle la longueur (1) (2) ; puis par (2), on rapporte (2) (3).

On part de (2) pour ne s'arrêter qu'en (4), où l'on agit de la même manière. On se recoupe aussitôt qu'il est possible de le faire.

On doit remarquer qu'un chemin n'est très-sinueux qu'autant qu'il suit une pente assez rapide. Quand on descend ou quand on monte, on fait le pas plus petit que sur un terrain horizontal, et on mesure une longueur inclinée à l'horizon. Il y a donc deux causes qui nécessitent la réduction de la distance mesurée. Cette réduction est de 1/7 de la longueur pour les pentes moyennes et de 1/5 pour les pentes rapides.

(141) *Levé à la boussole avec croquis.* Si l'on n'emporte pas la planchette, on se munit d'un cahier dont chaque page reçoit un croquis coté, exécuté à grande échelle.

On s'arrête en (1) (*fig.* 127), on fait le croquis des détails

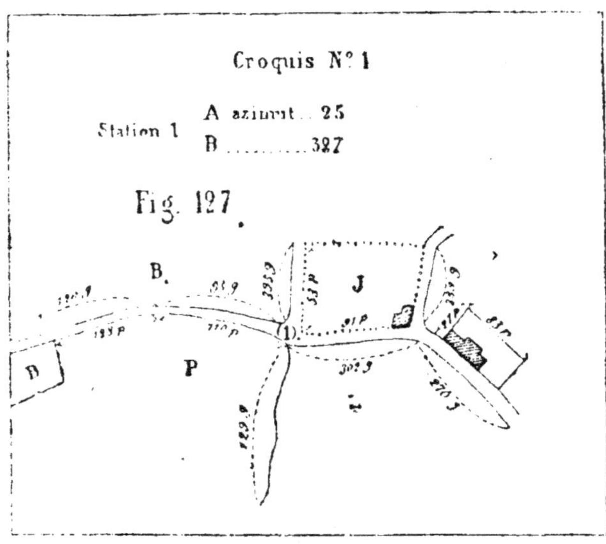

qui avoisinent la station. Dans un angle de la feuille on inscrit les azimuts qui servent à déterminer le point où l'on est placé. Sur les directions qui partent de (1), on inscrit les azimuts, puis les distances mesurées au pas. On indique les *cultures, maisons, haies, arbres,* etc. (*).

On en fait autant à toutes les stations.

Quand on est rentré, on rapporte tous les croquis successivement.

Ce procédé est très-commode; mais il présente un inconvénient en ce sens que, si l'on commet des erreurs dans la mesure ou dans la lecture des angles, on est obligé de retourner sur le terrain.

Toutefois, l'exécution des croquis est avantageuse, en ce qu'elle habitue à dessiner rapidement à vue et à exprimer les détails que l'on a sous les yeux.

Les deux procédés sont employés simultanément dans les levés de l'École militaire.

(*) Les points A. B, dont les azimuts sont inscrits (*fig.* 127) sont les points principaux visés de (1); les lettres B, P, L, J, placées dans le croquis, indiquent des cultures, *bois, prés, terres labourées, jardins.*

11.

CHAPITRE III.

NIVELLEMENT.

Considérations générales. — Corrections que doit subir la formule du nivellement quand on opère sur de grandes distances. — Calcul du deuxième terme. — Table de correction. — Réduction au sommet des signaux. — Observations à faire pour obtenir les éléments qui servent au calcul des cotes du terrain. — Croquis préparatoire des hachures. — Calcul et vérification des cotes. — Détermination des sections principales : 1° par un moyen approximatif; 2° par un procédé exact. — Tracé des courbes sur le terrain. — Résumé des opérations d'un levé régulier.

(142) *Considérations générales.* Quand on exécute un nivellement, on se propose d'exprimer les formes du terrain et la rapidité des pentes au moyen des sections principales.

On est donc dans la nécessité de déterminer les cotes des points du terrain dont nous avons parlé (34); c'est ce qui constitue le *canevas du nivellement*; après quoi on passe *au détail*, qui consiste à déterminer les sections principales par des moyens plus ou moins précis, selon l'exactitude que l'on veut avoir dans l'expression du relief.

Si l'on a des altitudes de quelques points remarquables, *clochers* ou *cheminées*, rapportées au niveau de la mer, on en conclut immédiatement celles des points du terrain. Dans le cas contraire, on attribue une cote particulière à un clocher et on en conclut celles de quelques autres points remarquables de la planimétrie.

Ces points étant destinés à servir de base au nivellement, leurs cotes doivent être déterminées avec un soin tout particulier. On choisit ceux qui font partie du canevas trigonométrique, ou ceux qui se sont bien vérifiés dans un canevas graphique. Après avoir attribué une cote particulière au clocher T (*fig.* 123), on détermine celle de G; de cette dernière on conclut F, de F, D; et enfin de D, on conclut pour T une altitude qui doit être à très-peu près la même que celle que l'on avait attribuée à ce point au moment du départ.

Les points auxquels nous faisons allusion peuvent être distants les uns des autres de 3 à 4,000ᵐ. Dans ce cas, la formule du n° 124 n'est pas assez exacte, et on doit lui faire subir deux corrections.

La première correction est nécessitée par la sphéricité de la terre, qui occasionne une différence assez notable entre le niveau apparent et le niveau vrai.

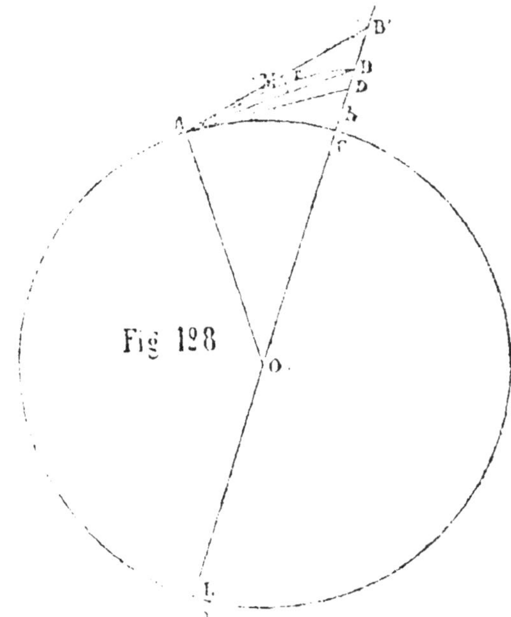

Fig 128

La deuxième a pour but de faire disparaître l'erreur causée par la réfraction des rayons lumineux à travers l'atmosphère.

(143) **Première correction. Différence du niveau apparent au niveau vrai.** Soient A (*fig.* 128) une station.

B un point visé. La distance horizontale entre A et B est représentée par l'arc du grand cercle AC. L'observateur placé en A avec l'éclimètre, établit horizontalement le rayon 100 de son instrument, et détermine ainsi une tangente AD au point A. Il en résulte que AB étant le rayon visuel, la différence du niveau entre le centre de l'instrument et le point visé, donnée par le terme K, cot. Δ de la formule (124), est représentée par BD, tandis qu'elle devrait l'être par BC. Le second membre de cette formule est donc trop petit de la quantité DC que nous désignerons par h, et dont nous allons chercher la valeur. À cet effet, nous remarquerons que AD étant une tangente, elle est moyenne proportionnelle entre la sécante entière DL et sa partie extérieure h. Or, si on représente le rayon terrestre par R, DL n'est autre chose que $2R + h$; d'ailleurs, nous avons représenté par K la distance AD; on a donc :

$$K^2 = (2R + h)\, h = 2R\, h + h^2.$$

La quantité h étant très-petite par rapport à K et R, on néglige son carré h^2, et il reste ;

$$K^2 = 2R\, h, \text{ d'où } h = \frac{K^2}{2R}.$$

La formule corrigée de la différence du niveau apparent au niveau vrai est donc :

$$dn = K \cot. \Delta + \frac{K^2}{2R}.$$

(144) *Deuxième correction, relative à la réfraction des rayons lumineux dans l'atmosphère.*

On sait que quand un rayon lumineux passe d'un millieu moins dense dans un milieu plus dense, il se réfracte pour se rapprocher de la normale à la surface. Les couches de l'atmosphère ont une densité qui, en général, augmente au fur et à mesure qu'elles sont plus rapprochées du sol. Les couches d'égale densité étant infiniment minces, le rayon lumineux qui va d'un point éloigné à l'œil de l'observateur décrit une courbe dont la concavité est tournée vers le sol.

En conséquence, l'observateur qui, placé au point A (*fig.* 128) vise B, aperçoit ce point suivant la tangente au dernier élément de la courbe AMB, et le reporte en B′.

La réfraction ayant pour résultat d'élever les objets, on en conclut que le second membre de la formule du nivellement doit être diminué de la quantité BB′ que nous allons calculer.

Désignons par r l'angle de réfraction BAB′. On démontre que le rapport entre cet angle et l'angle au centre O est une quantité constante que l'on désigne par n et que l'on appelle *indice de réfraction.* On peut donc écrire $\dfrac{r}{O} = n$, ou $r = n\,O$.

Cela posé, dans le triangle BAB′, sensiblement rectangle en B, on peut prendre AB = AD = K; on a donc BB′ = K tang. r = K r, parce que l'angle r étant très-petit, on peut le substituer à sa tangente. D'ailleurs, puisque $r = n\,o$, on a : BB′ = KnO.

Il reste à remplacer O en fonction de quantités connues. Pour cela, on remarque que, dans le triangle ABO rectangle en A, on a : AB ou K = R tang. O = RO, parce que l'angle O est encore assez petit pour que l'on puisse le substituer à sa tangente. Cette dernière relation donne $O = \dfrac{K}{R}$ et par conséquent :

$$BB' = K\,n\,O = \frac{n K^2}{R}.$$

Au moyen d'expériences plusieurs fois répétées (Voir les notes 5, 6), on a trouvé que n varie entre 0,07 et 0,10; on prend pour moyenne 0,08, et la correction devient :

$$BB' = 0,08\,\frac{K^2}{R}.$$

Cette quantité devant être introduite dans la formule du nivellement avec le signe *moins*, on a :

$$dn = \mathrm{K} \cot. \; \Delta + \frac{\mathrm{K}^2}{2\mathrm{R}} - n\frac{\mathrm{K}^2}{\mathrm{R}},$$

$$= \mathrm{K} \cot. \; \Delta + 0{,}50\frac{\mathrm{K}^2}{\mathrm{R}} - 008\frac{\mathrm{K}^2}{\mathrm{R}},$$

$$= \mathrm{K} \cot. \; \Delta + 0{,}42\frac{\mathrm{K}^2}{\mathrm{R}}.$$

Telle est la formule corrigée des deux causes d'erreur que nous avons signalées.

On doit remarquer que le terme $0{,}42\frac{\mathrm{K}^2}{\mathrm{R}}$ est toujours positif.

(145) *Calcul du deuxième terme.* Le facteur $\frac{0{,}42}{\mathrm{R}}$ est un nombre constant qui dans l'hypothèse du rayon terrestre égal à 6,376,200^{m} correspond à 0,0000006387 ou 0,000000066. Ce dernier nombre, multiplié par le carré des distances, donnerait la valeur du deuxième terme de la formule.

On évite le calcul en employant la table suivante, qui donne les valeurs de $0{,}42\frac{\mathrm{K}^2}{\mathrm{R}}$ pour tous les nombres de 100 en 100 mètres depuis 1,000 jusqu'à 6,000^{m}, limite que peuvent atteindre les côtés des triangles, quand on fait un canevas avec un instrument donnant la minute.

Table de réduction pour ramener au niveau vrai et faire disparaître l'erreur de réfraction.

DISTANCES.	VALEURS de $\dfrac{0.42K^2}{R}$	DISTANCES.	VALEURS de $\dfrac{0.42K^2}{R}$	DISTANCES.	VALEURS de $\dfrac{0.42K^2}{R}$	DISTANCES.	VALEURS de $\dfrac{0.42K^2}{R}$
1000	0.066	2300	0.349	3600	0.850	4900	1.584
1100	0.079	2400	0.380	3700	0.913	5000	1.649
1200	0.095	2500	0.412	3800	0.953	5100	1.716
1300	0.111	2600	0.446	3900	1.003	5200	1.784
1400	0.129	2700	0.480	4000	1.055	5300	1.853
1500	0.148	2800	0.517	4100	1.109	5400	1.923
1600	0.169	2900	0.554	4200	1.163	5500	1.995
1700	0.190	3000	0.594	4300	1.219	5600	2.068
1800	0.214	3100	0.634	4400	1.277	5700	2.143
1900	0.238	3200	0.675	4500	1.336	5800	2.219
2000	0.264	3300	0.718	4600	1.396	5900	2.296
2100	0.290	3400	0.763	4700	1.457	6000	2.375
2200	0.319	3500	0.808	4800	1.520		

(146) *Réduction aux sommets des signaux.*

Jusqu'à présent. nous n'avons pas fait mention du terme $\pm\ dt$. Quand on s'établit en station dans un clocher ou dans une maison, il arrive le plus souvent que le centre de l'instrument se trouve au-dessous du point de mire.

Fig. 128 *bis.*

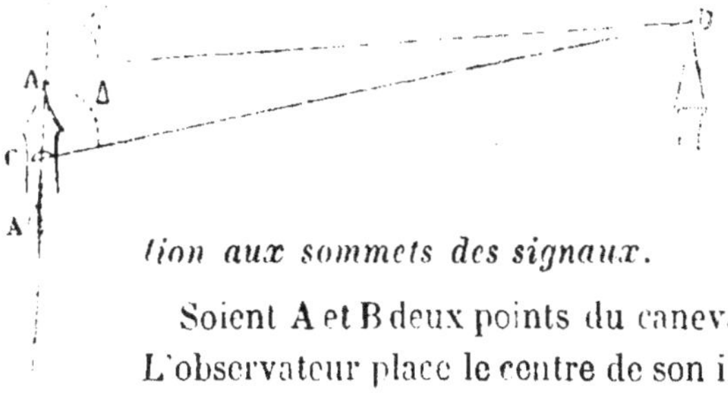

Cette particularité donne lieu à une opération que l'on nomme *réduction aux sommets des signaux.*

Soient A et B deux points du canevas (*fig.* 128 *bis*). L'observateur place le centre de son instrument en C.

et, en visant B, il obtient un angle $\triangle$ moindre que δ qu'il aurait dû lire, s'il avait placé le centre de son instrument en A,
point de mire. Ce dernier angle, qui devait être introduit dans
la formule de nivellement, étant extérieur au triangle ABC, est
égal à la somme des intérieurs opposés, et on a : $\delta = \triangle + B$.
Pour obtenir B, on mesure directement, ou par un moyen
trigonométrique, la distance à AC, que nous continuerons à
appeler dt, par analogie avec ce que nous avons fait (124),
et on remarque que AB est sensiblement égal à la distance
horizontale que nous appelons K. Le triangle ABC donne
$\frac{AC}{AB} = \frac{\sin. B}{\sin. \triangle}$ ou $\frac{dt}{K} = \frac{\sin. B}{\sin. \triangle}$, d'où $\sin. B = dt\, \frac{\sin. \triangle}{K}$. Comme
l'angle B est très-petit, on le substitue à son sinus, et on a :
$B = \frac{dt\, \sin. \triangle}{K}$. En multipliant le second membre par
$\frac{1}{\sin. 1'}$, comme nous l'avons fait (131), on le rend propre à
exprimer un angle, et on a enfin $B = \frac{dt\, \sin. \triangle}{K \sin. 1'}$ et $\delta = \triangle + \frac{dt\, \sin. \triangle}{K \sin. 1'}$.

La substitution de l'angle δ à $\triangle$ n'a lieu que pour les opérations de la géodésie. En topographie, on se contente de mesurer dt, et on s'en sert de la manière suivante :

Supposons que l'on veuille déduire la cote B de celle de A,
on pose :
$$\text{Cote B} = \text{cote C} + \left(K \cot. \triangle + \frac{0.42\, k^2}{R} \right).$$

Or, cote C = cote A − dt.

Donc, cote B = cote A + $\left(K \cot. \triangle + \frac{0,42\, K^2}{R} \right)$ − dt.

Si l'on veut conclure la cote de A de celle de B, on a :
$$\text{Cote A} = \text{cote C} + dt.$$

Or, cote C — cote B — $\left(K \text{ cot. } \Delta + \dfrac{0,42 \ K^2}{R} \right).$

Donc, cote A $=$ cote B $-\left(K \text{ cot. } \Delta + \dfrac{0,42 \ R^2}{R} \right) + dt.$

Donc cote B — cote A $= dn =\left(K \text{ cot. } \Delta + \dfrac{0,42 \ K^2}{R} \right) \pm dt.$

Supposons que le centre de l'instrument soit au-dessus du point de mire et que celui-ci soit en A′, on aura :

$$\text{Cote B} = \text{cote C} + \left(K \text{ cot. } \Delta + \dfrac{0,42 \ C^2}{R} \right).$$

Or, cote C $=$ cote A′ $+ dt.$

Donc, cote B $=$ cote A′ $+\left(K \text{ cot. } \Delta + \dfrac{0,42 \ K^2}{R} \right) + dt.$

Si l'on veut trouver la cote de A′, on a :

$$\text{Cote A}' = \text{Cote C} - dt.$$

Mais cote C $=$ cote B $-\left(K \text{ cot. } \Delta + \dfrac{0,42 \ K^2}{R} \right).$

Donc cote A′ $=$ cote B $-\left(K \text{ cot. } \Delta + \dfrac{0,42 \ K^2}{R} \right) \pm dt$

et cote B — cote A′ $= dn =\left(K \text{ cot. } \Delta + \dfrac{0,42 \ K^2}{R} \right) \pm dt.$

Il convient de supprimer la parenthèse et d'écrire :

$$(1) \quad dn = K \text{ cot. } \Delta + \dfrac{0,42 \ K^2}{R} \pm dt.$$

Formule qui s'applique à tous les cas.

Le terme $\dfrac{0,42 \ K^2}{R}$ est le seul qui soit toujours positif.

K cot. Δ est positif ou négatif, selon que $\Delta <$ ou $>$ 100.
Si le centre de l'instrument est au-dessous du point de

mire, dt (*) est positif ou négatif, selon que l'on cherche la cote de la station ou celle du point visé.

C'est le contraire qui a lieu, si le centre de l'instrument est au-dessus du point de mire.

(147) *Détermination des cotes de quelques points de la planimétrie.*

On fait entrer dans ce travail les clochers et cheminées qui fournissent des points de mire bien déterminés ; si l'on prend des arbres isolés, il est bon de les signaler, afin d'assurer l'exactitude du pointé ; les calvaires qui sont aux environs des villages sont d'un emploi avantageux, parce qu'ils offrent un pointé certain.

Sur le terrain représenté (*fig*. 123), on a choisi les points T,G,F,D,I. Le second et le troisième, qui appartiennent à une usine et à un château, sont accessibles. Il en est de même pour les clochers T.D, et pour la station I, qui est un calvaire situé sur une hauteur.

On a attribué une cote arbitraire au clocher T, dans lequel se trouve une fenêtre située à quelques mètres au-dessous de la croix qui sert de point de mire. On a mesuré cette hauteur, et on a visé le point G, qui est la partie supérieure d'une cheminée à vapeur. On s'est transporté à ce dernier point, duquel on a visé T, F ; de F, on a visé G, D, I ; enfin de D, on a visé F,T,I. On a fait une dernière station en I, d'où l'on a visé F, D.

On a opéré de cette manière, afin de vérifier le travail de

(*) Le terme que nous appelons dt est ordinairement désigné par dH, quand le centre de l'instrument peut être au-dessus ou au-dessous du point de mire dans un grand nivellement. Nous l'avons laissé afin de n'avoir qu'une seule formule.

proche en proche, et comme vérification on a conclu la cote de T de celle de D. Comme la station I n'est pas visible de T, on a dû la déterminer par les points **F**, **D**.

Pour appliquer la formule, on mesure dt, on prend K sur le plan, on détermine la valeur $\dfrac{0,42\ K^2}{t}$ au moyen de la table du n° 145, et on calcule K cot. $\triangle$ avec la table n° 1.

(148) *Détermination des cotes de terrain.* Quand on a obtenu les cotes de plusieurs points remarquables, on cherche celles des points du terrain, en employant la formule $dn = K\ \text{cot.}\ \triangle \pm dt$, ou bien $V = S + K\ \text{cot.}\ \triangle + dt$, qui, d'ailleurs, est la même.

Cette formule donne une exactitude suffisante, quand les distances sur lesquelles on opère n'excèdent pas 1,000 à 1,200^m.

Les points dont il importe de connaître les cotes étant situés sur les thalwegs et les lignes de partage, sur les commencements et les fins de pente, ils n'ont pas été déterminés par les travaux de la planimétrie. On est donc obligé de chercher leurs projections pour en déduire l'élément K, et de prendre leurs distances zénithales sur des points connus par le travail du n° 147, pour avoir l'élément $\triangle$. Quant au terme dt, on lui attribue une valeur moyenne de 1^m,20. S'il y a des cas particuliers dans lesquels cette hauteur est différente du chiffre indiqué, on en prend note dans le registre de nivellement.

Selon que les points sont accessibles ou inaccessibles, on y fait station, ou on les détermine de deux stations par recoupement.

Soit R la première station de nivellement. Ce point étant déjà connu par sa projection, on se contente de prendre les distances zénithales sur les points T, G (*fig.* 129), connus par leurs cotes. On prend ensuite les distances zénithales et les azimuts sur les points S. 2, 3, 10.

On va ensuite au point 4, d'où on prend les azimuts et les distances zénithales sur les points T, G ; puis on vise 3, 5, 6, S, P, Q.

Du point 7, on prend les distances zénithales sur T, G ; et comme ces deux points sont mal placés pour assurer la projection de la station, on prend l'azimut sur P, puis on vise 5, 6. 8, 9, Q.

On continue ainsi de **proche** en proche, et on transcrit les observations sur un registre auquel on peut donner la forme suivante :

Registre de nivellement pour les observations avec l'éclimètre.

STATIONS.	POINTS visés.	AZIMUTS.	DISTANCES horizontales.	DISTANCES zénithales.	COTES des points principaux.	COTES conclues.	OBSERVAT.
R	T G 1 2 3 10						
4	T G 3 5 6 S P Q						

Fig. 129.

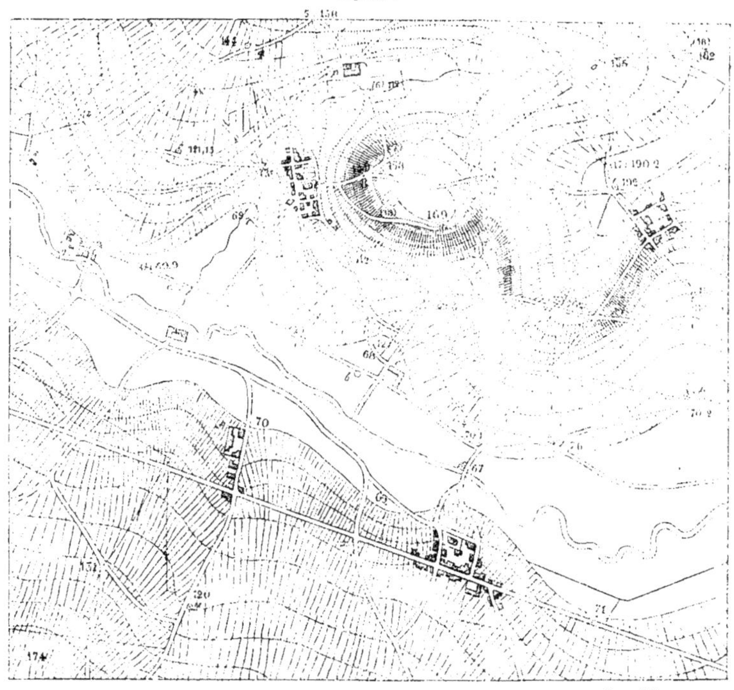

Page 200

Ce registre s'applique au terrain situé au nord de la rivière (*fig. 129*).

Les trois premières colonnes, ainsi que celle qui est affectée aux distances zénithales, sont remplies sur le terrain même. Quand on est rentré, on rapporte les azimuts, et on conclut les projections des points. Après quoi on mesure à l'échelle les distances horizontales comprises entre les stations et les points visés.

(149) *Calcul des cotes*. Quand le tableau est complétement rempli, sauf la dernière colonne, on passe à la recherche des cotes. Pour cela, on calcule le terme K cot. Δ de la formule au moyen de la table n° 1 (*Voir* la note qui suit la table).

A l'inspection du registre de nivellement, on voit que chaque cote est déterminée deux fois. Cette manière de procéder assure l'exactitude des résultats.

Si, par exemple, au moyen de R et T on a trouvé pour 1 les cotes 74.50 et 75.30, on prend pour celle réelle la moyenne 74.90. Quand les deux cotes trouvées ne diffèrent pas de plus de 1^m à $1^m,50$ (*). on considère leur moyenne comme suffisamment exacte. Dans le cas contraire, on doit vérifier les observations (*Voir* la note relative au nivellement).

(150) *Croquis du nivellement*. Quand on fait les observations dont nous avons parlé (148). on emporte la feuille du levé, sur laquelle on indique par des courbes ou par des hachures son appréciation sur les formes du terrain et sur les inclinaisons relatives des pentes.

(*) La limite que nous assignons ici n'est pas trop étendue pour les élèves de l'École militaire qui sont peu exercés aux observations; mais elle serait beaucoup trop forte pour des travaux plus importants que les leurs. (Voir la note.)

A cet effet, on se place sur les *thalwegs* et sur les *lignes de partage* ; on étudie la pente de bas en haut, et, à une petite distance, sur un thalweg, on a vers soi la concavité des courbes ; c'est le contraire quand on est sur une croupe. On ne se préoccupe pas de l'équidistance ; seulement on rapproche les courbes, ou on grossit les hachures quand la pente augmente. On ne cherche pas à raccorder entre eux les différents mouvements de terrain.

Après toutes ces opérations, on passe au détail du nivellement.

(151) *Détail du nivellement.* Ainsi qu'on peut le voir à l'inspection de la *fig.* 129, les points dont on a déterminé les cotes sont assez distants les uns des autres pour que les profils que l'on obtient en les joignant deux à deux ne se confondent pas avec le sol. Il en résulte que les procédés exacts de la géométrie descriptive ne peuvent être appliqués à la détermination des sections principales. Aux échelles de 1 10000 et de 1/2000, on peut employer une méthode approximative pour trouver les cotes principales sur chaque profil. Cette méthode, qui est très-expéditive, est toujours assez exacte pour les levés militaires.

On joint les points connus par leurs cotes de façon à avoir des profils dirigés suivant les pentes. Prenons, par exemple, le profil 14.15 et supposons que l'équidistance est de 10^m.

Au-dessous de 14, le point de passage le plus voisin est 80. On le place à vue, à une distance plus ou moins grande de 14, selon que le croquis des hachures indique une pente plus ou moins douce. On détermine de même le point 160, qui est immédiatement au-dessous de 15. Il reste à trouver sur le profil les points 90, 100, 110, 120, 130, 140, 150. Si les hachures étaient d'égale longueur, on en conclurait que la pente

Fig. 132.

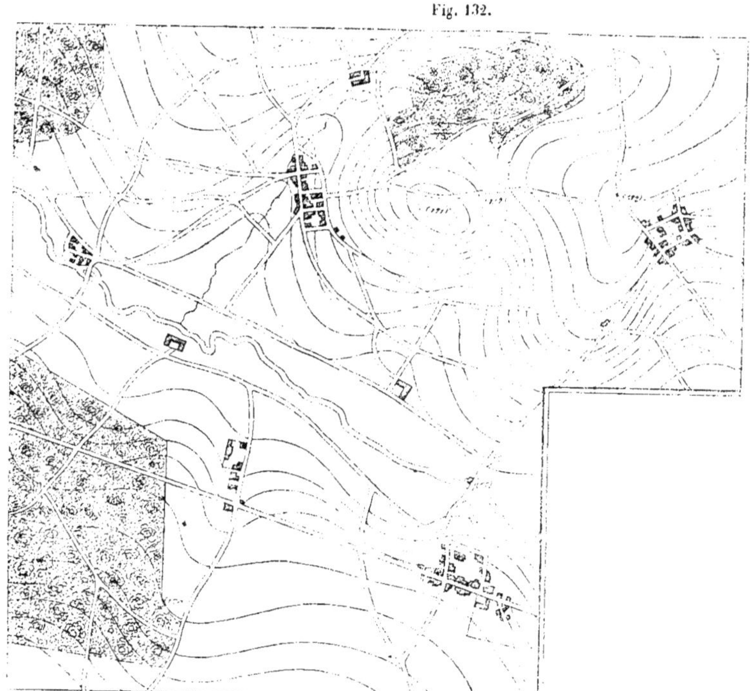

Page 202.

est uniforme, et on partagerait la distance (80-160) en 8 parties égales ; les points de division correspondraient aux cotes cherchées. Quand les hachures sont plus courtes dans une partie du profil que dans l'autre, on partage toujours (80-160) en huit parties, mais on rapproche les points de division dans les endroits où la pente est plus forte.

On en fait autant sur chaque profil, et on joint les points de même cote par les courbes auxquelles on donne les inflexions qui sont indiquées par la disposition des hachures. Après avoir terminé toutes ces opérations, on obtient une carte analogue à celle de la *fig.* 132 (').

Ce procédé, qui est suivi à l'École militaire, force les élèves à se rendre compte des formes du terrain, à apprécier les pentes et à les traduire rapidement par des hachures. Il prépare ainsi au travail des reconnaissances.

(152) *Détermination plus exacte des sections principales.*

Quand on lève à une grande échelle et quand on a besoin d'une certaine exactitude dans le tracé des courbes, on peut opérer de la manière suivante :

On détermine d'abord les cotes des points du terrain comme nous l'avons indiqué (148). Soient A, B, C, D, quatre de ces points, et a, b, c, d (*fig.* 130) leurs projections.

On stationne en A avec l'éclimètre. Supposons que la pente soit uniforme sur AM, AN, AP. On fait porter en M une mire dont le voyant est à une distance du sol égale à la hauteur de l'instrument. On prend l'azimut et la distance zénithale de la direction AM et on mesure sa longueur, soit avec la chaîne, soit avec la stadia. On fait ensuite porter la mire aux points

---

(') Quand on veut ménager la feuille du levé, on la couvre d'un papier calque, sur lequel on exécute les opérations que nous prescrivons.

N, P, et on fait les mêmes observations que l'on consigne sur
un registre.

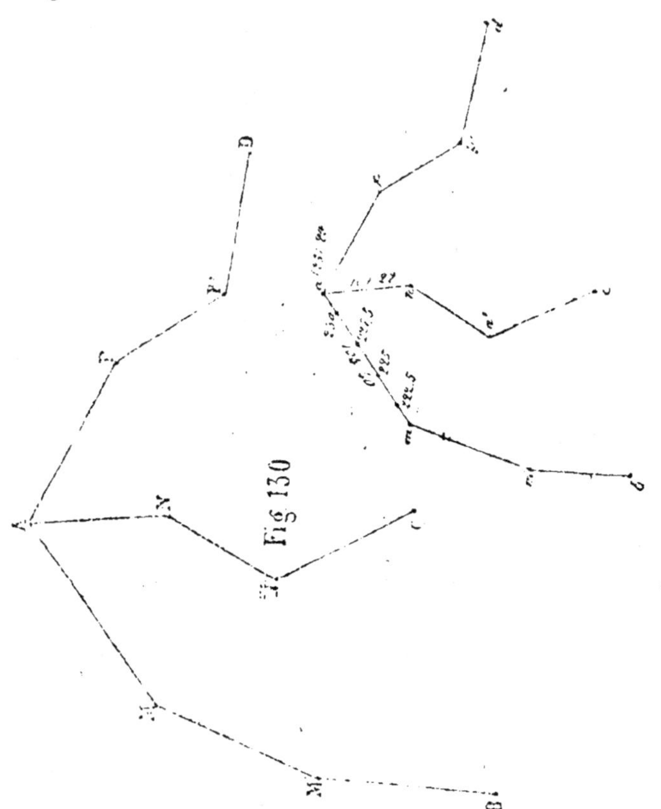

On se transporte en M, N, P avec l'éclimètre, et on fait porter la mire aux points M', N', P', où la pente change d'intensité ; on continue ainsi en se dirigeant sur les points dont
on connaît les cotes.

Registre de nivellement pour le détail.

STATIONS.	POINTS visés.	AZIMUTS.	DISTANCES zénithales.	LONGUEURS mesurées.	LONGUEURS réduites à l'horizon.	OBSERVATIONS.
A	M	α	Δ	l	l_1	
	N	α'	Δ'	l'	l'_1	
	P	α''	Δ''	l''	l''_1	
N	N'	β	Δ_1	L_1	L_1	

Les cinq premières colonnes du registre sont remplies sur le terrain même. Quand on est rentré, au moyen de l'une des tables (57) ou (59), on réduit à l'horizon les distances mesurées selon qu'elles l'ont été avec la chaîne ou avec la stadia. On remplit la sixième colonne du tableau.

On rapporte ensuite par a les azimuts $\alpha, \alpha', \alpha''$. Sur chacune des lignes ainsi obtenues, on prend les longueurs l_1, l_1', l_1''. et on inscrit dans le sens de l'observation les angles $\Delta, \Delta', \Delta''$.

Par les points m, n, p, on rapporte les autres directions, et on continue ainsi de proche en proche.

Pour trouver les points de passage des courbes, on se sert

de la formule $n = \dfrac{e}{\cot. \Delta}$ (23) au moyen de laquelle on a calculé une table qui donne en décimillimètres les longueurs des normales pour toutes les pentes qui peuvent se présenter.

Elle porte le titre de table n° 2 (*Voir* cette table).

Supposons que l'on opère à l'échelle de 1/5000 ; l'équidistance est de $2^m.50$.

Il faut trouver les multiples de ce nombre sur les profils.

Sur le profil *am*, dont la distance zénithale est, par exemple, 104,40, on cherche le point 230, qui est le plus voisin de 231,20. A cet effet, dans la colonne horizontale du bas, on prend le chiffre 104; on remonte jusqu'à la hauteur du chiffre 40 inscrit dans la colonne de droite, qui porte l'indication des minutes, et on trouve 72 décimillimètres.

On pose la proportion suivante :

La différence de niveau entre 230 et 231,20 est à la normale correspondante comme $2^m,50$ est à 72, ou

$$\frac{1^m.20}{x} = \frac{2^m,50}{72}; \text{ d'où } x = \frac{1^m,20 \times 72}{2^m,50} = 34.$$

A partir de *a*, on porte sur *am* une longueur égale à 34 décimillimètres, ou mieux à 3 millimètres et demi, et on obtient le point coté 230.

On porte ensuite sur cette ligne, à partir de 230, le chiffre $0^m,0072$ autant de fois que c'est possible et on arrive au point 222,50.

S'il doit y avoir un profil partant de *m*, il est nécessaire que l'on ait la cote de ce dernier point. A cet effet, on pose la proportion suivante :

La différence de cote entre 222,50 et *m* est à la longueur $(m-222,50)$ ou *l* comme $2^m,50$, est à la longueur d'une hachure ou $0^m,007$.

$$\frac{x}{l} = \frac{2^m,50}{0^m,0072}, \text{ d'où } x = \frac{l\,2^m 5}{0^m,0072}.$$

Connaissant la cote de *m*, on agit sur *m m′* comme sur *am*.

Le même travail ayant été fait sur tous les profils, on joint les points de même cote par des lignes continues, et on a les sections principales.

Si les observations ont été faites avec un éclimètre donnant les angles de 2 en 2′, on peut avoir pour $\triangle$ un nombre qui n'est pas inscrit dans la table.

Prenons, par exemple, le profil *an*, dont la distance zénithale est 101,22.

On cherche dans la table les valeurs correspondant à 101,20 et 101,25, ce qui donne 265 et 255, dont la différence est 10.

On pose la proportion suivante :

Pour 5′ d'augmentation dans la valeur de $\triangle$, on trouve 10 en moins pour la valeur de *n*; combien trouvera-t-on pour 2′ ou :

$$\frac{5}{10} = \frac{2}{x}; \text{ d'où } x = \frac{20}{5} = 4.$$

La valeur de *n* est donc $n = 265 - 4 = 261$.

On continue comme nous l'avons dit plus haut.

On voit que ce procédé est beaucoup plus exact que le précédent ; mais il est assez long, et on ne doit l'employer que pour un plan spécial.

(153) *Déterminer les courbes sur le terrain et les relever sur le plan avec la boussole.*

Pour résoudre ce problème, on emploie un niveau et une mire ; nous supposerons que le niveau d'eau est suffisamment exact.

Soit A (*fig.* 131) un point de départ, auquel on attribue la cote arbitraire 100, et supposons que l'on veut avoir des courbes équidistantes de 1^m.

On se place avec le niveau en un point quelconque P, on établit la mire en A, et on élève le voyant jusqu'à la hauteur du rayon visuel, on la fixe dans la position. Le porte-mire tâtonne ensuite, de façon à trouver les points C, D tels que, quand la mire y est placée, le rayon visuel rencontre le centre

du voyant. Tous ces points sont évidemment au même niveau
que A; ils appartiennent à la section horizontale cotée 100.
On y plante des jalons.

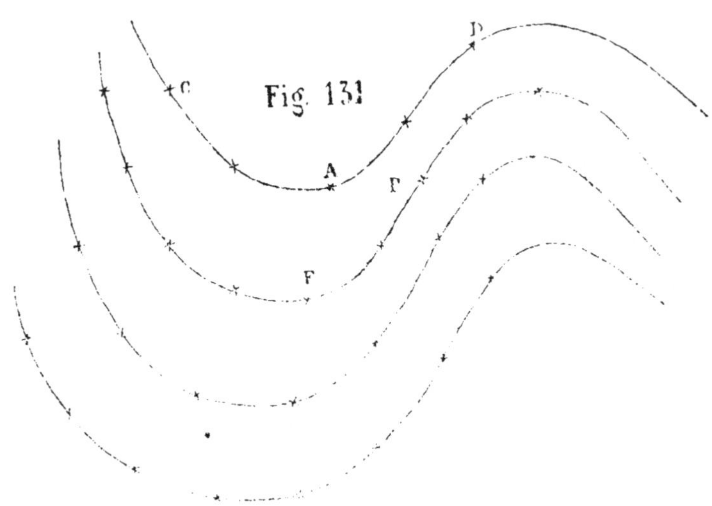

Pour trouver un point F de la courbe 99, on remonte le
voyant de 1^m, et on tâtonne jusqu'à ce que l'on ait trouvé un
point tel que, quand la mire y est placée, son voyant soit
rencontré par le rayon visuel.

On a ainsi le point F plus bas que A de 1^m. Laissant le
voyant dans la position qu'il occupe, on trouve autant de
points qu'on le veut pour la courbe 99.

On continue ainsi de proche en proche, et on indique
chaque courbe par une série de jalons portant une marque
particulière.

Rien n'est plus simple que d'obtenir avec la boussole ou la
planchette les projections de jalons. En joignant ceux de
même cote par des lignes continues, on a les sections principales.

154, *Résumé des opérations par lesquelles on doit passer pour l'exécution d'un levé régulier.*

1° Faire une reconnaissance qui a pour résultat un bon choix des points principaux de la planimétrie;

2° Mesurer la base, la réduire à l'horizon et déterminer la méridienne passant par l'une de ses extrémités.

3° Orienter la base sur la feuille du levé et déterminer la longueur qu'elle doit avoir en raison de l'échelle adoptée.

4° Exécuter le canevas. On peut le commencer avec le graphomètre pour avoir des points très-éloignés les uns des autres; puis le continuer avec la planchette pour obtenir des points dont la distance graphique n'excède pas 0ᵐ,10. On les rapproche davantage quand le terrain est couvert ou dans les environs des villages;

5° Dessiner les détails, soit en employant la planchette et le déclinatoire, soit en se servant de la boussole et du rapporteur;

6° Déterminer les cotes de quelques points principaux de la planimétrie;

7° Choisir les points du nivellement; faire les observations qui servent à la détermination des éléments K et $\triangle$ de la formule; tracer les hachures provisoires;

8° Rapporter les points du nivellement, mesurer la distance K, calculer les cotes et les inscrire;

9° Déterminer les cotes principales et tracer les courbes.

———

CHAPITRE IV.

CALCULS RELATIFS A LA DÉTERMINATION DES COORDONNÉES DES POINTS D'UN CANEVAS.

Points principaux. — Mesure de la base. — Canevas provisoire. — Tableau des stations et des côtés approximatifs des triangles. — Exemple d'un calcul pour la réduction au centre. — Tableau des angles réduits et des côtés définitifs des triangles. — Détermination des distances à la méridienne et à sa perpendiculaire. — Exemple d'un calcul pour la détermination des cotes. — Tableau des coordonnées des points du canevas.

(155) *Reconnaissance préliminaire.* Pour faire bien comprendre les principes que nous avons donnés dans les deux chapitres précédents, nous indiquerons les opérations que nous avons exécutées pour le canevas trigonométrique du village de Montigny-sur-Vesle (Marne).

Une prairie, située sur les bords de la Vesle, présentant un emplacement favorable pour la mesure directe, deux arbres A et B (*fig.* 133) y ont été signalés pour marquer les extrémités de la base.

Les points qui ont paru les meilleurs pour le canevas sont les suivants : M, clocher de Montigny ; il est percé de quatre fenêtres qui permettent le tour d'horizon. V, cheminée à vapeur de la filature des Venteaux ; on peut stationner à une fenêtre du 3ᵉ étage, située à 3ᵐ,25 de la verticale de la cheminée. C, cerisier isolé sur la hauteur dite de Parfondeval, à l'est du village. D, peuplier isolé sur la hauteur dite de Romain, au nord-ouest. De chacun de ces points, on peut apercevoir tous les autres.

Des points A et B, on ne peut voir que C.

Fig. 133.

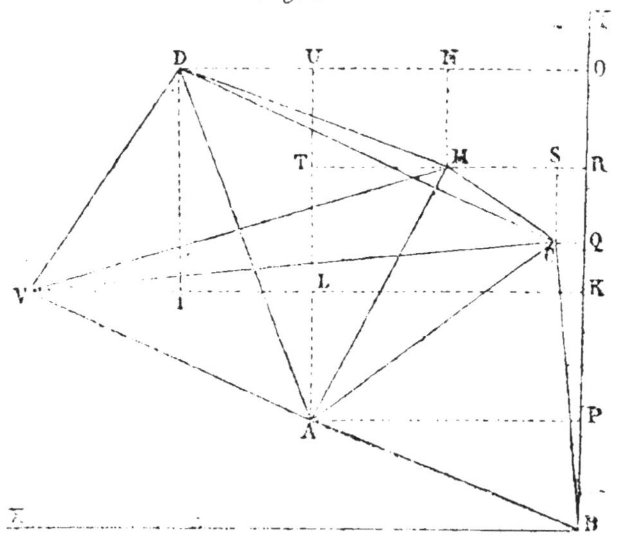

(156) *Mesure de la base; canevas provisoire.* La base, mesurée à la chaîne, a été trouvée égale à 1231^m,50.

Pour le canevas provisoire, on a employé une boussole à index, réglée au moyen de la déclinaison de 22^g,50 ouest, indiquée par l'*Annuaire du bureau des longitudes*, pour l'année 1854.

En stationnant aux points principaux, on a obtenu les azimuts des côtés, qui sont consignés dans le tableau suivant.

La base ayant été placée sur le papier à l'échelle du plan, on a tracé une méridienne, au moyen de laquelle on a construit des triangles dont les côtés ont été mesurés avec le compas. Les valeurs trouvées sont inscrites dans la quatrième colonne du présent tableau.

Canevas provisoire exécuté avec la boussole.

STATIONS.	POINTS VISÉS.	AZIMUTS.	LONGUEUR DES CÔTÉS.
A — Peuplier signalé dans les marais (terme ouest de la base).	B C	274.50 342	AB = 1234.5 AC = 1337 BC = 1300
B — Orme signalé dans les marais (terme est de la base).	A C	74.50 3	CD = 1770 DV = 1215 VM = 1833
C — Cerisier isolé, au sommet de la hauteur, à l'est du village.	M D V A B	66 72.50 107.50 142 203	CM = 540 AM = 1205 DM = 1215 DA = 1645 AV = 1348 VC = 2270
M — Clocher de Montigny.	C D V A	266 76 119.50 169	
D — Peuplier nord-ouest de Montigny.	V A C M	164.50 222 272.50 276	
V — Fenêtre du 3e étage de la filature des Venteaux.	D M C A		

(157) *Mesure des angles, réduction au centre.* On a mesuré les trois angles dans les triangles ABC, CDV, DMV. Dans les autres triangles, on n'en a mesuré que deux, parce que les points D, M, V ne sont pas visibles des extrémités de la base.

Nous donnons le calcul qui a servi à la réduction de

l'angle V dans le triangle CVD. Pour la mesure de cet angle,
on a stationné à $3^m,25$ de la verticale du point V qui sert de
point de mire. Les points visés sont C, D ; et, par conséquent,
on a : $d = \text{CV} = 2270$, $g = \text{VD} = 1215$.

On dispose le calcul de la manière suivante :

ANGLE OBSERVÉ.	FORMULE DE RÉDUCTION : $C - O = \dfrac{r \sin (O + y)}{d \sin 1'.} - \dfrac{r \sin y.}{g \sin 1'.}$			ANGLE RÉDUIT.
CDV = 56,30	$O = 56,30$ $y = 32,12$ $O + y = 88,42$	$d = 2270$ $g = 1215$	1er terme $=$ 0,90 2e terme $=$ 0,82 Réduction $=$ 0,08 Angle observé $=$ 56,38 Angle au centre $-$ 56,38	d Cerisier signalé. g Peuplier signalé. C = 56.38

Calcul du 1er terme.

Log.	3.25	$=$	0,5119
Log. sin.	88.42	$=$	9,9930
Comp. log.	2270	$=$	6,6440
Comp. log. sin. 1'		$=$	3,0039
Log. 1er terme		$=$	0,9528
1er terme		$=$	$0^s,8974$

Calcul du 2e terme.

Log.	3.25	$=$	0,5112
Log. sin.	32.12	$=$	9,6843
Comp. log.	1215	$=$	6,9154
Comp. log. sin. 1'		$=$	3,8039
Log. 2e terme		$=$	0,9455
2e terme		$=$	$0^s,82$

On a pris $0^s,90$ pour le 1er terme en forçant le chiffre des secondes.

(158) *Calcul des triangles.* La même réduction a été effectuée pour tous les angles. Dans les triangles où les trois angles
ont pu être mesurés, on a fait la somme, et quand elle n'a pas
été trouvée égale à 200, on a réparti l'erreur par tiers. On est
arrivé en définitive aux angles consignés dans le tableau suivant, qui, au moyen de la base mesurée AB, ont donné les
longueurs des côtés.

Tableau des côtés définitifs des triangles.

TRIANGLES.	ANGLES AU CENTRE.	LONGUEURS DES CÔTÉS.
ABC	A = 67.95 B = 70.56 C = 61.49	Base AB = 1234.5 AC = 1339.9 BC = 1311.42
AMC	A = 26.84 C = 76.34 M = 96.82	AC = 1339.9 AM = 1250 MC = 549
ACD	A = 79.82 C = 69.22 D = 50.96	AC = 1339.9 AD = 1653 CD = 1774
CDV	C = 35.20 D = 108.42 V = 56.38	CD = 1774 CV = 2271.4 DV = 1203.2
DMV	D = 111.55 M = 43.51 V = 44.94	DV = 1203.2 DM = 1237 VM = 1874.4
AVD	A = 51.32 V = 50.78 D = 57.90	VD = 1203.2 AV = 1345.9 AD = 1653
ADM	A = 53.34 D = 54.09 M = 92.57	AD = 1653 DM = 1237 AM = 1250
AMV	A = 104.22 V = 46.36 M = 49.42	AV = 1345.9 AM = 1250 MV = 1874

(159) *Détermination des distances à la méridienne et à la perpendiculaire.* Pour simplifier les opérations, on a pris pour axes de coordonnées la méridienne et la perpendiculaire qui passent par le point B, extrémité est de la base. Tous les points principaux étant situés dans le même angle, leurs coordonnées ont pu être affectées du signe *plus*.

L'azimut de BA a été trouvé égal à $74^g.50$ (tableau du canevas provisoire 156). C'est en employant cet azimut et les angles connus des triangles (158) que l'on a trouvé les coordonnées de tous les points. Leurs valeurs ont été fournies par les équations suivantes :

$$\text{(A)} \quad \begin{cases} AP = AB \sin. \text{ azimut} = 1231.5 \sin. 74.50 = 1134 \\ BP = AB \cos. \text{ azimut} = 1231.5 \cos. 74.50 = 480. \end{cases}$$

$$\text{(C)} \quad \begin{cases} CQ = BC \sin. CBQ = BC \sin. (ABQ - ABC) = 1311 \times \\ \qquad\qquad\qquad\qquad\qquad\qquad\qquad\qquad\qquad \sin. 3.94 = 81. \\ BQ = BC \cos. CBQ = BC \cos. (ABQ - ABC) = 1131 \times \\ \qquad\qquad\qquad\qquad\qquad\qquad\qquad\qquad\qquad \cos. 5.94 = 1309. \end{cases}$$

$$\text{(M)} \quad \begin{cases} MR = CQ + MS. \\ \quad = AB - MT. \\ BR = BQ + CS. \\ \quad = BP + AT. \end{cases}$$

$$\text{(D)} \quad \begin{cases} DO = AP + DU. \\ \quad = MR + DN. \\ BO = BP + AU. \\ \quad = BR + MN. \end{cases}$$

$$\text{(V)} \quad \begin{cases} VK = AP + VL. \\ \quad = DO + VI. \\ BK = BP + AL. \\ \quad = BO - I. \end{cases}$$

Pour les trois derniers points, on a pris des combinaisons

doubles, afin d'avoir des vérifications. Les calculs ont donné les résultats qui sont consignés dans les deuxième et troisième colonnes du tableau suivant.

Tableau des coordonnées des points principaux.

DÉSIGNATION des POINTS PRINCIPAUX.	DISTANCES à la méridienne.	DISTANCES à la perpendicul.	ALTITUDES.
			mètres.
B Terme *est* de la base (signal). . . .	0	0	»
A Terme *ouest* de la base (signal). . .	1134	480	»
C Cerisier à l'*est* du village.	81	1309	»
D Peuplier s. la haut. de Romain (sig.).	1709	2030	122,48
M Clocher de Montigny (croix). . . .	554	1587	130,00
V Chemin. à vap. des Venteaux (som.).	2340	1004	86,43

(160) *Calcul des cotes.* Aucun des points du canevas n'étant connu par sa cote, on a attribué la hauteur arbitraire 130^m à la croix du clocher de Montigny. Par l'application de la formule du n° (147), on en a conclu la cote du signal placé au sommet du peuplier D et celle du sommet de la cheminée à vapeur des Venteaux V.

Les observations ont été faites avec un éclimètre donnant la minute: elles sont consignées dans le tableau suivant, ainsi que les calculs qui en sont la conséquence.

Les résultats obtenus sont inscrits dans la dernière colonne du tableau du n° 159.

Tableau du calcul des cotes.

DÉSIGNATION des POINTS.	ÉLÉMENTS du CALCUL.	CALCUL DES DIFFÉRENCES DE NIVEAU. Formule $dn = \mathrm{K} \cot \Delta + \dfrac{04.2\mathrm{K}^2}{\mathrm{R}} \pm dt.$		HAUTEURS.	
				Mires.	Sol.
Montigny, clocher à 4^m,32 au-dessous de la croix.	$\Delta = 101\,34$ $dt = 4\,32$ $\mathrm{K} = 1874.1$	Log K = 3,27277 Log cot Δ = 8,32328 Log 1er t. = 4,59685 1er terme = — 39,43 — dt = — 4,34 — 43,77	Cote de M = 130 + 2^e terme = 0,23 Somme = 130,23 — 43,77 Cote de V = 86,46	430	
Sur Venteaux V.				86,43	
Montigny, clocher à 4^m,32 au-dessous de la croix.	$\Delta = 101.17$ $dt = 4.32$ $\mathrm{K} = 1237$	Log K = 3,09237 Log cot Δ = 7,42657 Log 1er t. = 0,51894 1er terme = — 3.30 — dt = — 4,32 — 7,62	Cote de M = 430 + 2^e terme = 0,40 Somme = 130,40 — 7,62 Cote de D = 122,18		
Sur le peuplier D (sig.)				122,48	

Suite.

DÉSIGNATION des POINTS.	ÉLÉMENTS du CALCUL.	CALCUL DES DIFFÉRENCES DE NIVEAU. Formule $du = \mathrm{K}\,\cot\Delta + \dfrac{0.42\mathrm{K}^2}{\mathrm{R}} \pm dt.$		HAUTEURS.	
				Mires.	Sol.
Peuplier D, à 14m,23 au-dessous du signal. Sur Montigny, croix.	$\Delta = 99,04$ $dt = 11.23$ $k = 1237$	Log K $= 3,09237$ Log cot $\Delta = 8,17842$ Log 1er t. $= 4,27079$ 1er t. $= + 18,65$ $- dt = - 11,23$	Cote de D $= 122,48$ $+$ 2e terme $= 0,40$ $+ 18,65$ $\overline{141,23}$ $- 11,23$ Cote de M $= 130,00$	430	
Peuplier D, à 41m,23 au-dessous du signal. Sur Venteaux V.	$\Delta = 401,32$ $dt = 11,23$ $K = 1203$	Log K $= 3,08026$ Log cot $\Delta = 8,34676$ Log 1er t. $= 1,39702$ 1er t. $= - 24,94$ $- dt = - 11,23$ $\overline{- 36,27}$	Cote de D $= 122,48$ $+$ 2e terme $= 0,40$ Somme $= 122,58$ $- 36,17$ Cote de V $= 86,44$	86,44	

Avec les éléments qui sont inscrits dans le tableau du n° 159, on a placé les points principaux sur le papier, par le procédé du n° 133. Après quoi, on a exécuté le canevas à la planchette (135); le détail avec la boussole (139); le nivellement, par les moyens indiqués de 142 à 151 inclus.

(*) La cote 86,43 attribuée à V dans le tableau du n° 159 est la moyenne entre les cotes 86,46 et 86,44 trouvées par les calculs du tableau 160.

LIVRE IV.

TOPOGRAPHIE IRRÉGULIÈRE

OU TOPOGRAPHIE EXPÉDIÉE.

CHAPITRE PREMIER.

Préliminaires. — Échelle employée. — *Instruments de planimétrie :*
Planchette, alidade et déclinatoire ; — Boussole de Burnier, boussole
Hossard ;— Sextant. — *Instruments de nivellement :* Rapporteur ; —
Niveau Burel ; — Alidade nivellatrice. — Simplification de ces instruments. — *Canevas* avec une carte. — Avec la planchette, la boussole
de Burnier ou le sextant. — Détail. — Nivellement. — Levés à vue, de
mémoire, par renseignements. — Itinéraires. — Rédaction des levés
irréguliers.

Préliminaires.

(161) Quand on est obligé d'étudier rapidement un terrain
dans le but de favoriser une opération militaire, on fait une
reconnaissance, pour laquelle on exécute un dessin dont
l'exactitude est proportionnée au but que l'on se propose
d'atteindre.

On fait des reconnaissances avec *des instruments, à vue,
de mémoire, par renseignement,* suivant le cas qui se présente.

Les résultats d'un semblable travail ne peuvent être satis-
faisants qu'autant que l'on a une grande rapidité d'apprécia-

tion et d'exécution, qui ne peut être que la conséquence de l'habitude.

Un jeune officier doit donc exécuter des reconnaissances pendant ses loisirs de garnison. Il doit en faire l'application aux petites opérations de la guerre. Le choix d'une position, l'emplacement de la grand'garde, des sentinelles et des vedettes qui la couvrent : la marche d'un convoi dans le voisinage de l'ennemi, l'attaque ou la défense d'un village, etc.. sont des questions qui peuvent se présenter fréquemment.

Dans les différentes hypothèses que l'on choisit, on doit avoir recours aux connaissances de topographie, d'art militaire et de statistique générale que l'on possède, afin de discuter dans un *mémoire* les mesures que l'on propose ; de rendre compte des ressources de toute nature que peut offrir le terrain étudié, etc.

Il est toujours favorable de joindre au plan quelques *vues pittoresques* destinées à en faciliter l'intelligence, ou à rendre plus saillants certains détails qui méritent une attention particulière (*).

Dans cette partie du Cours, nous donnons les moyens à employer pour l'exécution du levé topographique, et nous ajoutons des détails relatifs à la rédaction des *mémoires*.

(162) *Échelle employée dans les reconnaissances.* Un levé irrégulier doit être exécuté à une assez grande échelle pour que l'on puisse apprécier les détails du terrain. D'un autre côté, les inexactitudes qui résultent de la nature des instruments employés doivent être peu apparentes. L'échelle de $\frac{1}{20000}$, qui satisfait assez bien à ces deux conditions, est généra-

---

(*) Il est bien entendu que ce que nous disons ici sur les mémoires, vues, s'applique aux levés réguliers aussi bien qu'aux levés irréguliers.

lement employée. Par exception, on emploie à l'Ecole militaire l'échelle de $\frac{1}{10000}$, parce que, quand on manque d'habitude, les distances sont assez petites au $\frac{1}{20000}$ pour qu'il puisse en résulter de la confusion sur les dessins.

(163) *Instruments.* Les instruments doivent être très-portatifs et d'un petit volume. Pour la planimétrie, nous citerons : *la planchette simplifiée* avec *l'alidade et le déclinatoire,* la *boussole de Burnier,* la *boussole Hossard* et le *sextant.* Ces deux derniers instruments permettent d'opérer à cheval. Pour le nivellement, on peut employer le *rapporteur,* le *niveau Burel* et *l'alidade nivellatrice,* ainsi que quelques instruments très-imparfaits, sans doute, mais que l'on peut construire soi-même.

Instruments de planimétrie.

(164) *Planchette, alidade, déclinatoire.* La planchette dont on se sert à l'Ecole militaire se compose d'une tablette légère en bois blanc, de 0^m40 environ de côté (*fig.* 134). En dessous et au centre est un écrou dans lequel peut entrer une vis fixée à l'extrémité d'un pied de 1^m20 de hauteur terminée par une pointe de fer.

Le pied étant planté verticalement à vue, la tablette est horizontale, et on peut mesurer les angles avec une exactitude très-suffisante.

L'alidade est un prisme triangulaire en bois, dont une arête sert de ligne de foi. Une autre arête sert de ligne de visée. En plantant deux tiges en cuivre aux extrémités de cette arête, on obtient un rayon visuel plongeant.

Le déclinatoire est une boîte carrée de 0^m06 à 0^m07 de côté. Dans l'intérieur est un espace cylindrique suivant l'axe du—

quel est un pivot qui supporte une aiguille aimantée. On le
fixe à l'aide d'une vis à l'un des angles de la planchette.

Fig. 134.

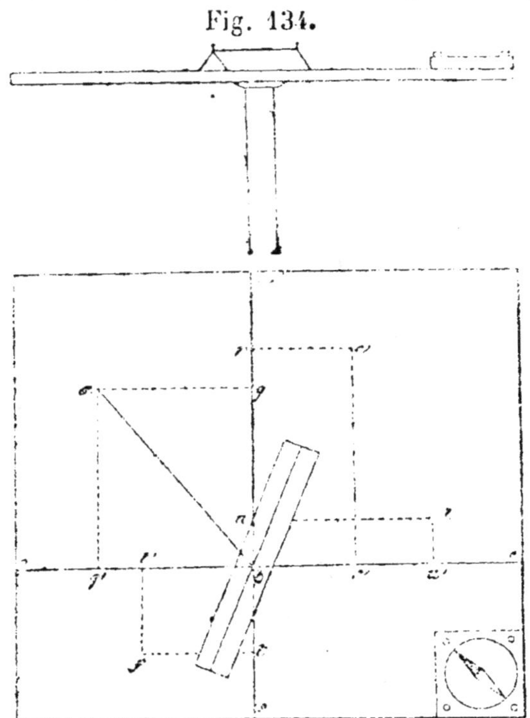

A défaut d'une planchette munie d'un pied, on prend un carton que l'on tient sur l'avant-bras gauche. Dans ce cas, on a les angles beaucoup moins exactement qu'avec la planchette. Cependant l'instrument a encore quelque valeur.

(165) **Boussole de Burnier.** M. le colonel d'artillerie Burnier a modifié la boussole ordinaire, de façon à la rendre très-commode comme instrument à main.

Au centre d'une boîte cylindrique intérieurement et elliptique à l'extérieur (*fig.* 135) est un pivot sur lequel repose l'aiguille. Celle-ci porte un limbe cylindrique très-léger dont le 200 correspond à la pointe bleue, et dont les graduations marchent de droite à gauche. Une anse qui peut s'élever ou s'abaisser à volonté tend un crin qui détermine un rayon visuel dirigé suivant un diamètre du limbe. Sur le contour de la boîte est ménagée une fenêtre rectangulaire munie d'une loupe au moyen de laquelle on lit les chiffres qui viennent se placer devant le crin au moment où l'on vise. Ces chiffres expriment les inclinaisons des côtés sur le méridien magnétique. Le sens de la graduation permet de compter les angles de droite à gauche comme avec la boussole ordinaire.

Fig. 135.

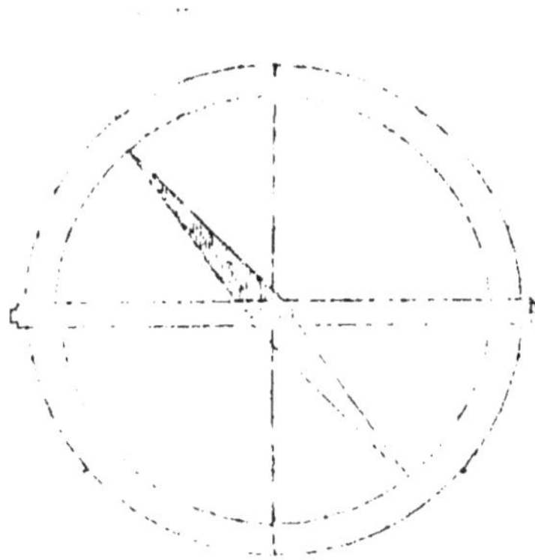

Pour viser avec la boussole, on la place à hauteur de l'œil au moyen de l'anneau **A**.

La ligne de visée est souvent déterminée dans la boussole de Burnier au moyen de deux visières semblables à celle du graphomètre, placées verticalement sur le couvercle de la boîte. La trace du rayon visuel est marquée par un index sur la fenêtre rectangulaire, et le chiffre du limbe qui correspond à cet index indique l'inclinaison du côté visé sur le méridien magnétique.

Quelquefois cet instrument porte un deuxième limbe parallèle au premier, et mobile autour d'un axe perpendiculaire à son plan. Il supporte un poids fixé de telle sorte qu'en plaçant le limbe verticalement, un diamètre déterminé reste constamment dans la verticale. On comprend, dès lors, qu'en visant par les pinnules dont la fente et le fil sont alors disposés horizontalement, les graduations du limbe correspondant à l'index indiquent les distances zénithales des points visés.

Cet instrument peut à volonté être placé sur un pied ou être tenu à la main.

(166) *Boussole Hossard*. La boussole due à l'initiative de M. le lieutenant- colonel Hossard, et qui porte son nom, se compose d'une boîte quadrangulaire, renfermant un limbe fixe, d'un diamètre de 0 ,05 environ, et gradué comme celui d'une boussole ordinaire ; au centre se meut une aiguille aimantée (*fig*. 135 *bis*).

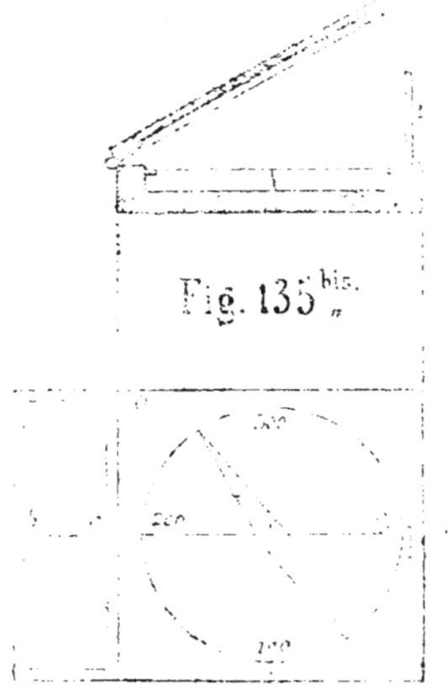

Le couvercle de cette boîte se meut autour d'une charnière perpendiculaire au diamètre 0,200, à l'extrémité duquel se trouve une tige *t*, perpendiculaire au plan du limbe, et pouvant se rabattre horizontalement dans l'intérieur de la boîte. Le couvercle porte intérieurement un miroir, sur lequel on a tracé un trait *ab* perpendiculaire à la direction de la charnière, et correspondant à l'autre extrémité du diamètre 0,200. En plaçant l'œil en A. on voit si le trait, son image et l'image de la tige sont bien superposés dans le plan vertical passant par l'œil et son image. On a alors déterminé un plan vertical passant par le diamètre 0,200 et qui remplace le plan vertical décrit par l'axe de la lunette dans une boussole fixe. Il ne reste plus qu'à l'amener à se confondre avec celui qui contient le point à viser.

Pour cela, on place la boussole à peu près horizontalement, en l'appuyant sur sa poitrine, de manière à laisser à sa droite le point à viser. On détermine, comme nous l'avons indiqué. le plan vertical passant par le diamètre 0,200, et on tourne lentement le corps jusqu'à ce qu'on aperçoive simultanément et se confondant, le trait tracé sur le miroir, son image, celle de

Fig. 136.

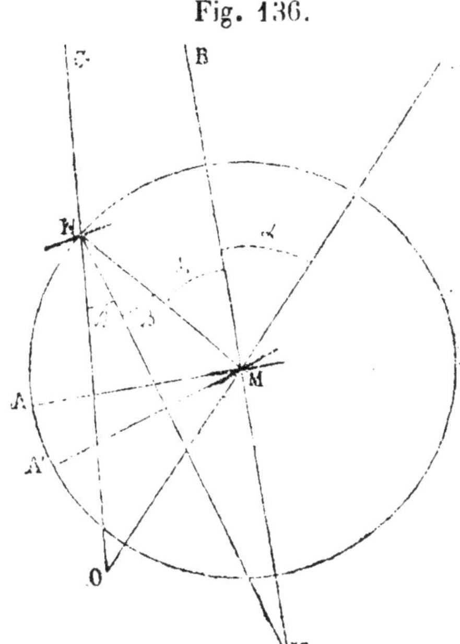

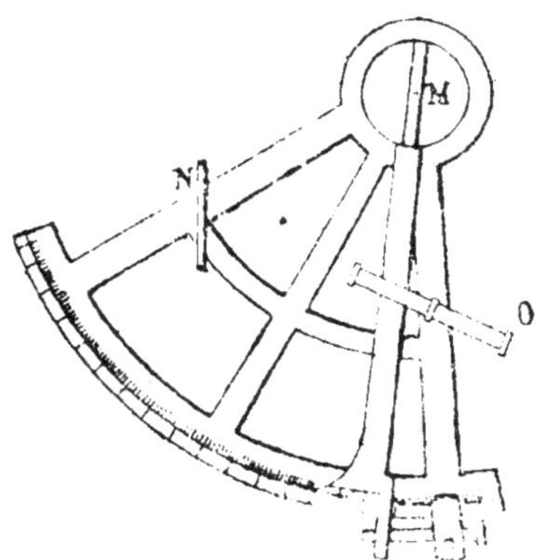

la tige et celle du point visé. On lit alors le chiffre marqué par l'aiguille aimantée. (*Voir* Salneuve, 2ᵉ édition, p. 157).

(167) *Sextant.* On sait que quand un rayon lumineux tombe sur un miroir plan, l'angle de réflexion est égal à l'angle d'incidence : c'est sur cette propriété qu'est fondée la construction du sextant.

Considérons un cercle ANP (*fig.* 136), au centre duquel pivote une alidade AM munie d'un vernier qui entraîne un miroir M entièrement étamé. Fixons en N un deuxième miroir étamé à sa partie inférieure et sans tain à l'autre partie. Ces deux miroirs sont placés perpendiculairement au plan du limbe. Une lunette O, dont l'axe optique et parallèle au plan du limbe permet de regarder en même temps à travers la partie sans tain et sur la partie étamée de N. Elle n'est pas perpendiculaire au plan de ce dernier miroir.

Soient OD, OG deux droites dont on veut mesurer l'angle. Le rayon lumineux, partant de D, suit la direction DM, se réfléchit suivant MN, et sa deuxième réflexion NO donne à l'observateur l'image de D. Quant à l'objet G, il est vu directement suivant OG, et les deux images se superposent. Les normales MB, NV des deux miroirs viennent se rencontrer en V, et l'angle V est égal à la moitié de O. En effet, l'angle NMD, extérieur au triangle NOM, donne :

NMD = MNO + MON ou $2\alpha = 2\beta + O$ et $O = 2(\alpha - \beta)$.

De même, NMB extérieur au triangle MNV, donne :

NMB = MNV + MVN ou $\alpha = \beta + V$ et $V = \alpha - \beta$, d'où

$$V = \frac{O}{2}$$

Supposons pour un instant que l'alidade qui entraîne M soit placée suivant A'M, de telle sorte que les deux miroirs soient parallèles; l'angle des normales est nul, et par conséquent il en est de même de l'angle O. Si l'on fait avancer l'alidade jusqu'à ce que, le point G étant vu directement, D soit vu par double réflexion, le zéro du vernier, d'abord en A', sera venu se placer en A ; de telle sorte que AMA' = $V = \frac{O}{2}$. En conséquence, si on gradue l'arc A'N en plaçant le zéro en A' : après une observation, le zéro du vernier marquera un chiffre qui, doublé, donnera l'amplitude cherchée. On évite de doubler les angles lus, en donnant un chiffre double aux graduations du limbe.

L'arc A'N est ordinairement pris égal au sixième de la

circonférence, et on peut obtenir les angles jusqu'au tiers de 400ᵍ (*).

La principale vérification du sextant consiste à reconnaître si les deux miroirs sont parallèles quand le zéro du vernier coïncide avec le zéro du limbe. A cet effet, on choisit un point assez éloigné de la campagne, on fait mouvoir l'alidade jusqu'à ce qu'on puisse le voir directement et par double réflexion. Quand il en est ainsi, les deux miroirs sont parallèles; par conséquent, si le zéro du vernier ne marque pas zéro, la position du miroir M doit être rectifiée (**).

On tient l'instrument à la main au moyen d'une poignée placée en dessous du limbe.

Instruments de nivellement.

(168) *Emploi du rapporteur pour le nivellement.* On peut construire un éclimètre avec le rapporteur. A cet effet, on place un fil à plomb au centre *c* (*fig.* 137). Si on veut apprécier la différence de niveau entre A et B, on s'établit en A; on élève à hauteur de l'œil le rapporteur, que l'on établit dans un plan vertical, et on vise B, en ayant soin de placer le zéro du côté de l'œil, et de diriger le rayon visuel suivant la marge

---

(*) Si l'on remplace l'arc du sextant par la circonférence, on a le cercle à réflexion, qui est construit de la même manière. On emploie ce dernier en géodésie, mais surtout dans la marine.

(**) Le sextant doit subir deux autres vérifications : la première consiste à reconnaître si l'axe optique de la lunette est parallèle au plan du limbe ; la deuxième, si les miroirs sont perpendiculaires à ce même plan. Comme elles intéressent plus spécialement les constructeurs, et comme d'ailleurs elles sont un peu moins simples que celle que nous indiquons, nous ne les mentionnons que pour mémoire.

MN. Le fil à plomb tombe sur une graduation qui indique la distance zénithale de la direction visée.

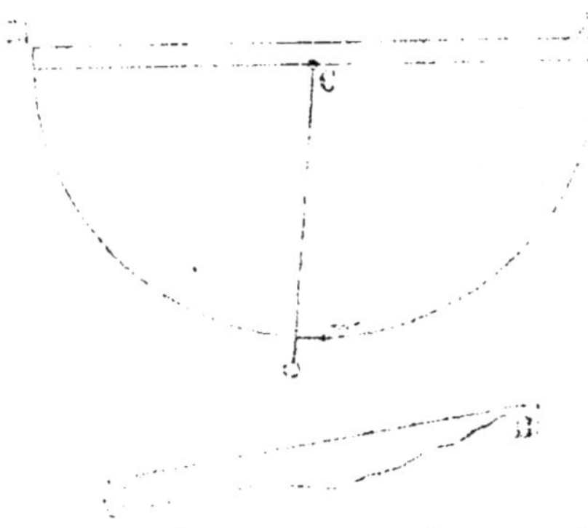

Fig. 137.

Pour faciliter l'opération, on place une main sur le limbe, et quand on a visé, on fixe avec le doigt la position du fil à plomb.

Si l'on a à sa disposition la table n° 1, on s'en sert pour calculer le terme K cot. Δ de la formule de nivellement, et on attribue au terme *dt* une valeur qui est la conséquence de la distance de l'œil au sol.

Le plus souvent on n'a pas de table : dans ce cas, il est facile de se construire une échelle de pente. A cet effet, on prend une ligne MN (*fig.* 138), au point M de laquelle on fait des angles de 5 en 5 grades. La ligne MN étant considérée comme représentant l'horizontale, les lignes qui sont au-dessus ont pour distances zénithales 95, 90, 85, etc., en M on élève une perpendiculaire sur MN, et on lui mène une série de parallèles.

La planimétrie étant terminée, on prend sur l'échelle la distance horizontale entre A et B ; on la porte en NK ; par le point K, on mène à MN une perpendiculaire que l'on termine à la ligne inclinée dont la distance zénithale correspond à celle que l'on a observée. On obtient une longueur KH qui, portée sur l'échelle du plan, donne en mètres la différence de niveau cherchée.

Si la distance zénithale obtenue n'est pas un des nombres marqués sur l'échelle de pente, on opère approximativement.

Soit 92 le nombre trouvé sur le rapporteur; on prolonge KH jusqu'à ce que le point H soit environ aux 3/5 de la distance entre N 95 et N 90. (*Voir* Salneuve, 2ᵉ édit , p. 205.)

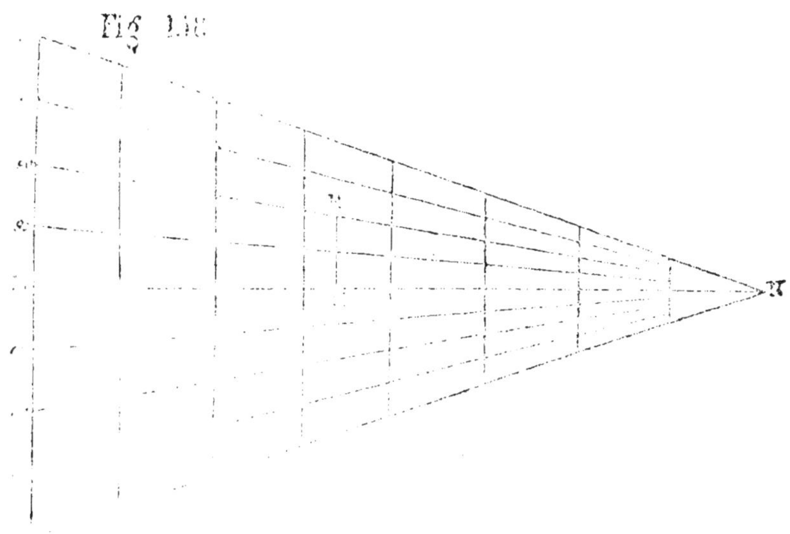

Fig. 138

(169) *Niveau Burel.* Cet instrument se compose d'un petit cube en cuivre, sur l'une des faces duquel est une glace portant une ligne MN (*fig.* 139) parallèle à sa base. Un anneau A permet de suspendre le niveau de telle sorte que, la glace étant verticale, MN soit horizontale. Deux index, qui sont

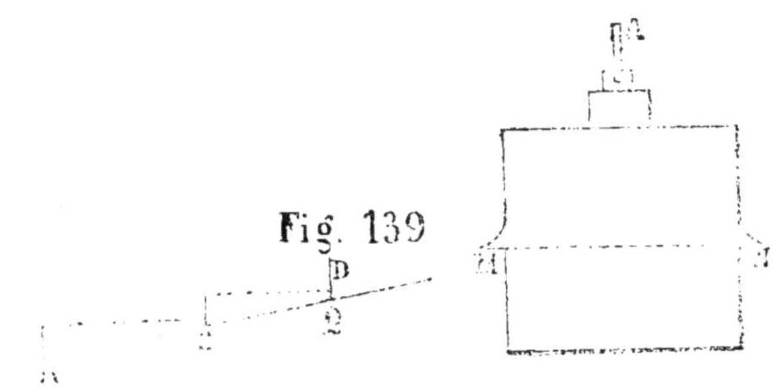

Fig. 139

dans le prolongement de MN, existent sur les faces latérales du cube.

On élève le niveau jusqu'à ce que MN partage en deux parties égales l'image de l'œil. Quand il en est ainsi, le plan passant par l'œil et par MN est horizontal. En conséquence, on peut employer cet instrument, comme le niveau d'eau, pour des nivellements simples ou composés.

On peut s'en servir aussi sans mire. Soit un point Q, dont on veut avoir la hauteur au-dessus de P. On se place en P et on établit le niveau à hauteur de l'œil ; le rayon visuel, dirigé suivant l'index, rencontre le sol au point R, que l'on remarque. On se porte en R et S successivement. La différence de niveau cherchée est égale à trois fois la hauteur de l'œil au-dessus du sol, moins DQ.

Vérification du niveau Burel. La vérification consiste à reconnaître si le plan visuel est horizontal, ce qui ne peut avoir lieu qu'autant que la glace est verticale quand l'instrument est suspendu par l'anneau A.

À cet effet, on se place à quelque distance d'un mur auquel on fait face ; on élève le niveau à hauteur de l'œil, et on fait marquer par un trait noir la trace BC du plan visuel (*fig.* 140).

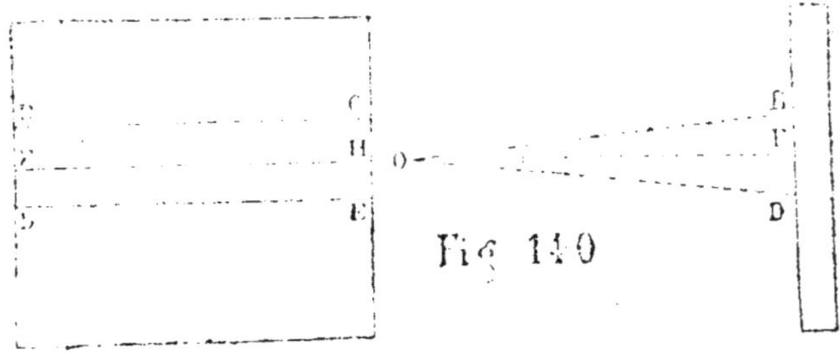

On se retourne et on vise comme précédemment ; BC doit donner son image sur la ligne des index. S'il n'en est pas ainsi, l'instrument doit être rejeté, à moins qu'il ne soit muni

d'un système qui permette de déplacer le point de suspension.
Si cette condition a lieu, on trace une seconde droite DE,
donnant son image sur la ligne des index. On trace ensuite une
troisième droite FH à égale distance des deux premières, et,
visant comme la première fois, on déplace le point de suspension de façon que MN couvre FH. Pour justifier cette opération, il suffit de remarquer que, pour les deux positions de
l'observateur, le plan visuel s'est placé symétriquement par
rapport au plan horizontal.

Simplification de cet instrument. On prend une règle en
bois AB (*fig.* 141) ; à ses extrémités on place un fil sur lequel
on détermine un point C de suspension, tel que AB puisse être
horizontale.

En dirigeant un rayon visuel suivant cette règle placée à
hauteur de l'œil, on opère comme dans le cas précédent, mais
on a, en général, moins d'exactitude.

En place d'une règle, qui est presque toujours trop légère, il
est avantageux de prendre une bande de fer ABCD, coudée à
angles droits et aux extrémités de laquelle on fixe un fil AOD
(*fig.* 142). Chacune des parties AB, CD est munie d'un trou
servant d'oculaire et d'une fenêtre au milieu de laquelle est
tendu un crin.

Pour régler l'instrument, on vise sur un mur avec les deux
alidades successivement, et à chaque fois on doit apercevoir
le même point. Si l'on aperçoit deux points B, D (*fig.* 140),

on déplace O de la quantité nécessaire pour apercevoir le point F situé à égale distance des deux autres.

Cet instrument, que l'on peut faire construire facilement, rend des services réels dans les reconnaissances.

(170) *Alidade nivellatrice*. Cet instrument, imaginé par M. Livet, professeur à l'École d'artillerie et du génie, sert en même temps pour la planimétrie et pour le nivellement dans les reconnaissances.

Nous ferons connaître en détail la construction et la théorie de l'alidade employée à l'École militaire. Elle se compose d'une règle en bois AB (*fig.* 143), sur laquelle sont placées deux

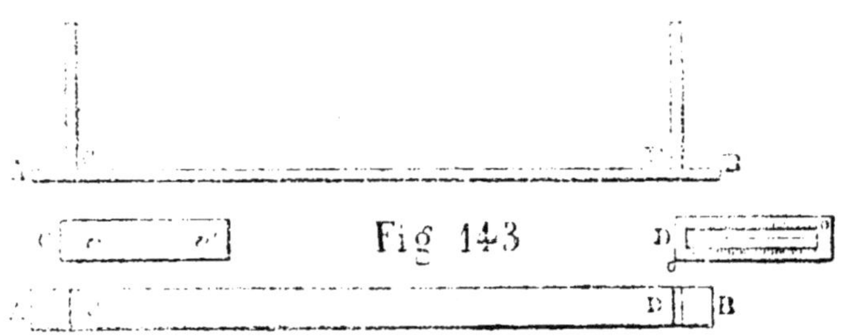

visières en cuivre C, D, distantes l'une de l'autre de 0^m,30. L'une d'elles, C, est percée de deux trous v, v', qui servent d'oculaires ; l'autre, D, est munie d'une fente rectangulaire au milieu de laquelle est tendu un crin qui, avec l'un des trous v ou v', détermine la direction du rayon visuel. Sur cette dernière sont tracées deux échelles, l'une ascendante, l'autre descendante, dont les zéros correspondent à v et v'. Chacune des divisions est la centième partie de CD ou 0^m,003, Selon que l'on veut viser un point plus haut ou plus bas que la station, on regarde par v ou v', et on se sert de l'échelle ascendante ou de l'échelle descendante.

Cela posé, supposons que l'on cherche à apprécier la pente MN (*fig.* 144) ; on établit la planchette horizontalement en **M**, et on vise parallèlement au sol le voyant Q d'une mire placée en N. A cet effet, on place l'œil en **V**, on établit sur la visière D une bande de papier que l'on fait monter jusqu'à ce que le rayon visuel qui la rase passe par le centre du voyant. Elle s'arrête sur une graduation de l'échelle ascendante, que l'on note. Il est clair que l'on a :

Fig. 144.

$$\frac{oF}{oV} = \frac{QR}{VR}$$

tangente de la pente. Si, par exemple, F est sur la septième division, la fraction $\frac{oF}{oV}$ devient $\frac{7}{100}$; par conséquent, pour obtenir la pente, il suffit de diviser par 100 le chiffre de l'échelle qui est rencontré par le rayon visuel.

On peut avec la même facilité obtenir la différence de niveau entre le point M et le point Q, par exemple. En effet, l'égalité de rapports $\frac{oF}{oV} = \frac{QR}{VR}$ donne : $QR = VR \times \frac{oF}{oV} = VR . \frac{7}{100}$, si, comme précédemment, le rayon visuel passe par la septième division de l'échelle. Il en résulte que la différence de niveau $PQ = QR + VM = VR . \frac{7}{100} + VM$.

Si, comme nous l'avons fait pour la formule du nivellement avec l'éclimètre, nous représentons par *dn* la différence de niveau cherchée, par *dt* la hauteur de l'instrument, par K la distance horizontale et par *p* le chiffre de l'échelle qui est rencontré par le rayon visuel, nous aurons la formule :

$$dn = K\frac{p}{100} + dt.$$

Si le point Q se trouve en Q', au-dessous de M, on vise par V', et on se sert de l'échelle descendante. La différence de niveau MS se compose de $RQ' - RP = RQ' - VM = K\frac{p}{100} - dt$, et on a :

$$dn = K\frac{p}{100} - dt :$$

de sorte que la formule générale du nivellement est :

$$(1) \quad dn = K\frac{p}{100} \pm dt,$$

dans laquelle dt est positif ou négatif, selon que le point visé est plus haut ou plus bas que la station.

Ceci n'est nullement en contradiction avec ce que nous avons dit en parlant de la formule $dn = K \cot. \Delta \pm dt$. On voit, en effet, que si on prend le terme $K \cot. \Delta$ avec sa valeur absolue, dt a le même signe que dans la formule (1).

La double graduation que nous indiquons permet d'obtenir des pentes assez considérables, sans augmenter la longueur des visières. Ainsi les alidades de l'École militaire ont 40 graduations de 120 millimètres, et elles permettent d'obtenir les pentes jusqu'à $\frac{40}{100} = \frac{4}{10} = 24$.

Pour donner plus de valeur à cet instrument, on peut placer sur la règle AB un niveau à bulle d'air, et en calant la règle, on a les différences de niveau très-exactement. Si l'on n'a pas de niveau, on établit horizontalement la planchette au moyen d'une bille, et on obtient une exactitude suffisante pour les reconnaissances.

On peut compléter l'alidade en construisant sur la règle AB la stadia à réflexion (60). Les miroirs et les visières sont munis de charnières, et peuvent être rabattus sur le plan de la règle qu'on met dans la poche.

L'instrument, ainsi modifié, permet de tracer les directions sur le papier ; il donne les distances jusqu'à 150 mètres, et on obtient immédiatement la différence de niveau.

L'addition de la stadia à l'alidade nous paraît très-avantageuse, en ce qu'elle donne beaucoup plus d'exactitude que le pas et permet d'opérer très-rapidement. Nous croyons donc bon d'en conseiller l'emploi dans les écoles régimentaires. Si on s'en sert avec la planchette et le déclinatoire (164), on a un matériel très-léger, peu coûteux et suffisant.

On pourrait indiquer pour l'alidade une vérification dont le but serait de reconnaître si les rayons visuels passant par les zéros des échelles sont parallèles au plan de la règle. On évite cette vérification en faisant d'abord graduer la visière D ; après quoi on fait percer les trous v, v', en plaçant les deux visières l'une sur l'autre.

Simplification de cet instrument. A l'extrémité d'un jalon on fixe un morceau de carton rectangulaire, dont la base est, par exemple, de $0^m,1$. La hauteur est partagée en millimètres (*fig.* 143).

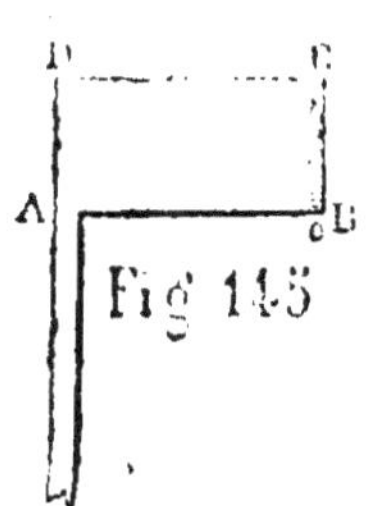

Pour résoudre le problème dont nous venons de parler, on plante le jalon verticalement en M (*fig.* 144); on fait pivoter l'alidade autour du point A, jusqu'à ce qu'on aperçoive N. Le chiffre du côté vertical sur lequel s'arrête la ligne de foi de l'alidade est employé de la même manière que précédemment.

Canevas d'un levé irrégulier ou levé expédié.

(171) *Canevas avec une carte.* Pour les levés irréguliers, il n'est pas nécessaire que le canevas soit aussi exact que pour les levés réguliers. En principe, on ne doit jamais amplifier une carte; cependant, dans le cas qui nous occupe, on peut le faire pour certaines reconnaissances. Nous pouvons donc supposer à la rigueur que l'on choisit les points principaux sur une feuille de la carte de France, exécutée au $\frac{1}{80000}$.

Les points que l'on peut choisir sont les suivants : *clochers et autres points remarquables, embranchements de routes, ponts.*

Comme on le voit, on fait entrer dans le canevas quelques points accessibles, ce qui est très-favorable.

Pour les obtenir sur la feuille du levé, on couvre la carte d'une feuille de papier végétal. Soient A, B, C, D (*fig. 146*) les points choisis : par l'un d'eux, B, par exemple, on fait passer une méridienne NS et sa perpendiculaire E O , que l'on prend pour axes des coordonnées.

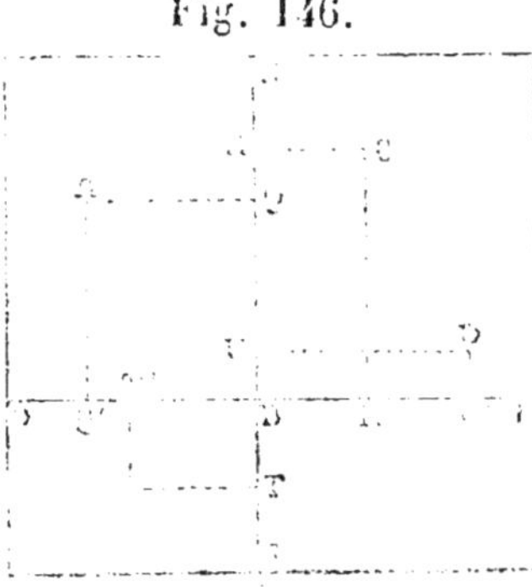

Fig. 146.

Des autres points, on abaisse sur ces droites des perpendiculaires (AQ, AQ'), (CR,CR'), etc., dont on détermine les longueurs en mètres au moyen de l'échelle de la carte.

Sur la feuille du levé (fig. 134), on trace parallèlement aux côtés du cadre deux droites *ns, eo,* dont l'intersection *b* est la projection de B. Sur l'échelle du plan on prend des longueurs *égales* à AQ, AQ′; on les porte à partir de b en bq. $bq′$: par les points q, $q′$, on mène des parallèles aux axes; leur intersection donne a. On opère de la même manière pour les autres points, qui sont ainsi placés indépendamment les uns des autres.

(172) On peut encore procéder de la manière suivante : on joint BA sur la carte, on prend son azimut et sa longueur. Après avoir tracé ns sur la feuille du levé, on construit avec le rapporteur la direction de BA, et sur la ligne ainsi obtenue, on prend ba à l'échelle du plan. On mesure BA, CB, que l'on réduit à l'échelle, et on obtient le sommet c par intersection d'arcs de cercle. On continue ainsi de proche en proche.

Ce procédé, moins long que le précédent, a l'inconvénient d'accumuler les erreurs.

(173) *Canevas avec la planchette.* Soit AB une base mesurée ou déterminée par deux bornes kilomètriques; on la place sur le papier en ab (*fig.* 134), on se met en station en A et on décline sur AB. Cette opération étant faite avec soin, on *règle le déclinatoire*, c'est-à-dire que l'on marque par un trait au crayon l'endroit de la boîte sur lequel s'arrête la pointe bleue de l'aiguille. On fait ensuite un tour d'horizon sur les points du canevas, visibles de A; puis on se transporte en B. où on agit de même.

On continue de proche en proche.

Il est bon d'avoir la direction approximative de la méridienne; à cet effet, quand on est décliné en A, on prolonge sur le papier la direction de l'aiguille. Sur la ligne ainsi obtenue, on fait un angle de 18ᵍ,20 à droite, et on a la ligne (nord-sud).

(174) *Canevas avec la boussole de Bernier.* La base ayant

été choisie comme dans le cas précédent, on fait des tours d'horizon à ses deux extrémités et à d'autres points successivement. On prend note des angles observés.

Sur la feuille du levé, on trace une ligne (nord-sud) sur laquelle on appuie le méridien magnétique qui sert de directrice à la boussole. C'est au moyen de cette directrice que l'on rapporte les observations. et on conclut les points principaux par recoupement.

(175) *Canevas avec le sextant.* On opère comme nous l'avons indiqué pour le graphomètre. c'est-à-dire que l'on mesure directement les angles des triangles et on les construit ensuite avec le rapporteur.

On n'a pas la direction de la méridienne, mais on la connaît toujours approximativement par la marche du soleil, de sorte qu'on peut indiquer par une flèche la direction du nord.

(176) *Détail d'un levé irrégulier avec instruments.* Comme nous l'avons indiqué (138), on combine les méthodes de recoupement et de cheminement. Toutefois, comme les instruments ne donnent que des recoupements très-exacts. on dirige son travail de façon à retomber aussi souvent que possible sur des points du canevas. On en profite pour rectifier les directions ou les longueurs qui seraient mauvaises.

La plupart des détails qui avoisinent les chemins sont dessinés à vue.

(177) *Nivellement.* Il est bon d'exécuter le nivellement en même temps que la planimétrie.

On s'arrête toutes les fois que l'on arrive sur un thalweg ou sur une ligne de partage. On étudie les pentes de bas en haut. et on les exprime par des hachures plus ou moins grosses et courtes. ou par des courbes.

S'il est nécessaire d'avoir quelques cotes, on emploie soit le rapporteur et l'échelle de pente, soit le niveau Burel ou l'alidade nivellatrice.

C'est surtout sur les chemins qu'il est favorable de mesurer les pentes afin de rendre compte des difficultés qu'ils peuvent présenter à la marche des voitures.

On consigne sur un calepin les renseignements topographiques qui doivent entrer dans la rédaction du mémoire.

Levé à vue.

178) Pour les levés à vue, on n'admet que l'on n'a d'autre instrument qu'un carton sur lequel est collée une feuille, et que les distances peuvent être mesurées, soit au pas, soit par le temps que l'on met à les parcourir.

Si l'on peut se procurer des points sur une carte, on les prend pour en former un canevas. Dans le cas contraire, on choisit trois points remarquables du terrain, trois clochers, par exemple A,B,C. On mesure par le temps (*) que l'on met

---

(*) D'après l'ordonnance, la vitesse des troupes est réglée de la manière suivante :

Infanterie, au pas ordinaire de 76 à la minute.			50 mètres.
au pas accéléré. . 100	—		65
au pas redoublé. . 140	—		90
Cavalerie, au pas			100 à 110
au trot.			200 à 220
au galop			300

Malgré ces données, qui sont très-générales, l'observateur doit faire plusieurs expériences pour connaître la vitesse de son pas ou celle du cheval qu'il monte habituellement. Après avoir apprécié la distance entre deux points, on la diminue, comme nous l'avons dit, de 1/5 ou de 1/7, selon que le terrain est plus ou moins accidenté.

à les parcourir, les côtés du triangle dont ces points sont les sommets, et on les rapporte en a, b, c, à l'échelle du plan.

On part de A ; on dessine à vue les détails qui avoisinent ce point, et on suit le chemin principal qui conduit vers B. On s'arrête, comme toujours, aux coudes des chemins et aux embranchements, que l'on amorce; on dessine à vue tous les détails à droite et à gauche du chemin. En B, on procède comme en A, et on se dirige vers C, d'où l'on part enfin pour revenir au point A.

On a ainsi dessiné le contour du triangle qui forme l'objet du travail. Pour lever l'intérieur, on part d'un embranchement situé sur AB pour en gagner un situé sur BC, et on continue ainsi :

On étudie les formes du terrain au fur et à mesure que l'on avance.

Lévés de mémoire.

(179) On exécute un semblable travail quand on est extrêmement pressé par le temps; souvent au milieu des avant-postes ennemis, et toujours dans des circonstances importantes.

L'officier chargé du levé doit bien se pénétrer du but de sa mission, afin de porter toute son attention sur les parties du terrain qui ont de l'importance pour le cas particulier dans lequel il se trouve.

Nous ne pouvons donner ici que des indications très-générales.

On prend note du temps employé à parcourir les distances entre les points principaux. On étudie la nature des chemins, la longueur et la rapidité des pentes ; les cours d'eau, leur direction, la nature et la disposition des abords ; les bois, leur nature ; le mode de construction des maisons, les clôtures, etc.

Au retour, on fait un croquis ; et pour qu'il ne soit pas trop inexact, on transforme en distance le temps employé pour aller d'un point important à un autre.

Autour de chacun des points principaux, on groupe les détails observés.

Si on avait ajouté quelques détails résultant d'informations prises auprès des habitants du pays, on devrait en rendre compte, parce que des travaux de ce genre ayant toujours de l'importance à la guerre, on ne doit s'en rapporter complétement qu'aux observations que l'on a faites soi-même.

Levés par renseignements.

(180) On peut avoir à exécuter un semblable travail quand on a reçu l'ordre de pénétrer seul ou avec une troupe de soutien dans un pays occupé par l'ennemi.

Quel que soit le motif de l'expédition, il est nécessaire que l'on ait des idées assez précises sur la nature du pays, sur les chemins à suivre, sur les fermes et hameaux dans lesquels on pourra se loger, etc.

Les renseignements sont fournis par des espions ou par des habitants du pays. On doit les interroger avec circonspection, séparément, et, autant que possible, confronter les réponses obtenues à plusieurs sources.

Pour avoir assez de précision dans les réponses, il est commode de faire un croquis, sous les yeux de l'homme que l'on interroge. Sur ce croquis, on indique *en temps* les distances entre les points remarquables; on les rectifie au fur et à mesure que l'on reçoit les indications nouvelles.

On note les chemins, sentiers qui s'embranchent sur le chemin principal, et on indique les points où ils aboutissent. On se fait rendre compte de la population présumée des localités, des points occupés par l'ennemi, etc., etc.

On prend note des obstacles, tels que ponts, défilés, pentes, bois. On voit que, si les renseignements sont pris à une bonne source, il est possible de faire un dessin d'une exactitude très-suffisante.

Itinéraires.

(181) L'itinéraire est un cas particulier de l'un des levés que nous venons de passer en revue.

On l'exécute quand on a besoin de connaître une route sur laquelle on doit s'engager avec une troupe ou avec un convoi.

Dans ce cas, il est inutile d'avoir un canevas.

L'instrument le plus commode pour ce travail est un carton muni d'un petit déclinatoire, et une alidade.

En arrivant sur le terrain, on trace sur la feuille du levé une ligne que l'on considère comme la projection de la première partie du chemin que l'on va suivre, et autant que possible on fait en sorte que le chemin puisse être contenu dans la plus grande longueur de la feuille.

Sur la 1re direction, on place la ligne de foi de l'alidade; et, tenant le carton sur le bras gauche, on le fait tourner jusqu'à ce que le rayon visuel, passant par la ligne de visée, soit dans la direction du chemin.

On marque par un trait au crayon le point de la boîte sur lequel s'arrête la pointe bleue de l'aiguille du déclinatoire.

On marche jusqu'au premier coude, on rapporte la longueur mesurée au pas; on se décline et on vise la nouvelle direction. On continue ainsi, dessinant, au fur et à mesure que l'on avance, tous les détails qui avoisinent la route, et exprimant les pentes au moyen de hachures ou de courbes.

Sur les routes où les distances sont indiquées, on rectifie son pas au moyen des bornes kilométriques.

On prescrit d'étudier le terrain dans une étendue de 500^m

à droite et à gauche du chemin. Ce chiffre n'a rien d'absolu. On conçoit que, si le terrain est découvert, il suffit d'étudier la route seulement. Si, au contraire, le terrain est coupé, accidenté, il convient d'aller souvent plus loin que 500^m.

Au fur et à mesure que l'on avance, on prend des notes que l'on consigne dans un registre que nous donnons ici.

Les points remarquables d'une route sont déterminés par un changement de direction ou de construction ; par l'origine d'un défilé, d'une pente d'enrayage ou d'une montée ; par un mauvais pas, un pont, un gué ; par un point appartenant à un thalweg ou à une ligne de partage ; par une maison isolée, un hameau, un village ; par l'embranchement d'un chemin ou d'un sentier.

Quant à la nature de la route, on constate son mode de construction et son état d'entretien. On donne des détails descriptifs sur le terrain qu'elle traverse ; sur les objets peu éloignés qui offrent quelque intérêt militaire ; sur la nature et les dimensions des ponts et des gués ; sur les époques de l'année où ceux-ci sont praticables ; sur le nombre d'hommes, chevaux, voitures que peuvent contenir les bacs ; sur le temps employé pour le passage et le retour ; sur les moyens qu'offrent les environs pour réparer les routes et les ponts.

Le tableau contient une colonne relative aux vues et profils. Les points où l'on doit les exécuter sont surtout ceux où l'on pourrait s'égarer ; c'est-à-dire les embranchements de chemins. Le chef de la troupe qui suit l'itinéraire peut n'être pas l'officier qui a fait la reconnaissance ; il est donc avantageux de multiplier les renseignements qui peuvent assurer sa route.

Au-dessous de chacune des vues, on écrit : *Vue de A vers B*, ou... etc. ; des lettres placées sur le plan guident l'observateur.

Une flèche placée sur l'itinéraire indique la direction du nord.

REGISTRE D'ITINÉRAIRE.

Itinéraire de la route de A à B, faisant partie de la route de P à Q; distance totale de A à B, en kilomètres.

NOMS DES LIEUX.	DISTANCES entre les points remarquables.	DÉSIGNATION des points remarquables sur la route.	ÉTENDUE de chacun des accidents.	LARGEUR de la route.	VUES ET PROFILS des ponts, défilés, gués, etc.	NATURE de la route son état d'entretien	OBSERVATIONS.

Rédaction des levés irréguliers, ou levés expédiés.

(182) Les levés irréguliers doivent être remis tels qu'ils ont été dessinés sur le terrain. En conséquence, ils sont rédigés au crayon, à peu près d'après les conventions qui sont admises pour les levés réguliers.

Les chemins sont indiqués par deux traits parallèles dont l'écartement varie avec leur importance. Dans le but de les faire ressortir, il est bon de marquer les côtés *sud* et *est* par un trait de force.

Les contours des maisons sont dessinés par un trait bien net ; dans l'intérieur, on place des hachures non croisées. Un trait de force, placé à l'*est* et au *midi*, produit un bon effet.

Les murs sont marqués par un gros trait.

Les clôtures en bois et en haies vives sont marquées par un trait au crayon, analogue à celui que l'on emploie dans les levés réguliers.

Les divisions de cultures sont indiquées par un trait fin. Pour faire connaître leur nature, on emploie des initiales, excepté pour les bois, que l'on fait ressortir par un feuillé assez ferme sur les bords et faible dans l'intérieur.

Les rivières, pièces d'eau, reçoivent une teinte fondue au crayon depuis les bords jusque vers le milieu.

Les arbres sont marqués par des points ronds.

Les escarpements et mouvements de terrain sont indiqués d'après les mêmes conventions que dans les levés réguliers.

On emploie les caractères *italiques*, ou même l'*écriture cursive*, si l'on est pressé. La grandeur des écritures varie avec l'importance des objets que l'on signale.

On trace au bas du dessin une échelle métrique simple.

Le crayon *Conté* ou *Gilbert* n° 2 est d'un bon emploi, parce qu'il est résistant et donne un trait bien net et assez noir.

Quand un dessin doit être conservé, on peut fixer le crayon en faisant couler de l'eau sur la feuille du levé avant de la décoller.

CHAPITRE II.

Paragraphes généraux que doit contenir un mémoire. — Renseignements topographiques, statistiques, militaires. — Disposition d'un mémoire. — Programme de quelques questions relatives aux petites opérations de la guerre.

Rédaction des mémoires.

183 Les travaux écrits qui accompagnent les levés topographiques peuvent être de deux sortes : les *rapports* et les *mémoires*.

Le *rapport* est le compte rendu d'une opération exécutée ; il parle d'un fait accompli et ne comporte pas de discussion.

Le *mémoire* est une discussion des moyens à employer pour mener à bonne fin une opération projetée. Ce dernier travail doit nous occuper spécialement, puisque les plans ne sont ordinairement exécutés qu'en raison d'opérations qui doivent être discutées.

Quel que soit le but que l'on se propose d'atteindre, un mémoire contient en général les paragraphes suivants :

1° Détails topographiques ;

2° Renseignements statistiques ;

3° Discussion de la question, traitée au point de vue militaire.

Dans certains cas, il est bon d'ajouter quelques détails historiques, mais on doit toujours en être très-sobre.

Le premier paragraphe porte sur :

1° Les routes, chemins, sentiers ;
2° Les canaux, rivières, ruisseaux ;
3° Les bourgs, villages, hameaux, maisons isolées ;
4° Les cultures, bois, marais ;
5° L'aspect général du pays, la salubrité de l'air, la nature géologique du sol, la qualité des eaux ;

Le deuxième paragraphe fait connaître :

1° La population, ses habitudes, son caractère ;
2° Les productions du sol en céréales, légumes, fourrages, bestiaux, vins, etc.;
3° Les animaux de trait ou de bât, les voitures, bateaux ;
4° Les ressources que peut offrir le pays pour le logement :
5° Le prix moyen des denrées.

Le troisième paragraphe peut varier beaucoup, suivant le cas. Il forme toujours la partie la plus importante du mémoire. Les deux premiers lui sont subordonnés, en ce sens qu'on ne les étudie que dans un but utile pour l'opération dont le levé est le préliminaire.

Les détails historiques ne doivent intervenir qu'autant qu'ils peuvent éclairer la question que l'on traite. Quand on en donne, on doit citer les sources auxquelles on a puisé.

Renseignements topographiques.

(184) Nous donnons par ordre alphabétique les renseignements à recueillir sur chaque partie du terrain.

Bois et Forêts. Position, étendue, épaisseur. — Futaie ou taillis. — Routes et chemins qui traversent, où ils vont, d'où ils viennent. — Moyens de se retrancher ou de faire des abatis.

Bruyères et haies. Sont-elles praticables? — Sèches ou marécageuses? — Peut-on se retrancher derrière des haies?

Canaux. Latéraux ou à point de partage. — Largeur, profondeur. — Points où ils aboutissent. — Moyens de détruire ou de défendre les écluses.

Chemins et routes. Pour les chemins : direction, points où ils aboutissent, largeur. — Nature du sol qu'ils traversent. — Mode de construction. — Sont-ils praticables dans toutes les saisons ? — Passages difficiles, moyens d'y remédier.

Pour les routes : leur classe. — Largeur de la chaussée, pavée ou empierrée. — Etat des accotements. — Longueur et rapidité des pentes. — Passages difficiles ou dangereux.

Limites des pentes accessibles aux différentes armes. — Pentes accessibles aux voitures sans enrayer et sans chevaux de conduite (limite des pentes dans les routes nouvelles) 1/18 — 0,055 — 3^r.

Limite des pentes accessibles aux voitures avec enrayage et chevaux de conduite (limite des pentes dans les routes anciennes) 1/7 — 0,14 — 8^r.

Limite des pentes accessibles à la cavalerie 4/10 — 0.40 — 24^r.

Limite des pentes accessibles aux mulets 55/100 — 0,55 — 32^r.

Limites des pentes accessibles à l'infanterie 8/10 — 0.80 — 42^r.

Au delà de cette limite. la pente est inaccessible. en ce sens que le fantassin ne peut la franchir et combattre en même temps.

Dimensions des routes en France.

CLASSES.	LARGEUR sous les fossé.	CHAUSSÉE.	FLÈCHE 1/24	ACCOTEMENT.	FOSSÉ.	LIEUX où ELLES ABOUTISSENT.
	m	m	m	m	m	
1°	20	6.66	0.28	6.66	2	Capitales.
2°	12	6	0.25	3	2	Préfectures.
3°	10	6	0.25	2	1.6	Arrondissements.
4°	8	5	0.20	1.15	1	Cantons.

La *flèche* est la perpendiculaire au milieu de la corde, terminée à la courbure transversale.

Les *accotements* sont les parties qui se trouvent à droite et à gauche de la chaussée.

CLIMATS. Causes physiques qui peuvent influer sur la santé. — Qualités de l'air. — Intempéries des saisons.

Dans les pays maritimes, le froid est moins vif à latitude égale que dans les pays continentaux ; mais les saisons y sont moins régulières.

MARÉCAGES. Leurs causes. — Sont-ils permanents ou accidentels ? — Peut-on les traverser de pied ferme ? — Peut-on y établir des chaussées ? — Moyens de protéger ces passages ou de les rendre impraticables. — Les marais sont-ils malsains ? — Y a-t-il des brouillards ?

FONTAINES ET EAUX. Qualité et quantité des eaux. — Les

sources sont-elles d'un abord facile? — Usage pour la cavalerie.

Il faut quatre litres d'eau par jour à un homme pour se
blanchir et faire la soupe.

On dit qu'une source donne un pouce fontainier, quand
elle fournit 13 litres d'eau par minute.

Gués. Leur position, leur direction, leur nature. — Abords.
— Moyens de les défendre ou de les rompre.

Il est important de bien reconnaître la nature du fond. Un
fond sablonneux ne permet guère le passage des voitures.
Un fond rempli de grosses pierres est difficile pour la marche
des chevaux et peut les blesser. Les meilleurs gués sont ceux
dont le terrain est un mélange de grosse grève et de cailloux
roulés.

Maximum de profondeur.

Pour la cavalerie, $1^m,20$.
Pour l'infanterie, suivant le courant, 1^m à 0.80.
Pour les voitures, $0^m,65$.

Inondations. Comment on les produit. — Leur effet est-il
prompt? — Comment on peut prendre ou défendre les écluses
qui servent à les produire.

Ponts. Communications qu'ils établissent. — Leur pente,
leurs dimensions. — En bois ou en pierre. — Comment les détruire ou les rétablir. — Moyens de les défendre.

Rivières. D'où elles viennent, où elles vont. — Nature du
fond. — Gèlent-elles? — Crues d'eau périodiques ou acciden-
telles. — Usines que l'on y rencontre. — Quelle est la rive qui
domine? — Sont-elles navigables? — Vitesse du courant.

V étant la vitesse à la surface, la vitesse du fond est exprimée par $V' = (\sqrt{V} - 1)^2$, la vitesse moyenne est $\frac{1}{2}(V + V')$.

Ruisseaux. Mêmes détails que pour les rivières. — Gués qui peuvent se trouver aux environs des moulins. — Emploi des vannes pour établir ces gués ou les rendre impraticables.

Villages. Nombre de feux. — Mode de construction des maisons, de l'église ou de tout autre bâtiment pouvant servir de réduit. — Nature des clôtures. — Peut-on retrancher le village ?

Renseignements statistiques.

(185) Ces renseignements portent sur les objets suivants :

Nature et fertilité des terres. Productions. — Quantité de céréales par hectare. — Ce que produit un hectare de prairie.

On peut avoir des données auprès des autorités locales. On peut déterminer la quantité de fourrage au vert par expérience. A cet effet, on mesure une surface que l'on fait faucher, on prend le nombre de kilogrammes, et le produit de l'hectare est le 4ᵉ terme d'une proportion.

On a, du reste, des données générales consignées dans les tableaux suivants.

Produit moyen de l'hectare suivant la qualité des terres.

NATURE des CULTURES.	PRODUIT EN HECTOLITRES.		PRODUIT EN PAILLE ET FOURRAGE.	
	1re qualité.	2e qualité.	1re qualité.	2e qualité.
			kil.	kil.
Blé	14	10	1600	1000
Orge	25	»	»	»
Avoine	24	14	700	400
Foin.	»	»	2500	»
Luzerne.	»	»	4500	»
Trèfle.	»	»	4500	»
Sainfoin.	»	»	2500	»

Denrées en magasin.

NATURE DES DENRÉES.	POIDS au mètre cube.	NOMBRE de rations.	OBSERVATIONS.
	kil.		
Blé	625	1050	Pain bluté à 10 %.
Avoine	466	1195	39 hect. pr la ration moy.
Haricots.	800	13333	6 décagrammes.
Lentilles.	780	13000	Id.
En piles de 6 à 8m de haut.			
Foin.	100	16	6 kil. pr la ration moy.
Paille.	84	21	4 kil.

L'expérience prouve que 100 kilog. de blé fournissent

75 kilog. de farine et 23 kilog. de son, le blutage occasionnant une perte de 2 kilog. de son environ.

Cela posé, un kilog. de farine donne 1^k,330 de pain; par conséquent, les 100 kilog. de blé, donnant 75 kilog. de farine, fournissent 97^k,750 de pain, ou 133 rations de 750^g.

Si dans le blutage on extrait seulement 10 0/0 du son, on trouve que 100 kilog. de blé donnent 95 kilog. de farine qui produisent 168 rations.

Il résulte de ces données que le mètre cube de blé pesant 625 kilog. fournit :

831 rations de pain blanc.
1,050 rations de pain bluté à 10 0/0.

Si on trouve plus simple de calculer par hectolitre, on remarque que le mètre cube, contenant 10 hectolitres, il suffit de diviser par 10 les résultats que nous indiquons.

Bétail sur pied.

ESPÈCES de bétail.	POIDS moyen.	DÉDUCTION après l'abatage.	POIDS restant	NOMBRE de rations	OBSERVATIONS.
	kil.		kil.		On met autant que possible 3/4 des rations en bœuf, 1/4 en vache, veau et mouton. La ration est de 0 kil. 25.
Bœufs. . .	250	40 °/₀	150	600	
Vaches . .	140	44 °/₀	79	316	
Veaux. . .	50	40 °/₀	30	120	
Moutons. .	20	44 °/₀	11	44	

Moyens de transport.

NATURE des MOYENS DE TRANSPORT.	POIDS TRANSPORTÉ moyen.	OBSERVATIONS.
	kil.	
Voitures de réquisit. à 4 roues.	1200	Attelées de 4 à 6 chevaux.
Voitures du train des équipag.	750	Attelées de 4 chevaux.
Mulets de bât.	75 à 100	

En se servant des données moyennes qui sont consignées dans les tableaux précédents, on peut se guider pour remplir le tableau suivant, qui fait connaître les ressources que présentent les bourgs et villages.

Tableau statistique des ressources que présentent les bourgs, villages, etc.

DÉSIGNATION DES OBJETS.	QUANTITÉS.
Population totale.	
Garde nationale { Mobile	
{ Sédentaire	
Nombre de feux	
Logement . . . { Nombre d'hommes que { au plus. .	
{ l'on peut loger . . . . { au moins.	
{ Nombre de chevaux que { au plus. .	
{ l'on peut loger . . . . { au moins.	
Moyens de transport. { Voitures	
{ Bateaux.	
{ Nacelles	
Ressources pour la boulangerie. { Moulins pouvant moudre { à eau. . .	
{ en 24 heures. . . . . { à vent . .	
{ Fours pouvant cuire en { publics. .	
{ 24 heures . . . . { particul. .	

Suite du tableau précédent.

DÉSIGNATION DES OBJETS.			QUANTITÉS.
ÉTENDUE TOTALE DU TERRITOIRE.			
Richesses communales.	Culture des terres.	Terres labourées. .	
		Vignes.	
		Bois	
		Prés	
		Friches.	
	Récoltes annuelles.	Blé.	
		Seigle	
		Orge.	
		Avoine.	
		Fourrages	
		Boissons.	
	Animaux domestiques.	Chevaux	
		Mulets	
		Bœufs	
		Vaches.	
		Moutons	
		Cochons	
Classement de la population.	Ouvriers d'administration.	Boulangers.	
		Bouchers.	
		Tailleurs.	
		Cordonniers	
		Bourreliers.	
	Ouvriers en fer.	Armuriers	
		Taillandiers	
		Serruriers	
		Forgerons	
		Maréchaux ferrants.	
	Ouvriers en bois.	Charpentiers. . . .	
		Charrons.	
		Menuisiers.	
		Tonneliers	
	Non classés.	Bateliers.	
		Laboureurs.	
		Vignerons	

Renseignements militaires.

(186) On traite à fond la question militaire qui a motivé l'exécution du levé et la rédaction du mémoire.

Il faut avoir soin de faire seulement des hypothèses probables, d'indiquer par une discussion les dispositions que l'on juge les meilleures. On n'entre dans aucun détail relatif à un combat simulé.

Quelle que soit la question que l'on traite, il est bon de l'étudier au point de vue de l'offensive et de la défensive, afin de généraliser ses idées et de prévoir ce que pourra faire l'ennemi pour s'opposer à l'opération que l'on médite.

Enfin, on doit se rappeler que les premières qualités du style militaire sont la concision et la clarté. .

Disposition d'un mémoire.

(187) Le mémoire est écrit très-lisiblement.

On doit mettre le plus grand soin à bien orthographier les noms propres.

On laisse une marge sur laquelle on met en quelques mots un résumé de chaque article.

On transcrit en tête du travail l'ordre en vertu duquel il a été exécuté.

Les renvois au dessin sont indiqués par des lettres ou par des chiffres.

Le mémoire, rédigé sous forme de rapport et non sous forme de lettre, est signé de l'officier.

Sur la couverture, on indique la division, le régiment, la garnison à laquelle on appartient, et on fait connaître l'objet du mémoire.

Programme de quelques questions relatives aux petites opérations de la guerre.

(188) *Reconnaissance d'un village que l'on doit occuper comme cantonnement dans le but de couvrir une troupe.*

Ordre du mémoire.

Description topographique.

1° Étude des chemins que peut suivre l'ennemi, et de ceux qui font communiquer le village avec la troupe que l'on est chargé de couvrir.

2° Moyens à employer pour entraver la circulation sur les premiers et la faciliter sur les autres.

3° Description du village. — Construction et disposition des maisons, groupées ou éparses. — Nature des clôtures, parti que l'on peut en tirer pour la défense. — Choix du réduit.

Statistique.

1° Esprit des habitants; quelles sont leurs dispositions à l'égard de l'armée à laquelle on appartient. — Population agricole ou industrielle.

2° Ressources pour le logement, et au besoin pour la nourriture des hommes et des chevaux.

3° Répartition des uns et des autres dans les maisons du village.

Considérations militaires.

1° Dispositions à prendre pour tenir les hommes alertes et pour assurer la surveillance, soit de jour, soit de nuit.

2° Lieu de rassemblement; discuter ses avantages et ses inconvénients; faire connaître les ordres que l'on juge nécessaire de donner pour que les rassemblements aient lieu promptement.

3° Discuter les parties fortes et faibles du village, et répartir les hommes en conséquence pour le combat.

4° Supposer que l'ennemi ayant attaqué, on a le dessus. — Indiquer les moyens à employer pour le repousser.

5° Admettre que l'on est obligé d'abandonner la défense extérieure du village. — Faire connaître si on juge que le réduit peut être défendu assez longtemps pour qu'il soit possible d'y attendre du secours.

6° Supposer que l'on est obligé de rétrograder sur le corps principal, et indiquer les dispositions à prendre pour le faire en bon ordre.

(189) *Étude d'une route qui doit être suivie par un convoi.*

On joint au registre d'itinéraire quelques détails qui peuvent être compris dans les paragraphes suivants :

1° Dispositions préliminaires à prendre pour l'examen des voitures, des harnais et des chevaux, afin d'éviter les accidents ou les retards pendant la marche.

2° Ordre à établir dans les voitures : sur une ou deux files, suivant la largeur de la route; en une ou plusieurs fractions, pour éviter l'allongement de la colonne.

15.

3° Emplacement de la troupe de soutien ; renseignements particuliers que l'on juge nécessaire de donner à l'avant-garde et aux flanqueurs.

4° Ordre à donner pour les montées et les descentes ; choix des haltes.

5° Points où l'attaque est le plus probable. — Dispositions à prendre pour être prévenu de la présence de l'ennemi et pour le combattre, selon que l'on sera attaqué par de la cavalerie ou par de l'infanterie.

6° Précautions pour traverser les défilés, les villages.

(190) Parmi d'autres questions du même genre, nous pouvons citer les suivantes :

Exécution d'un fourrage au vert ou au sec.

Choix de l'emplacement d'une grand'garde destinée à couvrir une position, petits postes, patrouilles, sentinelles qui en dépendent.

*Dispositions à prendre pour attaquer ou **défendre un défilé**.*

***Attaque** ou **défense** d'un pont, etc., etc.*

Ces différentes questions étant plutôt du domaine de l'art militaire que de la topographie, nous ne nous y arrêterons pas plus longtemps. Cependant le programme du *Cours de topographie* à l'École militaire comportant la rédaction des mémoires, nous avons cru devoir montrer la liaison qui existe entre la topographie et ce qui est relatif aux petites opérations de la guerre.

FIN DU COURS DE TOPOGRAPHIE.

TABLEAUX.

Tableau des teintes conventionnelles.

NATURE DES OBJETS.	TEINTES.	COMPOSITION DES TEINTES.	OBSERVATIONS.
Terres labourées.	Nankin. . . .	Gomme-gutte. . Carmin. . . . . Encre de Chine.	Teinte très-légère, peu de carmin et de noir.
Prés.	Vert bleuâtre.	Indigo. . . . . . Gomme-gutte. .	Le bleu domine.
Vergers.	Vert jaunâtre.	Indigo. . . . . . Gomme-gutte . .	Parties égales de bleu et jaune.
Bois.	Jaune verdâtre	Gomme-gutte . . Indigo.	Le jaune domine.
Vignes.	Lie de vin. . .	Carmin. . . . . Indigo.	»
Friches.	Panaché vert et nankin. . . .	»	Prés et terres labourées.
Broussailles . .	Panaché vert et jaune verdât.	»	Prés et bois.
Bruyères.	Panaché vert et rose.	»	Prés et carmin léger.
Sables	Nankin brill. .	Gomme-gutte. . Carmin	Le jaune domine.
Eaux.	Bleu	Indigo.	Teinte fond. des bords v. le mil.
Marais.	Panaché horizontal vert et bleu.	»	Prés et eaux.
Mers.	Bleu verdâtre.	Indigo. . . . . Gomme-gutte . .	Très-peu de jaune.
Maisons	Rose	Carmin léger . .	»
Etabliss. publics.	Rose foncé . .	Carmin	»
Bâtim. de l'artill.	Ardoise. . . .	Carmin. . . . . Indigo.	Le bleu domine.
Bâtim. du génie. .	Lie de vin. . .	Carmin . . . . . Indigo.	Parties égales.

On place dans les carrés des jardins la teinte de prés et la teinte de terres labourées alternativement.

Il est bon de poser les teintes dans l'ordre indiqué au présent tableau. L'intensité de la teinte augmente depuis les terres labourées jusqu'aux vignes.

On peut se dispenser de teinter les terres labourées. A l'Ecole militaire, on les couvre d'une teinte légère, dans le but d'exercer les élèves.

Tableau des écritures adoptées au Dépôt de la guerre pour les échelles de 1/5000, 1/10000, 1/20000.

Les abréviations C. D., C. P.: r. d., r. p., signifient capitale droite, penchée; romaine droite, penchée. Les hauteurs sont indiquées en décimillimètres.

NOMS DES OBJETS A ÉCRIRE.	CARACTÈRES.	ÉCHELLES DE		
		1/5000	1/10000	1/20000
Abbayes	r. p.	32	15	12
Anses	r. d.	30	25	20
Aqueducs	r. d.	18	15	12
Arbres de remarque	Italique.	12	8	6
Auberges	Italique.	15	10	10
Avenues	r. d.	24	15	12
Bacs	Italique.	15	10	10
Bancs	C. D.	120	40	35
Bancs de sable { grands	r. d.	60	25	20
{ petits	r. p.	40	20	15
Bastions	r. d.	38	»	»
Batailles	Italique.	18	12	9
Batardeaux	Italique.	9	6	5
Batteries	Italique.	15	10	10
Bois { grands	C. P.	75	35	25
{ ordinaires	r. d.	60	30	22
{ petits	r. d.	40	25	20
{ broussailles	r. p.	40	20	20
Bornes	Italique.	12	10	10
Bourgades	r. d.	70	35	25
Bourgs	C. P.	70	35	25
Briqueteries	Italique.	15	10	10
Bruyères	r. p.	40	25	20
Camps	r. d.	40	20	15
Canaux { grands	C. P.	45	30	25
{ ordinaires	r. d.	36	20	18
Caps { grands	C. P.	75	35	30
{ ordinaires	r. d.	60	20	15
Carrefours	Italique.	15	10	10
Carrières	Italique.	9	8	6
Casernes	r. p.	20	»	»
Cavaliers	r. d.	20	»	»
Chapelles	Italique.	15	10	10
Châteaux { forts	r. d.	40	20	15
{ de plaisance	r. d.	30	15	12

NOMS DES OBJETS A ÉCRIRE.	CARACTÈRES.	ÉCHELLES DE		
		$\frac{1}{5000}$	$\frac{1}{10000}$	$\frac{1}{20000}$
Chaumières.	Italique.	12	8	6
Chaussées.	r. d.	30	18	15
Chemins.	Italique.	18	15	12
Cimetières.	Italique.	12	10	10
Circonvallation (lignes de).	Italique.	18	12	9
Citadelles.	C. P.	75	35	25
Cols de montagnes.	r. d.	40	25	10
Commanderies.	r. d.	30	20	15
Corps de garde.	Italique.	12	»	»
Coteaux, côtes.	r. p.	30	15	12
Couvents.	r. p.	30	15	12
Croix.	Italique.	12	10	10
Digues.	r. d.	30	20	18
Dunes { grandes.	C. P.	75	35	30
Dunes { petites.	r. p.	30	20	15
Écluses.	Italique.	12	10	10
Embouchure { d'un fleuve ou d'une grande rivière.	C. P.	»	35	30
Embouchure { d'une rivière ordinaire.	r. d.	»	18	15
Ermitage.	Italique.	15	10	10
Étangs { grands.	C. P.	75	35	30
Étangs { moyens.	r. d.	40	20	18
Étangs { petits.	r. p.	18	15	12
Fabriques.	r. p.	15	10	10
Faubourgs.	C. P.	60	30	25
Fermes.	Italique.	18	10	10
Flaques d'eau.	Italique.	15	10	7
Fleuves.	C. P.	60	30	25
Fondrières.	Italique.	12	10	10
Fontaines.	Italique.	12	10	10
Forêts { grandes.	C.D.	150	60	50
Forêts { petites.	C.D.	75	50	40
Forges et fonderies.	Italique.	21	10	10
Forts.	r. d.	60	25	20
Fossés.	Italique.	9	6	5
Fours à chaux et à plâtre.	Italique.	12	10	10
Glaciers.	r. d.	16	20	15
Glaces.	Italique.	9	»	»
Golfes { grands.	C.D.	100	60	50
Golfes { moyens.	C. P.	65	40	30
Golfes { ordinaires.	r. d.	40	20	15
Gues.	Italique.	19	10	10
Hameaux.	r. p.	40	20	15

NOMS DES OBJETS A ÉCRIRE.	CARACTÈRES.	ÉCHELLES DE		
		$\frac{1}{5000}$	$\frac{1}{10000}$	$\frac{1}{20000}$
Iles en mer. { grandes	C. D.	»	60	50
Iles en mer. { moyennes	C. P.	»	45	40
Iles en mer. { petites	r. d.	»	20	15
Iles de rivière	r. p.	40	20	18
Inondations	r. p.	20	14	10
Lacs { grands	C. D.	90	35	30
Lacs { moyens	C. P.	60	30	25
Lacs { petits sur les montagnes	r. d.	18	15	12
Landes { grandes	C. P.	40	35	30
Landes { petits	r. d.	30	25	20
Lazarets	r. d.	30	20	15
Lieux dits	r. p.	40	20	15
Maisons { isolées	Italique.	15	10	10
Maisons { de campagne	r. p	15	10	10
Manufactures	Italique.	12	10	10
Marais	r. p.	40	25	**20**
Mines	Italique.	15	10	10
Moulins à eau et à vent	Italique.	12	10	10
Monts ou sommets	r. d.	30	20	18
Montagnes. { Grandes chaînes	C. D.	»	60	50
Montagnes. { Chaînes secondaires	C. P.	»	50	40
Montagnes. { Isolées. { grandes	C. P.	60	30	25
Montagnes. { Isolées. { petites	r. d.	40	20	18
Parcs de châteaux. { grands	r. p.	40	25	20
Parcs de châteaux. { petits	Italique.	20	12	10
Passages, défilés	Italique.	15	10	7
Ponts en bois, pierre, en bateaux	Italique.	12	10	10
Portes, barrières	r. d.	24	15	12
Ports	r. d.	30	15	12
Postes militaires	Italique.	12	8	6
Poteaux. { indicateurs	Italique.	»	10	10
Poteaux. { de limites	Italique.	»	10	10
Prairies	r. p.	40	20	15
Rades	C. P.	75	35	30
Ravins	Italique.	12	10	10
Redoutes	r. d.	25	20	15
Retranchements	r. p.	18	15	12
Rivières. { grandes	r. d.	50	25	20
Rivières. { ordinaires	r. p.	30	18	14
Rigoles	Italique.	»	10	10
Rochers. { en masses	r. d.	36	20	15
Rochers. { isolés	Italique.	12	8	6

NOMS DES OBJETS A ÉCRIRE.	CARACTÈRES.	ÉCHELLES DE		
		$\frac{1}{5000}$	$\frac{1}{10000}$	$\frac{1}{20000}$
Routes { 1re classe	r. d.	36	20	18
Routes { 2e classe	r. p.	30	15	12
Routes { 3e classe	Italique.	28	15	12
Ruines { Caractères penchés de	»	»	»	»
Ruines { même hauteur que les	»	»	»	»
Ruines { objets décrits	»	»	»	»
Ruisseaux	Italique.	20	15	12
Sablières	Italique.	15	10	10
Salines	r. p.	25	20	18
Scieries	Italique.	12	10	10
Sentiers	Italique.	18	15	12
Signaux	Italique.	12	10	10
Sources { de rivière	r. d.	20	14	10
Sources { de fontaine	Italique.	12	8	6
Souterrains	Italique.	10	8	6
Télégraphes	Italique.	16	10	10
Tombeaux	Italique.	16	10	10
Torrents	Italique.	15	10	10
Tourbières	r. p.	»	25	20
Tours	Italique.	15	10	10
Tranchées	Italique.	15	10	7
Tuileries	Italique.	12	10	10
Usines	Italique.	22	10	10
Vallées	C. P.	»	40	30
Vallons { grands	r. d.	75	50	28
Vallons { ordinaires	r. p.	40	25	20
Verreries	Italique.	20	10	10
Villages { grands	r. d	60	30	25
Villages { ordinaires	r. d.	45	25	20
Villes { 1er ordre	C. P.	150	70	55
Villes { 2e ordre	C. P.	120	60	50
Villes { 3e ordre	C. P.	90	45	35
DIVISIONS TERRITORIALES.				
Communes	C. P.	»	60	45
Cantons	C. P.	»	80	60
Arrondissements	C. D.	»	120	90
Départements ou provinces	C. D.	»	170	132

TABLE N° I. — *Pour le calcul des différences de niveau.*

DISTANCES ZÉNITHALES.	BASES HORIZONTALES (K).									DISTANCES ZÉNITHALES.
	1	2	3	4	5	6	7	8	9	
	Différences de niveau (K cot. Δ).									
100.00	0.000	0.000	0.000	0.000	0.000	0.000	0.000	0.000	0.000	100.00
05	0.001	0.002	0.002	0.003	0.004	0.005	0.006	0.006	0.007	99.95
10	0.002	0.003	0.005	0.006	0.008	0.009	0.011	0.013	0.014	90
15	0.002	0.005	0.007	0.009	0.012	0.014	0.017	0.019	0.021	85
100.20	0.003	0.006	0.009	0.013	0.016	0.019	0.022	0.025	0.028	99.80
25	0.004	0.008	0.012	0.016	0.020	0.024	0.028	0.031	0.035	75
30	0.005	0.009	0.014	0.019	0.024	0.028	0.033	0.038	0.042	70
35	0.006	0.011	0.017	0.022	0.028	0.033	0.039	0.044	0.050	65
100.40	0.006	0.012	0.019	0.025	0.031	0.038	0.044	0.050	0.057	99.60
45	0.007	0.014	0.021	0.028	0.035	0.042	0.050	0.057	0.064	55
50	0.008	0.016	0.024	0.032	0.040	0.047	0.055	0.063	0.071	50
55	0.009	0.017	0.026	0.035	0.043	0.052	0.061	0.069	0.078	45
100.60	0.009	0.019	0.028	0.038	0.047	0.057	0.066	0.075	0.085	99.40
65	0.010	0.021	0.031	0.041	0.051	0.061	0.071	0.082	0.092	35
70	0.011	0.022	0.033	0.044	0.055	0.066	0.077	0.088	0.099	30
75	0.012	0.024	0.035	0.047	0.059	0.071	0.083	0.094	0.106	25
100.80	0.013	0.025	0.038	0.050	0.063	0.076	0.088	0.101	0.113	99.20
85	0.013	0.027	0.040	0.053	0.067	0.080	0.093	0.107	0.120	15
90	0.014	0.028	0.042	0.057	0.071	0.085	0.099	0.113	0.127	10
95	0.015	0.030	0.045	0.060	0.075	0.090	0.104	0.119	0.134	05
101.00	0.016	0.031	0.047	0.063	0.079	0.094	0.110	0.126	0.141	99.00
05	0.017	0.033	0.050	0.066	0.083	0.099	0.116	0.132	0.149	98.95
10	0.018	0.035	0.052	0.070	0.087	0.104	0.121	0.139	0.156	90
15	0.018	0.036	0.054	0.073	0.091	0.109	0.127	0.145	0.163	85

101.20	0.019	0.038	0.057	0.076	0.095	0.113	0.132	0.151	0.170	98.80
25	0.020	0.039	0.059	0.079	0.097	0.118	0.138	0.157	0.177	75
30	0.021	0.041	0.061	0.082	0.102	0.123	0.143	0.163	0.184	70
35	0.021	0.043	0.064	0.085	0.106	0.127	0.149	0.170	0.191	65
101.40	0.022	0.044	0.066	0.088	0.110	0.132	0.154	0.176	0.198	98.60
45	0.023	0.046	0.068	0.091	0.114	0.137	0.160	0.182	0.205	55
50	0.024	0.047	0.071	0.094	0.118	0.142	0.165	0.189	0.212	50
55	0.025	0.049	0.073	0.097	0.122	0.146	0.171	0.195	0.219	45
101.60	0.025	0.050	0.075	0.101	0.126	0.151	0.176	0.201	0.226	98.40
65	0.026	0.052	0.078	0.104	0.130	0.156	0.182	0.208	0.233	35
70	0.027	0.054	0.080	0.107	0.134	0.160	0.187	0.214	0.241	30
75	0.028	0.055	0.083	0.110	0.138	0.165	0.193	0.220	0.248	25
101.80	0.028	0.057	0.085	0.113	0.142	0.170	0.198	0.226	0.254	98.20
85	0.029	0.058	0.087	0.116	0.145	0.174	0.204	0.233	0.262	15
90	0.030	0.060	0.090	0.120	0.149	0.179	0.209	0.239	0.269	10
95	0.031	0.061	0.092	0.123	0.153	0.184	0.215	0.245	0.276	05
102.00	0.032	0.063	0.094	0.126	0.157	0.189	0.220	0.252	0.283	98.00
05	0.032	0.065	0.097	0.129	0.161	0.193	0.226	0.258	0.290	97.95
10	0.033	0.066	0.099	0.132	0.165	0.198	0.231	0.264	0.297	90
15	0.034	0.068	0.101	0.135	0.169	0.203	0.237	0.270	0.304	85
102.20	0.035	0.069	0.104	0.138	0.173	0.208	0.242	0.277	0.311	97.80
25	0.035	0.071	0.106	0.142	0.177	0.212	0.248	0.283	0.318	75
30	0.036	0.072	0.109	0.145	0.181	0.217	0.253	0.289	0.325	70
35	0.037	0.074	0.111	0.148	0.185	0.222	0.259	0.296	0.333	65
102.40	0.038	0.076	0.113	0.151	0.189	0.226	0.264	0.302	0.340	97.60
45	0.039	0.077	0.116	0.154	0.193	0.231	0.270	0.308	0.347	55
50	0.039	0.079	0.118	0.157	0.197	0.236	0.275	0.314	0.354	50
55	0.040	0.080	0.120	0.160	0.200	0.241	0.281	0.321	0.361	45
102.60	0.041	0.082	0.123	0.164	0.204	0.245	0.286	0.327	0.368	97.40
65	0.042	0.083	0.125	0.167	0.208-	0.250	0.292	0.333	0.375	35
70	0.043	0.085	0.127	0.170	0.212	0.255	0.297	0.340	0.382	30
75	0.043	0.087	0.130	0.173	0.216	0.260	0.303	0.346	0.389	25

TABLE N° I. — *Suite.*

DISTANCES ZÉNITHALES.	BASES HORIZONTALES (K).									DISTANCES ZÉNITHALES.
	1	2	3	4	5	6	7	8	9	
	Différences de niveau (K cot. Δ).									
102.80	0.044	0.088	0.132	0.176	0.220	0.264	0.308	0.352	0.396	97.20
85	0.045	0.090	0.135	0.179	0.224	0.269	0.344	0.359	0.403	15
90	0.046	0.091	0.137	0.182	0.228	0.274	0.319	0.365	0.410	10
95	0.047	0.093	0.139	0.186	0.232	0.278	0.325	0.371	0.418	05
103.00	0.047	0.094	0.142	0.189	0.236	0.283	0.330	0.377	0.425	97.00
05	0.048	0.096	0.144	0.192	0.240	0.288	0.335	0.384	0.432	96.95
10	0.049	0.098	0.146	0.195	0.244	0.293	0.344	0.390	0.439	90
15	0.050	0.099	0.149	0.198	0.248	0.297	0.347	0.396	0.446	85
103.20	0.050	0.101	0.151	0.201	0.252	0.302	0.352	0.403	0.453	96.80
25	0.051	0.102	0.153	0.204	0.256	0.307	0.358	0.409	0.460	75
30	0.052	0.104	0.156	0.208	0.259	0.311	0.363	0.415	0.467	70
35	0.053	0.105	0.158	0.211	0.263	0.316	0.369	0.421	0.474	65
103.40	0.054	0.107	0.161	0.214	0.267	0.321	0.374	0.428	0.481	96.60
45	0.054	0.109	0.163	0.217	0.271	0.326	0.380	0.434	0.488	55
50	0.055	0.110	0.165	0.220	0.275	0.330	0.385	0.440	0.495	50
55	0.056	0.112	0.168	0.223	0.279	0.335	0.391	0.447	0.502	45
103.60	0.057	0.113	0.170	0.227	0.283	0.340	0.396	0.453	0.510	96.40
65	0.058	0.115	0.172	0.230	0.287	0.344	0.402	0.459	0.517	35
70	0.058	0.116	0.175	0.233	0.291	0.349	0.407	0.466	0.524	30
75	0.059	0.118	0.177	0.236	0.295	0.354	0.413	0.472	0.531	25
103.80	0.060	0.120	0.179	0.239	0.299	0.359	0.418	0.478	0.538	96.20
85	0.061	0.121	0.182	0.242	0.303	0.363	0.424	0.484	0.545	15
90	0.061	0.123	0.184	0.245	0.307	0.368	0.429	0.491	0.552	10
95	0.062	0.124	0.186	0.249	0.311	0.373	0.435	0.497	0.559	05

104.00	0.063	0.126	0.159	0.252	0.315	0.378	0.440	0.503	0.566	96.00
05	0.064	0.128	0.191	0.255	0.319	0.382	0.446	0.510	0.573	95.95
10	0.065	0.129	0.194	0.258	0.323	0.387	0.452	0.516	0.581	90
15	0.065	0.131	0.196	0.261	0.326	0.392	0.457	0.522	0.588	85
104.20	0.066	0.132	0.198	0.264	0.330	0.396	0.463	0.529	0.595	95.80
25	0.067	0.134	0.201	0.268	0.334	0.401	0.468	0.535	0.602	75
30	0.068	0.135	0.203	0.271	0.338	0.406	0.474	0.541	0.609	70
35	0.069	0.137	0.205	0.274	0.342	0.411	0.479	0.548	0.616	65
104.40	0.069	0.138	0.208	0.277	0.346	0.415	0.485	0.554	0.623	95.60
45	0.070	0.140	0.210	0.280	0.350	0.420	0.490	0.560	0.630	55
50	0.071	0.142	0.213	0.283	0.354	0.425	0.496	0.567	0.637	50
55	0.072	0.143	0.215	0.286	0.358	0.430	0.501	0.573	0.644	45
104.60	0.072	0.145	0.217	0.290	0.362	0.434	0.507	0.579	0.652	95 40
65	0.073	0.146	0.220	0.293	0.366	0.439	0.512	0.585	0.659	35
70	0.074	0.148	0.222	0.296	0.370	0.444	0.518	0.592	0.666	30
75	0.075	0.150	0.224	0.299	0.374	0.449	0.523	0.598	0.673	25
104.80	0.076	0.151	0.227	0.302	0.378	0.453	0.529	0.604	0.680	95.20
85	0.076	0.153	0.229	0.305	0.382	0.458	0.534	0.611	0.687	15
90	0.077	0.154	0.231	0.309	0.386	0.463	0.540	0.617	0.694	10
95	0.078	0.156	0.234	0.312	0.390	0.468	0.545	0.623	0.701	05
105.00	0.079	0.157	0.236	0.315	0.394	0.472	0.551	0.630	0.708	95.00
05	0.080	0.159	0.239	0.318	0.398	0.477	0.557	0.636	0.716	94.95
10	0.080	0.161	0.241	0.321	0.401	0.482	0.562	0.642	0.723	90
15	0.081	0.162	0.243	0.324	0.405	0.487	0.568	0.649	0.730	85
105.20	0.082	0.164	0.246	0.328	0.409	0.491	0.573	0.655	0.737	94.80
25	0.083	0.165	0.248	0.331	0.413	0.496	0.579	0.661	0.744	75
30	0.084	0.167	0.250	0.334	0.417	0.501	0.584	0.668	0.754	70
35	0.084	0.169	0.253	0.337	0.421	0.506	0.590	0.674	0.758	65
105.40	0.085	0.170	0.255	0.340	0.425	0.510	0.595	0.680	0.765	94.60
45	0.086	0.172	0.258	0.343	0.429	0.515	0.601	0.687	0.772	55
50	0.087	0.173	0.260	0.347	0.433	0.520	0.606	0.693	0.780	50
55	0.087	0.175	0.262	0.350	0.437	0.524	0.612	0.699	0.787	45

Table Nº I. — *Suite.*

DISTANCES ZÉNITHALES.	BASES HORIZONTALES (K). Différences de niveau (K cot. Δ).									DISTANCES ZÉNITHALES.
	1	2	3	4	5	6	7	8	9	
105.60	0.088	0.176	0.265	0.353	0.441	0.529	0.617	0.706	0.794	94.40
65	0.089	0.178	0.267	0.356	0.445	0.534	0.623	0.712	0.801	35
70	0.090	0.180	0.269	0.359	0.449	0.539	0.629	0.718	0.808	30
75	0.091	0.181	0.272	0.362	0.453	0.543	0.634	0.725	0.845	25
105.80	0.091	0.183	0.274	0.366	0.457	0.548	0.640	0.731	0.822	94.20
85	0.092	0.184	0.277	0.369	0.461	0.553	0.645	0.737	0.829	45
90	0.093	0.186	0.279	0.372	0.465	0.558	0.651	0.744	0.837	40
95	0.094	0.188	0.281	0.375	0.469	0.562	0.656	0.750	0.844	05
106.00	0.095	0.189	0.284	0.378	0.473	0.567	0.662	0.756	0.851	94.00
05	0.095	0.190	0.286	0.381	0.477	0.572	0.668	0.764	0.858	93.95
10	0.096	0.492	0.288	0.384	0.481	0.577	0.673	0.769	0.865	90
15	0.097	0.193	0.290	0.387	0.485	0.581	0.678	0.775	0.872	85
106.20	0.098	0.195	0.293	0.391	0.489	0.586	0.684	0.782	0.879	93.80
25	0.098	0.197	0.295	0.394	0.492	0.591	0.690	0.788	0.886	75
30	0.099	0.199	0.298	0.397	0.496	0.596	0.695	0.794	0.894	70
35	0.400	0.200	0.300	0.400	0.500	0.601	0.700	0.800	0.901	65
106.40	0.401	0.202	0.303	0.404	0.504	0.605	0.706	0.807	0.908	93.60
45	0.401	0.203	0.305	0.407	0.508	0.610	0.711	0.813	0.915	55
50	0.402	0.205	0.307	0.440	0.512	0.615	0.717	0.820	0.922	50
55	0.403	0.206	0.309	0.443	0.516	0.619	0.722	0.826	0.929	45
106.60	0.104	0.208	0.312	0.416	0.520	0.624	0.728	0.832	0.936	93.40
65	0.405	0.209	0.314	0.419	0.524	0.629	0.733	0.838	0.943	35
70	0.406	0.211	0.317	0.423	0.528	0.634	0.739	0.845	0.954	30
75	0.406	0.213	0.319	0.426	0.532	0.639	0.745	0.851	0.958	25

106.80	0.107	0.214	0.322	0.429	0.536	0.643	0.751	0.858	0.965	93.20
85	0.108	0.215	0.324	0.432	0.540	0.648	0.756	0.864	0.972	15
90	0.109	0.217	0.326	0.435	0.544	0.653	0.762	0.870	0.979	10
95	0.109	0.219	0.328	0.438	0.548	0.658	0.768	0.876	0.986	05
107.00	0.110	0.221	0.331	0.442	0.552	0.662	0.773	0.883	0.994	93.00
05	0.111	0.222	0.333	0.445	0.556	0.667	0.778	0.889	1.001	92.95
10	0.112	0.224	0.336	0.448	0.560	0.672	0.784	0.896	1.008	90
15	0.113	0.225	0.338	0.451	0.564	0.677	0.789	0.902	1.015	85
107.20	0.114	0.227	0.341	0.454	0.568	0.682	0.795	0.909	1.022	92.80
25	0.114	0.229	0.343	0.457	0.572	0.688	0.800	0.915	1.029	75
30	0.115	0.230	0.346	0.461	0.576	0.691	0.806	0.921	1.037	70
35	0.116	0.232	0.348	0.464	0.580	0.696	0.811	0.927	1.044	65
107.40	0.117	0.234	0.350	0.467	0.584	0.701	0.817	0.934	1.051	92.60
45	0.117	0.235	0.352	0.470	0.588	0.705	0.822	0.939	1.058	55
50	0.118	0.237	0.355	0.473	0.592	0.710	0.828	0.947	1.065	50
55	0.119	0.239	0.357	0.477	0.596	0.715	0.834	0.953	1.072	45
107.60	0.120	0.240	0.360	0.480	0.600	0.720	0.840	0.960	1.080	92.40
65	0.121	0.241	0.363	0.483	0.604	0.724	0.845	0.966	1.087	35
70	0.122	0.243	0.365	0.486	0.608	0.729	0.851	0.972	1.094	30
75	0.122	0.244	0.367	0.489	0.612	0.734	0.856	0.978	1.101	25
107.80	0.123	0.246	0.369	0.493	0.616	0.739	0.862	0.985	1.108	92.20
85	0.124	0.247	0.371	0.496	0.620	0.743	0.868	0.991	1.115	15
90	0.125	0.249	0.374	0.499	0.624	0.748	0.873	0.998	1.123	10
95	0.125	0.251	0.376	0.502	0.628	0.753	0.878	1.004	1.130	05
108.00	0.126	0.253	0.379	0.505	0.632	0.758	0.884	1.011	1.137	92.00
05	0.127	0.254	0.381	0.508	0.636	0.763	0.889	1.017	1.144	91.95
10	0.128	0.256	0.384	0.512	0.640	0.768	0.895	1.023	1.151	90
15	0.129	0.257	0.386	0.515	0.644	0.772	0.901	1.029	1.158	85
108.20	0.130	0.259	0.389	0.518	0.648	0.777	0.907	1.036	1.166	91.80
25	0.130	0.260	0.391	0.521	0.652	0.782	0.912	1.042	1.173	75
30	0.131	0.262	0.393	0.524	0.656	0.787	0.918	1.049	1.180	70
35	0.132	0.263	0.395	0.527	0.660	0.791	0.923	1.055	1.187	65

TABLE N° I. — *Suite.*

DISTANCES ZÉNITHALES.	BASES HORIZONTALES (K).									DISTANCES ZÉNITHALES.
	1	2	3	4	5	6	7	8	9	
	Différences de niveau (K cot. Δ).									
108.40	0.433	0.265	0.398	0.531	0.664	0.796	0.929	1.062	1.194	91.60
45	0.433	0.267	0.401	0.534	0.668	0.804	0.934	1 068	1.204	55
50	0.434	0.269	0.403	0.537	0.672	0.806	0.940	1.075	1.209	50
55	0.435	0.270	0.405	0.540	0.676	0.810	0.945	1.080	1.215	45
108.60	0.436	0.272	0.408	0.544	0.680	0.815	0.951	1.086	1.222	91.40
65	0.437	0.273	0.410	0.547	0.684	0.820	0.956	1.693	1.230	35
70	0.438	0.275	0.413	0.550	0.688	0.825	0.963	1 400	1.238	30
75	0.438	0.276	0.415	0.553	0.692	0.830	0.969	1.406	1.245	25
108.80	0.439	0.278	0.417	0.556	0.696	0.835	0.974	1.113	1.252	91.20
85	0.140	0.279	0.419	0.560	0.700	0.839	0.979	1.119	1.259	15
90	0.441	0.281	0.422	0.563	0.704	0.844	0.985	1.126	1.266	10
95	0.441	0.283	0.424	0.566	0.708	0.849	0.990	1.132	1.273	05
109.00	0.442	0.285	0.427	0.569	0.712	0.854	0.996	1.139	1.281	91.00
05	0.443	0.286	0.429	0.572	0.716	0.859	1.001	1.145	1.288	90.95
10	0.444	0.288	0.432	0.576	0.720	0.864	1.007	1.151	1.295	90
15	0.445	0.290	0.434	0.579	0.724	0.868	1.013	1.157	1.302	85
109.20	0.446	0.291	0.437	0.582	0.728	0.873	1.019	1.164	1.310	90.80
25	0.446	0.292	0.439	0.585	0.732	0.878	1.024	1.470	1.317	75
30	0.447	0.294	0.441	0.589	0.736	0.883	1.030	1.477	1.324	70
35	0.448	0.295	0.443	0.592	0.740	0.888	1.035	1.483	1.332	65
109.40	0.449	0.297	0.446	0.595	0.744	0.892	1.041	1.490	1.339	90.60
45	0.449	0.299	0.449	0.598	0.748	0.897	1.046	1.496	1.346	55
50	0.450	0.301	0.451	0.601	0.752	0.902	1.052	1.203	1.353	50
55	0.451	0.303	0.453	0.605	0.756	0.907	1.058	1.209	1.360	45

Angle										Angle
90.40	1.367	1.216	1.064	0.912	0.760	0.608	0.456	0.304	0.152	109.60
35	1.374	1.222	1.069	0.916	0.764	0.611	0.458	0.305	0.153	65
30	1.382	1.228	1.075	0.921	0.768	0.614	0.461	0.307	0.154	70
25	1.389	1.234	1.081	0.926	0.772	0.617	0.463	0.308	0.154	75
90.20	1.397	1.241	1.086	0.931	0.776	0.621	0.465	0.310	0.155	109.80
15	1.404	1.247	1.091	0.936	0.780	0.624	0.467	0.312	0.156	85
10	1.411	1.254	1.097	0.941	0.784	0.627	0.470	0.314	0.157	90
05	1.418	1.260	1.103	0.946	0.788	0.631	0.472	0.315	0.157	95
90.00	1.425	1.267	1.109	0.950	0.792	0.634	0.475	0.317	0.158	110.00
89.95	1.432	1.273	1.114	0.955	0.796	0.637	0.477	0.318	0.159	05
90	1.440	1.280	1.120	0.960	0.800	0.640	0.480	0.320	0.160	10
85	1.447	1.286	1.125	0.965	0.804	0.643	0.482	0.321	0.161	15
89.80	1.454	1.293	1.131	0.970	0.808	0.646	0.485	0.323	0.162	110.20
75	1.461	1.299	1.137	0.975	0.812	0.649	0.487	0.325	0.162	25
70	1.469	1.306	1.143	0.980	0.816	0.653	0.490	0.326	0.163	30
65	1.477	1.313	1.148	0.984	0.820	0.656	0.492	0.327	0.164	35
89.60	1.484	1.319	1.154	0.989	0.824	0.659	0.495	0.330	0.165	110.40
55	1.491	1.326	1.159	0.994	0.828	0.662	0.497	0.332	0.165	45
50	1.498	1.332	1.165	0.999	0.832	0.666	0.499	0.333	0.166	50
45	1.505	1.338	1.171	1.004	0.836	0.669	0.501	0.334	0.167	55
89.40	1.513	1.344	1.176	1.008	0.840	0.672	0.504	0.336	0.168	110.60
35	1.520	1.351	1.182	1.013	0.844	0.676	0.507	0.337	0.169	65
30	1.527	1.357	1.188	1.018	0.848	0.679	0.509	0.339	0.170	70
25	1.534	1.364	1.194	1.023	0.852	0.682	0.511	0.341	0.170	75
89.20	1.542	1.370	1.199	1.028	0.856	0.685	0.514	0.343	0.171	110.80
15	1.549	1.376	1.204	1.032	0.860	0.688	0.516	0.344	0.172	85
10	1.556	1.383	1.210	1.037	0.865	0.692	0.519	0.346	0.173	90
05	1.563	1.389	1.216	1.042	0.869	0.695	0.521	0.347	0.174	95
89.00	1.571	1.396	1.222	1.047	0.873	0.698	0.524	0.349	0.175	111.00
88.95	1.578	1.402	1.227	1.052	0.877	0.702	0.526	0.350	0.175	05
90	1.585	1.409	1.233	1.057	0.881	0.706	0.528	0.352	0.176	10
85	1.592	1.415	1.238	1.062	0.885	0.709	0.530	0.354	0.177	15

Table Nº I. — *Suite.*

DISTANCES ZÉNITHALES.	BASES HORIZONTALES (K).									DISTANCES ZÉNITHALES.
	1	2	3	4	5	6	7	8	9	
	Différences de niveau ($K \cot \Delta$).									
111.20	0.178	0.356	0.533	0.712	0.889	1.067	1.244	1.422	1.600	88.80
25	0.178	0.358	0.536	0.715	0.893	1.072	1.249	1.428	1.607	75
30	0.179	0.359	0.538	0.718	0.897	1.076	1.256	1.435	1.615	70
35	0.180	0.360	0.540	0.721	0.901	1.081	1.262	1.442	1.622	65
111.40	0.181	0.362	0.543	0.724	0.905	1.086	1.267	1.448	1.629	88.60
45	0.182	0.363	0.545	0.727	0.909	1.091	1.272	1.454	1.636	55
50	0.183	0.365	0.548	0.731	0.913	1.096	1.278	1.461	1.644	50
55	0.183	0.367	0.551	0.734	0.917	1.101	1.284	1.467	1.651	45
111.60	0.184	0.369	0.553	0.737	0.921	1.106	1.290	1.474	1.658	88.40
65	0.185	0.370	0.555	0.740	0.925	1.111	1.295	1.481	1.665	35
70	0.186	0.372	0.558	0.744	0.929	1.115	1.301	1.487	1.673	30
75	0.187	0.374	0.560	0.747	0.934	1.120	1.307	1.493	1.680	25
111.80	0.188	0.375	0.562	0.750	0.938	1.125	1.313	1.500	1.688	88.20
85	0.188	0.376	0.565	0.753	0.942	1.130	1.319	1.506	1.695	15
90	0.189	0.378	0.567	0.757	0.946	1.135	1.324	1.513	1.702	10
95	0.190	0.380	0.569	0.760	0.950	1.140	1.329	1.519	1.710	05
112.00	0.191	0.382	0.572	0.763	0.954	1.145	1.335	1.526	1.717	88.00
05	0.191	0.383	0.574	0.766	0.958	1.149	1.341	1.532	1.724	87.95
10	0.192	0.385	0.577	0.770	0.962	1.154	1.347	1.539	1.732	90
15	0.193	0.386	0.579	0.773	0.966	1.159	1.352	1.546	1.739	85
112.20	0.194	0.388	0.582	0.776	0.970	1.164	1.358	1.552	1.746	87.80
25	0.195	0.390	0.585	0.779	0.974	1.169	1.364	1.558	1.754	75
30	0.196	0.392	0.587	0.783	0.979	1.174	1.370	1.565	1.761	70
35	0.196	0.394	0.590	0.786	0.983	1.179	1.375	1.572	1.768	65

87.60	4.776	1.578	1.381	1.184	0.986	0.789	0.592	0.395	0.197	112.40
55	4.783	1.584	1.386	1.188	0.990	0.792	0.594	0.396	0.198	45
50	4.790	1.591	1.392	1.193	0.995	0.795	0.597	0.398	0.199	50
45	4.797	1.598	1.398	1.198	0.999	0.799	0.600	0.399	0.200	55
87.40	4.805	1.604	1.404	1.203	1.003	0.802	0.602	0.401	0.201	112.60
35	4.812	1.610	1.410	1.208	1.007	0.805	0.604	0.402	0.201	65
30	4.820	1.617	1.415	1.213	1.011	0.809	0.607	0.404	0.202	70
25	4.827	1.623	1.421	1.218	1.015	0.812	0.609	0.406	0.203	75
87.20	4.834	1.630	1.427	1.223	1.019	0.815	0.611	0.408	0.204	112.80
15	4.841	1.637	1.432	1.228	1.023	0.818	0.613	0.409	0.204	85
10	4.849	1.644	1.438	1.233	1.027	0.822	0.616	0.411	0.205	90
05	4.856	1.650	1.444	1.238	1.031	0.825	0.618	0.412	0.206	95
87.00	4.864	1.657	1.450	1.243	1.035	0.828	0.621	0.414	0.207	113.00
86.95	4.871	1.663	1.456	1.247	1.039	0.831	0.624	0.415	0.208	05
90	4.879	1.670	1.461	1.252	1.044	0.835	0.626	0.417	0.209	10
85	4.886	1.676	1.467	1.257	1.048	0.838	0.628	0.419	0.209	15
86.80	4.893	1.683	1.473	1.262	1.052	0.841	0.631	0.421	0.210	113.20
75	4.900	1.690	1.478	1.267	1.056	0.844	0.633	0.422	0.211	25
70	4.908	1.696	1.484	1.272	1.060	0.848	0.636	0.424	0.212	30
65	4.915	1.702	1.490	1.277	1.064	0.852	0.639	0.425	0.213	35
86.60	4.923	1.709	1.496	1.282	1.068	0.855	0.641	0.427	0.214	113.40
55	4.931	1.715	1.502	1.287	1.072	0.858	0.643	0.429	0.214	45
50	4.938	1.722	1.507	1.292	1.076	0.861	0.646	0.431	0.215	50
45	4.945	1.728	1.513	1.297	1.080	0.864	0.648	0.432	0.216	55
86.40	4.952	1.735	1.519	1.302	1.085	0.868	0.651	0.434	0.217	113.60
35	4.960	1.741	1.525	1.307	1.090	0.871	0.653	0.435	0.218	65
30	4.967	1.749	1.530	1.311	1.093	0.874	0.656	0.437	0.219	70
25	4.974	1.756	1.536	1.316	1.097	0.877	0.659	0.439	0.220	75
86.20	4.982	1.762	1.542	1.321	1.101	0.881	0.661	0.440	0.220	113.80
15	4.990	1.768	1.547	1.326	1.105	0.884	0.663	0.442	0.221	85
10	4.997	1.775	1.553	1.331	1.109	0.887	0.666	0.444	0.222	90
05	5.004	1.782	1.558	1.336	1.113	0.890	0.668	0.445	0.223	95

TABLE Nº **I.** — *Suite.*

DISTANCES ZÉNITHALES.	BASES HORIZONTALES (K).									DISTANCES ZÉNITHALES.
	1	2	3	4	5	6	7	8	9	
	Différences de niveau (K cot. Δ).									
14.00	0.224	0.447	0.674	0.894	1.418	1.341	1.565	1.788	2.042	86.00
05	0.224	0.448	0.673	0.897	1.422	1.346	1.570	1.794	2.019	85.95
10	0.225	0.450	0.676	0.904	1.426	1.351	1.576	1.801	2.027	90
15	0.226	0.452	0.678	0.904	1.430	1.356	1.582	1.808	2.034	85
14.20	0.227	0.454	0.680	0.907	1.434	1.361	1.588	1.815	2.041	85.80
25	0.227	0.456	0.682	0.910	1.438	1.366	1.593	1.821	2.049	75
30	0.228	0.457	0.685	0.914	1.442	1.371	1.599	1.828	2.056	70
35	0.229	0.458	0.687	0.947	1.446	1.376	1.605	1.834	2.063	65
14.40	0.230	0.460	0.690	0.921	1.451	1.384	1.611	1.841	2.074	85.60
45	0.231	0.462	0.693	0.924	1.455	1.386	1.617	1.848	2.079	55
50	0.232	0.464	0.695	0.927	1.459	1.394	1.623	1.854	2.086	50
55	0.232	0.465	0.697	0.930	1.463	1.396	1.628	1.861	2.093	45
14.60	0.233	0.467	0.700	0.934	1.467	1.404	1.634	1.868	2.101	85.40
65	0.234	0.468	0.703	0.937	1.471	1.406	1.640	1.874	2.108	35
70	0.235	0.470	0.705	0.910	1.475	1.411	1.646	1.881	2.116	30
75	0.236	0.472	0.707	0.943	1.479	1.446	1.651	1.887	2.124	25
14.80	0.237	0.474	0.710	0.947	1.484	1.421	1.657	1.894	2.431	85.20
85	0.237	0.475	0.712	0.950	1.488	1.426	1.663	1.900	2.438	45
90	0.238	0.477	0.715	0.954	1.492	1.431	1.669	1.907	2.416	40
95	0.239	0.478	0.747	0.957	1.496	1.436	1.675	1.944	2.453	05
15.00	0.240	0.480	0.720	0.960	1.200	1.440	1.681	1.921	2.461	85.00
05	0.241	0.484	0.722	0.963	1.204	1.445	1.687	1.927	2.469	84.75
10	0.242	0.483	0.725	0.967	1.209	1.450	1.692	1.934	2.176	90
15	0.242	0.485	0.727	0.970	1.243	1.455	1.698	1.944	2.183	85

[illegible]	[illegible]	[illegible]	[illegible]	[illegible]	[illegible]	[illegible]	1.704	[illegible]	[illegible]	84.80
25	0.244	0.488	0.733	0.977	1.221	1.465	1.710	1.954	2.199	75
30	0.245	0.490	0.735	0.980	1.225	1.470	1.715	1.961	2.206	70
35	0.246	0.492	0.737	0.983	1.229	1.475	1.721	1.967	2.214	65
115.40	0.247	0.493	0.740	0.987	1.234	1.480	1.727	1.974	2.221	84.60
45	0.247	0.495	0.742	0.990	1.238	1.485	1.733	1.980	2.228	55
50	0.248	0.497	0.745	0.994	1.242	1.490	1.739	1.987	2.236	50
55	0.249	0.498	0.747	0.997	1.246	1.495	1.744	1.994	2.243	45
115.60	0.250	0.500	0.750	1.000	1.250	1.500	1.750	2.001	2.251	84.40
65	0.251	0.501	0.752	1.003	1.254	1.505	1.756	2.007	2.258	35
70	0.252	0.503	0.755	1.007	1.259	1.510	1.762	2.014	2.266	30
75	0.252	0.505	0.757	1.010	1.263	1.515	1.768	2.020	2.274	25
115.80	0.253	0.507	0.760	1.014	1.267	1.520	1.774	2.027	2.281	84.20
85	0.254	0.509	0.762	1.017	1.271	1.525	1.780	2.034	2.288	15
90	0.255	0.510	0.765	1.020	1.275	1.530	1.786	2.041	2.295	10
95	0.256	0.512	0.767	1.023	1.279	1.535	1.792	2.048	2.302	05

Les chiffres inscrits dans les colonnes verticales 1, 2, 3, etc., expriment en mètres les différences de niveau correspondant aux distances zénithales inscrites dans la première et dans la dernière colonne. Selon que les valeurs de K sont 10 ou 100 fois plus grandes que les chiffres 1, 2, etc., on multiplie par 10 ou par 100 le nombre trouvé pour K cot. Δ.

Nous rendrons ceci plus clair par des exemples :

1° Soit à trouver la cote de B au moyen de celle de A (*fig.* 11), en supposant que l'on ait : cote de A = 132 mètres, Δ = 96.35, K = 587 mètres ; on a :

$$\text{Cote B} = \text{cote A} + dt + \text{K cot. } \Delta.$$

On dispose le calcul de la manière suivante :

$$
\begin{aligned}
\text{Cote A} &= \ldots\ldots\ldots\ldots\ldots\ldots 132 \\
+ \, dt &= \ldots\ldots\ldots\ldots\ldots + \ 1.20 \\
\hline
\text{Somme} &= 133.20
\end{aligned}
$$

$$
\begin{aligned}
\text{Pour 500 mètres} &= 28.70 \\
80 &= 4.59 \\
7 &= 0.40 \\
\hline
+ \, \text{K cot. } \Delta. &= 33.69 \ldots\ldots + 33.69 \\
\hline
\text{Cote B} &= 166.89
\end{aligned}
$$

On voit que la valeur de K est décomposée en multiples de 10, pour chacun desquels on cherche K cot. Δ. Ainsi pour 500 mètres, on remonte dans la colonne des distances zénithales jusqu'au chiffre 96.35 ; on suit la ligne horizontale jusqu'au-dessous du chiffre 5, et on trouve 0,287, qui, multiplié par 100, donne 28,70. On agit d'une manière analogue pour 80 et pour 7.

2° Si, les autres données étant les mêmes, on a : Δ =

103.65, le point B est moins élevé que A, et on a : cote B =
cote A $+ dt -$ K cot. Δ.

$$\text{Cote A} = \dots\dots\dots\dots\dots\dots 132$$
$$+ dt = \dots\dots\dots\dots\dots\dots\dots 1.20$$
$$\text{Somme égale.} \quad 133.20$$

Pour 500 mètres $=$ 28.70
80 $=$ 4.59
7 $=$ 0.40

$-$ K cot. Δ $= 33.69 \dots\dots\dots - 33.69$

$$\text{Cote B} = 99.51$$

L'éclimètre donnant quelquefois les angles avec 1 ou 2′ d'approximation, on peut avoir pour Δ un chiffre qui n'est pas inscrit dans la table.

Supposons que l'on ait à trouver la cote de A au moyen de celle de B ; les données étant : cote de B $= 178$ mètres, K $= 789$, Δ $= 102.62$.

Pour 700, on prend la différence entre 28.60 et 29.20 qui correspond à 102.60 et 102.65, et on pose la proportion suivante :

Pour 5′ de différence entre les angles on a 0^m,60 de différence pour K cot. Δ ; combien pour 2′ aura-t-on ; ou 5′ :

$$0^m,60 :: 2′ : x = 0^m.60 \times \frac{2}{5} = 0^m,60 \times 0.4 = 0^m,24,\text{ ce qui}$$

donne pour 700 le chiffre 28.60 $+ 0,24 = 28.84$.

On peut remarquer qu'il est inutile de poser la proportion et qu'il suffit de multiplier la différence par 0,2 ; 0,4 ; 0,6, ou 0,8, selon que le nombre de minutes dépasse de 1, 2, 3 ou 4, le chiffre inscrit dans la table. Pour les dizaines, la correction porte sur la 2e décimale ; mais pour les unités, elle ne porte en général que sur la 3ᵉ décimale, et pour cette raison, on la néglige.

Dans l'exemple que nous avons choisi, on a : cote A = cote B = dt + K cot. Δ.

$$\text{Cote B.} \dots\dots\dots\dots\dots\dots \quad 178 \text{ mètres.}$$
$$- \; dt. \dots\dots\dots\dots\dots\dots \quad -1.28$$
$$\text{Différence} \quad 176.80$$

$$\text{Pour } 700 = 28.84$$
$$80 = 3.29$$
$$9 = 0.37$$

$$+ \text{ K cot. } \Delta = 32.50. \dots\dots\dots + \; 32.50$$
$$\text{Cote A} = 209.30$$

TABLEAU N° II.

Cette Table donne, en décimillimètres, les longueurs des normales calculées au moyen de la formule $n = \dfrac{e}{\cot.\,\Delta}$ dans laquelle $e = 0^m,0005$.

′	93	94	95	96	97	98	99	′
5	46	54	65	81	108	163	336	95
10	46	54	65	82	110	167	354	90
15	46	55	66	83	112	172	374	85
20	47	55	66	84	114	177	400	80
25	47	56	67	85	116	182	424	75
30	47	56	68	86	118	187	454	70
35	48	57	69	87	120	193	488	65
40	48	57	69	88	122	199	532	60
45	49	58	70	89	124	206	582	55
50	49	58	70	91	127	212	636	50
55	49	59	71	92	130	220	700	45
60	50	59	72	94	133	227	762	40
65	50	60	73	95	136	236	912	35
70	50	60	74	96	138	245	1064	30
75	51	61	75	97	141	255	1273	25
80	51	61	76	99	145	265	1612	20
85	52	62	77	101	148	277	2170	15
90	52	62	78	103	151	280	3332	10
95	53	63	79	104	155	303	6250	5
100	53	64	80	106	159	318	∞	0
′	106	105	104	103	102	100	100	′

50	60	70	80	85	86	87	88	89	90	91	92
5	7	10	15	21	22	24	26	29	32	36	40
150	140	130	120	115	114	113	112	111	110	109	108

Cette Table est donnée par M. le commandant Duhousset, dans son *Cours de Topographie* (2e édit., p. 180).

NOTES.

NOTE 1re.

Nature de la courbe que le rayon lumineux, passant par le sommet d'un style, trace sur un plan horizontal.

Soient, T la terre (*fig.* 148); APP′ un méridien de la sphère céleste; PP′ la ligne des pôles; EQ l'équateur; AB et CD les cercles que le soleil décrit au moment des solstices; HR la trace du plan

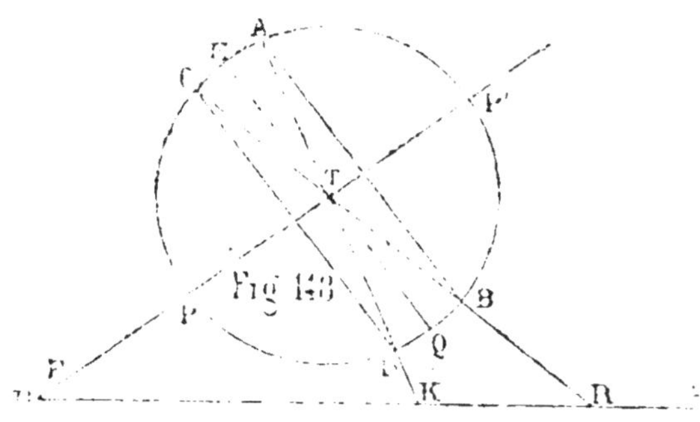

horizontal sur lequel on fait l'observation.

Si l'on suppose le soleil A joint au sommet du style T, on voit que, dans le mouvement diurne, la ligne AT décrit un cône dont la nappe lumineuse est ATB et la nappe dans l'ombre CTD. C'est l'inverse qui a lieu si l'on suppose le soleil à l'autre solstice.

D'après la disposition de la figure, les deux nappes du cône sont coupées par le plan horizontal, et, par conséquent, la courbe d'intersection est une *hyperbole.* Ceci a lieu tant que le triangle FTR est possible. Dans ce triangle, on connaît l'angle F qui est la hauteur du pôle au-dessus de l'horizon, c'est-à-dire la latitude L du lieu; l'angle T qui se compose : 1° de l'angle droit FTQ; 2° de la déclinaison D du soleil qui, au solstice, est 23°27′. Le triangle est possible tant que F + T + R = 180, ou bien, L + 90° + 23°27′ + R = 180, d'où R = 90° — 23°27′ — L = 66°33′ — L. On voit que l'angle R sera réel tant que L sera moindre que 66°33′, chiffre qui exprime précisément la latitude des cercles polaires. D'où l'on peut conclure que, quand l'observation est faite entre les cercles polaires, la courbe obtenue sur la planchette est une *branche d'hyperbole.*

L'angle R est nul pour L = 66°33′, ce qui indique que, pour une observation faite sur les cercles polaires, le plan horizontal est parallèle à une génératrice du cône, et la courbe d'intersection est *une parabole.*

Quand la latitude est plus élevée que 66°33′, on trouve pour R une valeur négative. On en conclut que le triangle FTR est imaginaire et que, par conséquent, le plan horizontal coupe une seule nappe du cône, ce qui donne pour courbe d'intersection une *ellipse* et même un *cercle*, si l'on suppose l'observateur placé exactement au pôle (Voir Poudra, *Cours de géométrie descriptive*).

NOTE 2.

Réduction des angles à l'horizon.

Quand d'une station O (*fig.* 149) on mesure avec le graphomètre un angle AOB situé dans un plan quelconque, il est nécessaire que l'on sache trouver la projection de cet angle.

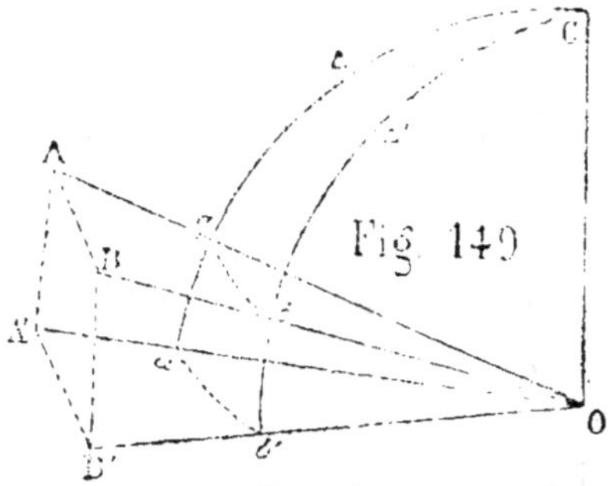

Pour résoudre ce problème, on doit chercher une formule dont les termes soient indépendants des longueurs des côtés, attendu que ces côtés ne sont pas encore connus.

.On remarque que O' mesure l'angle compris entre les deux plans verticaux AA'O, BB'O. On imagine une sphère dont le centre est en O; elle est coupée par les deux plans en question, suivant les deux cercles $a'aC$, $b'bC$, dont l'intersection a lieu sur la verticale de la station, et on obtient un triangle sphérique abC dont l'angle C résout la question. Dans ce triangle on connaît le côté ab, qui mesure l'angle observé; on a aussi les côtés aC, bC qui sont les distances zénithales Δ et Δ', des directions AO et BO. Ces derniers angles sont mesurés avec l'éclimètre. On a donc à résoudre un triangle sphérique dans lequel on connaît les trois côtés.

En se fondant sur les formules de la trigonométrie sphérique, et en remarquant qu'il est avantageux d'avoir la différence $x = O' - O$, on obtient la formule suivante :

$$x = O' - O = \left(100 - \frac{\Delta + \Delta'}{2}\right)^2 \tan. \frac{1}{2}O \sin. 1' - \left(\frac{\Delta' - \Delta}{2}\right)^2 \cot. \frac{1}{2}O \sin. 1'.$$

Dans cette formule les deux termes sont toujours positifs. En effet, les parenthèses expriment des carrés; d'ailleurs, l'angle O étant nécessairement moindre que 200^g, on a $\frac{1}{2}O < 100$: $\tan. \frac{1}{2}O$ et $\cot. \frac{1}{2}O$ sont positives. Il suffit donc de calculer séparément chacun des termes et d'en faire la différence.

Type du calcul. On a observé l'angle $O = 63^g,56'$. Les distances zénithales sur les points A et B ont été trouvées

$$\Delta = 95^g 42', \quad \Delta' = 96^g,74'$$

$$O = 63^g,56' \quad \Delta = 95^g,42 \qquad \frac{\Delta + \Delta'}{2} = 96^g,08'$$

$$\frac{O}{2} = 31.78 \quad \Delta' = 96.74 \qquad \frac{\Delta' - \Delta}{2} = 0.66$$

$$\Delta + \Delta' = 192.16$$

$$\Delta' - \Delta = 1.32 \qquad 100 - \frac{\Delta - \Delta'}{2} = 3.92$$

$$2 \log.\left(100 - \frac{\Delta + \Delta'}{2}\right) = 5.1865722 \quad 2\log. \frac{\Delta' - \Delta}{2} = 3.6390878$$

$$\text{Log. tang.} \; \frac{1}{2} O = 9.7366060 \quad \text{Log. cot.} \frac{1}{2} O = 0.2633940$$

$$\text{Log. sin. } 1' = 6.1961199 \quad \text{Log. sin. } 1' = 6.1061199$$

$$\text{Somme} = 1.1192981 \quad \text{Somme} = 0.0986017$$

$$1^{\text{er}} \text{ terme} = 13'16 \qquad 2^e \text{ terme} = 1'25$$

$$\text{Réduction} = 13'16 - 1'25 = 11'91$$

$$\text{Angle observé} \ldots \ldots = 63^g.56$$

$$\text{Angle réduit} \ldots \ldots = 63.67.91$$

NOTE 3.

Trouver la différence de niveau entre deux points par l'observation des distances zénithales réciproques et simultanées. En conclure la valeur du coefficient de réfraction.

M. Biot prouve que, quand deux observateurs prennent simultanément les distances zénithales réciproques sur deux points, la réfraction est la même pour les deux stations. Cette observation permet de trouver la différence de niveau entre deux points A et B (*fig.* 150); sans tenir compte de la réfraction.

Les deux observateurs mesurent des angles Δ et Δ', qui diffèrent l'un et l'autre des angles réels δ et δ' de la quantité r qui exprime l'angle de réfraction. On a donc :
$\Delta = \delta - r$ et $\Delta' = \delta' - r$.
et par suite, $\Delta' - \Delta = \delta' - \delta$.

Nous allons trouver une formule qui ne contient que $\delta' - \delta$, et dans laquelle cette différence angulaire peut être remplacée par $\Delta' - \Delta$.

Le triangle BAC donne :

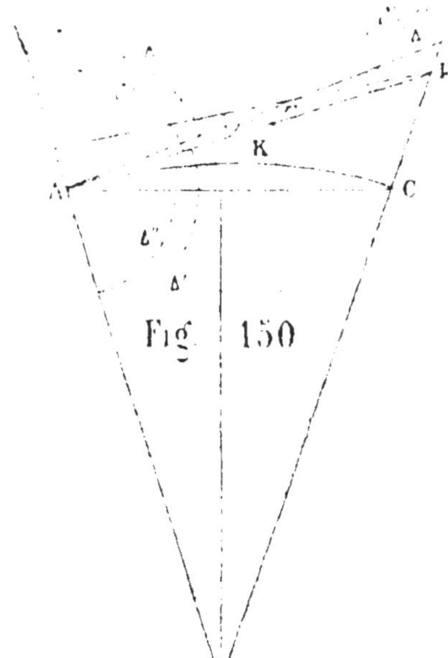

$$\frac{dn}{K} = \frac{\sin.\,A}{\sin.\,B}, \text{ ou (1) } dn = K\frac{\sin.\,A}{\sin.\,B},$$

expression dans laquelle A et B doivent être remplacés par des quantités connues.

On a : $A = A' - A''$; d'ailleurs $A' = 200 - \delta$, $A'' = 100 - \frac{O}{2}$; par conséquent, $A = 200 - \delta - 100 + \frac{O}{2} = 100 + \frac{O}{2} - \delta$.

De plus, δ' extérieur au triangle ABO, donne : $\delta' = A' + O = 200 - \delta + O$, d'où $200 + O = \delta' + \delta$ et $100 + \frac{O}{2} = \frac{\delta' + \delta}{2}$. Si l'on substitue cette valeur dans l'expression de A, il vient :

$$A = \frac{\delta' + \delta}{2} - \delta = \frac{\delta' - \delta}{2}.$$

Pour trouver la valeur de B, on remarque que dans ABO $B + A' + O = 200$, d'où $B = 200 - O - A'$, et comme $A' =$

$$A + A'', B = 200 - O - A - A'' = 200 - O - \frac{\delta' - \delta}{2} - 100$$

$$+ \frac{O}{2} = 100 - \frac{O}{2} - \frac{\delta' - \delta}{2}.$$ Substituant dans l'équation (1) ces valeurs de A et B, il vient :

$$dn = K \frac{\sin\left(\frac{\delta' - \delta}{2}\right)}{\sin\left[100 - \left(\frac{O}{2} + \frac{\delta' - \delta}{2}\right)\right]} = K \frac{\sin.\dfrac{\delta' - \delta}{2}}{\cos.\left(\dfrac{O}{2} + \dfrac{\delta' - \delta}{2}\right)}$$

et en développant :

$$dn = K \frac{\sin.\dfrac{\delta' - \delta}{2}}{\cos.\dfrac{O}{2}\cos.\dfrac{\delta' - \delta}{2} - \sin.\dfrac{O}{2}\sin.\dfrac{\delta' - \delta}{2}}$$

$$= K \frac{\sin.\dfrac{\delta' - \delta}{2}}{\cos.\dfrac{O}{2}\cos.\dfrac{\delta' - \delta}{2}\left(1 - \dfrac{\sin.\dfrac{O}{2}\sin.\dfrac{\delta' - \delta}{2}}{\cos.\dfrac{O}{2}\cos.\dfrac{\delta' - \delta}{2}}\right)}$$

$$= K \frac{\sin.\dfrac{\delta' - \delta}{2}}{\cos.\dfrac{O}{2}\cos.\dfrac{\delta' - \delta}{2}\left(1 - \tan g.\dfrac{O}{2}\tan g.\dfrac{\delta' - \delta}{2}\right)}.$$

Les valeurs $\frac{O}{2}$, $\frac{\delta' - \delta}{2}$ étant très-petites, il en est de même de leurs tangentes dont le produit peut être négligé, ce qui donne :

$$dn = K \frac{\sin.\dfrac{\delta' - \delta}{2}}{\cos.\dfrac{\delta' - \delta}{2}\cos.\dfrac{O}{2}} = K \tan g.\frac{\delta' - \delta}{2}\sec.\frac{O}{2}$$

Pour l'angle $\frac{\theta}{2}$ la sécante est sensiblement égale au rayon ;

si donc on pose : séc. $\frac{\theta}{2} = 1$, il vient en définitive :

$$dn = K \tan. \frac{\delta' - \delta}{2} ;$$

ou bien, en vertu de ce que nous avons dit plus haut :

$$(2)\ dn = K \tan. \frac{\Delta' - \Delta}{2}.$$

La formule trouvée (144), dans laquelle nous laissons en évidence le facteur n, relatif à la réfraction, est :

$$(3)\ dn = K \cot. \Delta + \frac{K^2}{2R} - n \frac{K^2}{R}.$$

Les premiers membres des équations (2) et (3) étant égaux, on peut poser :

$$K \cot. \Delta + \frac{K^2}{2R} - n \frac{K_2}{R} = K \tan. \frac{\Delta' - \Delta}{2},$$

équation dans laquelle il n'existe qu'une seule inconnue n, qu'il est facile de déterminer.

Des observations réciproques, répétées à des époques différentes, ont permis de calculer n, qui, comme nous l'avons dit (144), est compris entre 0,07 et 0,10. On a pris 0,08 pour valeur moyenne.

NOTE 4.

Trouver la hauteur d'un point duquel on aperçoit l'horizon de la mer.

Pour trouver la hauteur AC du point A (*fig.* 151), on dirige le rayon visuel, tangent à la surface des eaux ; mais, à cause de la réfraction, on obtient un angle Δ, qui diffère de l'angle réel δ de la quantité angulaire $r = no$ (144).

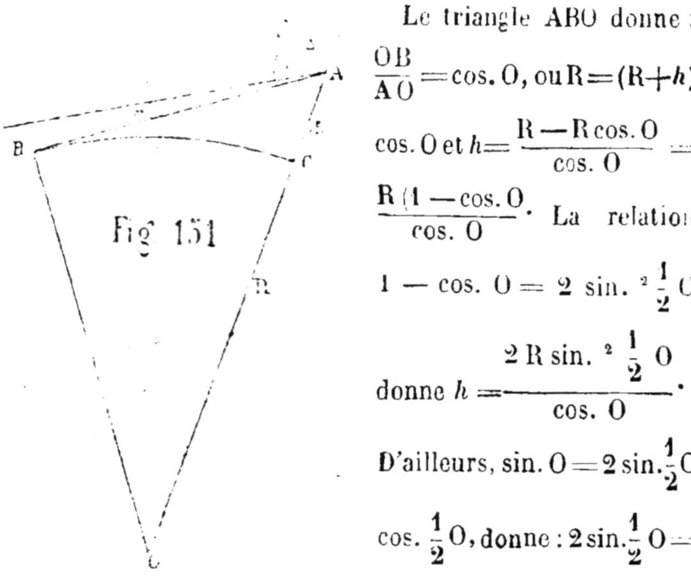

Le triangle ABO donne :

$$\frac{OB}{AO} = \cos. O, \text{ ou } R = (R+h)$$

$\cos. O$ et $h = \dfrac{R - R\cos. O}{\cos. O} =$

$\dfrac{R(1 - \cos. O}{\cos. O}$. La relation

$$1 - \cos. O = 2\sin.^2 \tfrac{1}{2}O$$

donne $h = \dfrac{2R\sin.^2 \tfrac{1}{2}O}{\cos. O}$.

D'ailleurs, $\sin. O = 2\sin.\tfrac{1}{2}O$

$\cos. \tfrac{1}{2}O$, donne : $2\sin.\tfrac{1}{2}O =$

$\dfrac{\sin. O}{\cos. \tfrac{1}{2}O}$; substituant dans la valeur de h, il vient :

$$h = \frac{R\sin. O\sin.\tfrac{1}{2}O}{\cos. O\,\cos.\tfrac{1}{2}O} = R\tan. O\tan.\tfrac{1}{2}O = \tfrac{1}{2}R\tan.^2 O;$$

cette dernière transformation résulte de ce que l'angle O étant très-petit, $\tan. \tfrac{1}{2}O$ est sensiblement égal à $\tfrac{1}{2}\tan. O$.

Il reste à exprimer O en fonctions de quantités connues. Pour cela on remarque que δ, extérieur au triangle rectangle ABO, donne : $\delta = 100 + O$; d'ailleurs $\delta = \Delta + r = \Delta + nO$; par conséquent, $100 + O = \Delta + nO$ et $O(1 - n) = \Delta - 100$, d'où $O = \dfrac{\Delta - 100}{1 - n}$, et enfin

$$h = \frac{1}{2}\,\text{tang.}^2\left(\frac{\Delta - 100}{1 - n}\right).$$

Quand on dirige un rayon visuel tangent aux eaux de la mer, l'incertitude de lecture fait que l'on ne peut employer cette méthode avec les instruments de topographie, d'autant plus que la distance AB dépasse la limite de l'emploi de l'éclimètre. Toutefois, le moyen que nous indiquons ici est approximatif, et nous avons cru devoir donner cette note, ainsi que la précédente, pour satisfaire à des questions qui nous ont été souvent adressées par nos élèves. (Salneuve, 2ᵉ édit., pages 141 et 146.)

NOTE 5.

Sur la détermination des différences de niveau avec le baromètre.

On sait que la hauteur de la colonne barométrique augmente ou diminue, selon que la pression atmosphérique est plus ou moins considérable. Il en résulte que le mercure baisse dans le tube au fur et à mesure que l'on s'élève au-dessus du niveau de la mer. On s'appuie sur ce principe pour déterminer avec le baromètre la différence de niveau entre deux points.

Quand on veut obtenir une grande exactitude, deux observateurs agissent en même temps aux deux points dont on cherche la différence de niveau. Leurs montres doivent être réglées ainsi que leurs baromètres. On prend la hauteur de la colonne de mercure, la température du baromètre et celle de l'air ambiant. Les observations sont faites de quart d'heure en quart d'heure. Les deux observateurs se réunissent après

une dizaine d'observations ; ils comparent les résultats obtenus, et la différence de niveau est donnée par une formule que
nous indiquons plus loin. Quand on est seul, on doit faire un
plus grand nombre d'observations aux deux points : on cherche à se placer, pour chacun d'eux, dans les même conditions
atmosphériques, et on fait usage des résultats obtenus,
comme s'ils provenaient d'observations simultanées.

La formule qui établit la différence de niveau est la suivante :

$$(1) \quad x = 18336 \left[1 + 0.002751\right) \cos. 2 \ L\right]\left[1 + \frac{2}{1000} \ (t + t')\right.$$

$$\log. \frac{H}{h},$$

dans laquuelle

18336 est un coefficient constant déterminé par M. Ramond
pour la latitude de 50°.

L est la latitude du lieu de l'observation ;

t la tempér. de l'air ambiant, à la station inférieure ;

t' — à la station supérieure ;

H la haut. de la col. de merc., à la station inférieure :

h — à la station supérieure ;

Pour avoir toute l'exactitude désirable, on corrige le facteur h de la différence des températures du mercure aux
deux stations. Ce facteur est alors remplacé par la relation
$h' = h \left(1 + \frac{T - T'}{5550}\right)$, dans laquelle T, T' expriment les
températures des baromètres

Si l'on trouve cette formule trop compliquée, on peut en
employer une autre dans laquelle on néglige la correction relative aux températures des baromètres, ainsi que celle qui
résulte de la différence en latitude. Le coefficient 18336^m est
remplacé par 18393^m.

La formule est celle-ci :

$$(2) \qquad x = 18393^m \left[1 + \frac{2}{1000} (t + t')\right] \log. \frac{H}{h}.$$

Elle est assez exacte quand les différences de niveau que l'on veut obtenir ne sont pas trop considérables.

Pour en donner la preuve, nous appliquerons chacune de ces formules aux données fournies par M. de Humboldt pour la détermination de la hauteur du Guanaxuato (Voir l'*Annuaire du Bureau des longitudes* pour l'année 1855, page 277).

Les données sont les suivantes :

Latitude 21°

$H = 763^{mm},15$ T 25°,3 $t = 25,3$ au bord de la mer.

$h = 600^{mm},93$ T' 21,3, $t = 21,3$, station supérieure.

La formule (1) devient :

$$x = 18336^m (1 + 0,002751 \cos. 42°) \left[1 + \frac{2}{1000} (25°,3 + 21°,3)\right] \left[\log. \frac{763^m,15}{600^m,93 \left(1 + \frac{25°,3 - 21°,3}{5550}\right)}\right].$$

$$= 18336 \times 1,00203 \times 1,0932 \times 0,1038.$$

$$= 2084^m,80.$$

La formule (2) devient :

$$x = 18393^m \left[1 + \frac{2}{1000} (25°,3 + 21°,3)\right] \log. \frac{763^{mm},15}{600^{mm},95},$$

$$= 18393^m \times 1,0932 \times 0,1038.$$

$$= 2087^m,13.$$

La légère différence qui existe entre ces deux résultats prouve ce que nous avons avancé plus haut, relativement à l'emploi de la 2ᵉ formule.

On peut résoudre la formule (1) en se servant des tables

qui sont insérées dans l'*Annuaire du Bureau des longitudes* (*)

NOTE 6.

Sur les approximations que l'on peut obtenir avec l'éclimètre.

Quand on fait une observation avec l'éclimètre, on commet une erreur de lecture α (*fig.* 152) qui occasionne dans l'appréciation de la différence de niveau une erreur linéaire $BD = e$.

Fig. 152.

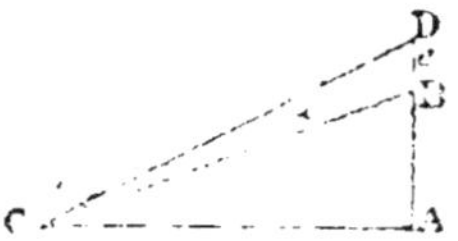

On peut trouver une relation entre e, la distance $AC = K$, l'erreur α et la distance zénithale ou l'angle à l'horizon C.

Pour cela, il suffit de remarquer que le triangle DBC, donne la proportion $\dfrac{e}{BC} = \dfrac{\sin.\ \alpha}{\sin.\ D}$, et comme $D = 100 - (C + \alpha)$. $e =$

$$\frac{BC \sin.\ \alpha}{\sin.\ [100 - (C + \alpha)]} = \frac{BC \sin.\ \alpha}{\cos.\ (C + \alpha)} \ (1).$$

Dans le triangle ABC, on a : AC ou $K = BC \cos.\ C$, d'où

$$BC = \frac{K}{\cos.\ C}, \text{ ce qui donne : } (2)\ e = \frac{K \sin.\ \alpha}{\cos.\ C.\ \cos.\ (C + \alpha)}.$$

On peut, au dénominateur, négliger α qui est toujours très-petit par rapport à C, et il vient : $(3)\ e = \dfrac{K \sin.\ \alpha}{\cos.\ ^2 C}$

(*) On peut employer une formule beaucoup plus simple et qui présente toute l'exactitude désirable ; c'est celle-ci :

$$\log.\ h + \frac{m}{K} = H$$

dans laquelle h est la hauteur barométrique observée à un point dont l'altitude est connue ; H, la hauteur barométrique de la station dont on cherche l'altitude ; $K = 18336$ et m l'altitude cherchée.

Application à la topographie. Pour l'exécution du nivellement topographique, on emploie ordinairement un éclimètre
qui donne la minute. Dans ce cas, la grande distance qui
existe entre les points à niveler, tend à faire diminuer
l'angle C qui atteint rarement la valeur de 5ᵍ. Posons dans
la formule (3) $\alpha = 1'$, $C = 5ᵍ$, et attribuons des valeurs par-
ticulières à e :

$$\text{Pour } e = 0^m,1 \text{ on trouve } K = 632 \text{ mètres.}$$
$$e = 0^m,2 \quad - \quad K = 1265$$

Pour le nivellement des points du terrain, les angles tels
que C dépassent rarement 15ᵍ : supposons que pour ce travail on emploie un éclimètre donnant les angles de 2 en 2'.
L'équation (3) donne :

$$\text{Pour } e = 0^m,1 \qquad K = 300 \text{ mètres.}$$
$$e = 0^m,2 \qquad K = 602$$
$$e = 0^m,3 \qquad K = 902$$

Si l'éclimètre donne les angles de 5 en 5', la valeur $C = 15ᵍ$ conduit aux résultats suivants :

$$\text{Pour } e = 0^m,1 \qquad K = 120 \text{ mètres.}$$
$$e = 0^m,2 \qquad K = 240$$

On voit qu'avec l'éclimètre donnant la minute, on peut
faire le nivellement avec des erreurs qui, en général, ne dépassent pas $0^m,20$; qu'avec celui qui donne 2', les erreurs
peuvent être maintenues dans la limite de $0^m,30$ à $0^m,40$;
mais si l'on n'a les angles que de 5' en 5', le nivellement devient très-imparfait. (M. le capitaine Gaucherel, sous-direc-
teur des études de l'Ecole militaire, a publié une note sur ces
approximations dans les nouvelles Annales de mathémati-
ques du mois d'avril 1855).

NOTE 7.

Sur la détermination des points principaux d'un pays d'une grande étendue. — Quelques détails sur les opérations de la carte de France.

Quand on doit lever une contrée tout entière, l'exécution du canevas présente des difficultés qui ne se rencontrent pas en topographie :

1° Une seule base est insuffisante pour la détermination des sommets des triangles, et les moyens employés pour la mesure doivent être beaucoup plus précis que ceux que nous avons indiqués en topographie ;

2° Le graphomètre et l'éclimètre ne donnent pas une approximation suffisante pour la mesure des angles des triangles et pour celle des distances zénithales ;

3° Les triangles sur lesquels on opère sont sphériques ;

4° La surface sur laquelle on projette ne peut être un plan. On effectue la projection sur une surface développable, tangente à la portion de pays dont on veut faire la carte, et qui se confond sensiblement avec elle ;

5° Les points principaux ne peuvent être placés sur la carte par leurs distances à une méridienne et à une perpendiculaire. On ne peut les placer qu'en se servant de leur *latitude* et *longitude*, et on détermine en même temps leur *altitude* qui sert au nivellement topographique.

On est donc dans la nécessité de trouver pour chaque point les éléments, *latitude, longitude, altitude* qui constituent ce que l'on appelle les *coordonnées géographiques.*

La *géodésie* est la science qui donne les moyens de trouver les coordonnées géographiques des points principaux d'une contrée.

Pour fixer les idées sur les procédés à suivre dans la résolution de ce problème, nous indiquerons sommairement les opérations qui ont servi à l'exécution de la carte de France, commencée par les ingénieurs géographes et continuée par le corps d'état-major.

Le travail de la carte de France se subdivise de la manière suivante :

1° Choix et mesure des bases ; — canevas provisoire pour le choix des sommets sur les grandes chaînes de triangles et dans les intervalles qui les séparent; — calcul approximatif des côtés ;

2° Détermination directe de plusieurs latitudes, longitudes et azimuts. Altitudes de quelques points desquels on aperçoit le niveau de la mer ;

3° Géodésie du 1er ordre ;

4° Géodésie du 2e et du 3e ordre ;

5° Calcul des triangles et des coordonnées géographiques de chaque point ;

6° Projection des points principaux sur une surface développable ;

7° Levé de détail (topographie) ;

8° Réduction au $\frac{1}{80000}$ des feuilles levées au $\frac{1}{40000}$;

9° Gravure au $\frac{1}{80000}$ des feuilles qui sont livrées au commerce.

Bases mesurées.

On a mesuré directement plusieurs bases qui sont les suivantes :

A *Plouescat* près de Brest, longueur trouvée 10516^m,91.
A **Melun.**

A *Ensishein* près de Colmar, 19044ᵐ,40.

A Bordeaux (dans les landes).

A *Gourbera* près de Dax, 12220ᵐ,031.

A Perpignan.

A Aix (sur la route d'Avignon).

Chaînes de triangles.

On a conduit trois chaînes suivant des méridiens :

1° De Bayeux à Bordeaux et Bayonne (3° longitude ouest) ;

2° De Dunkerque à Perpignan (méridien de Paris) ;

3° De Sedan à Marseille (3° longitude est).

Et six chaînes suivant des parallèles :

1° De Saint-Valery à Sedan (parallèle d'Amiens) ;

2° De Brest à Strasbourg (parallèle de Paris) ;

3° De Noirmoutier à Pontarlier (parallèle de Bourges) ;

4° De la tour de Cordouan à Bellay (parallèle de Clermont) ;

5° De Bordeaux aux Alpes (Digne) (parallèle de Rodez) ;

6° De Bayonne à Perpignan (chaîne des Pyrénées).

Observations astronomiques.

Des observations directes ont été effectuées aux points désignés ci-après :

Sur le parallèle d'Amiens ; à *Amiens* et à *Saint-Valfroy*, entre Longwy et Mézières (latitude et azimut).

Sur le parallèle de Paris ; entre *Avranches* et *Falaise* (latitude) ; à *Longeville* près Bar-le-Duc (latitude) ; à *Strasbourg* (latitude et azimut).

Sur le parallèle de Bourges ; à *Angers*, à *Puy-Berteau* près Bourges et près de *Lons-le-Saulnier* (latitude et azimut) ;

Sur le parallèle de Clermont ; à *la Ferlanderie* près Saintes,

à *Opmes* près Clermont, à *Montceau* près la Tour-du-Pin
(latitude et azimut) ;

Sur la chaîne des Pyrénées ; à *la tour de Borda* à Dax (latitude et azimut).

Mesure des bases.

Le choix d'une base est important, parce qu'elle doit être
placée de telle sorte qu'elle puisse se rattacher à la chaîne
dont elle fait partie par des triangles d'une forme convenable, isocèles autant que possible.

La mesure est une des opérations les plus délicates de la
géodésie ; elle doit être effectuée avec une exactitude proportionnée à celle que l'on obtient dans la détermination des
angles. Une longueur de 10 à 15,000 mètres est suffisante ;
mais il est difficile de trouver dans une plaine, le long d'une
rivière ou sur une route, un espace aussi considérable, qui
doit être tel que les extrémités soient visibles l'une de l'autre.
Souvent on est obligé de mesurer deux directions qui se coupent suivant un angle voisin de 200^g, et on en conclut la
droite qui joint les deux points extrêmes.

La longueur trouvée est réduite à l'horizon et ramenée à
ce qu'elle doit être pour une température unique. Enfin, on
détermine sa projection sur la surface des eaux moyennes de
la mer.

Sans entrer dans les détails circonstanciés sur les procédés
à suivre, nous donnerons les indications suivantes :

On marque les extrémités de la base par des bornes enter-
rées au niveau du sol ; sur chacune d'elles, on trace deux
gouttières dont l'intersection indique l'extrémité correspondante. Au moyen d'une forte lunette, on place sur sa direction des jalons, remplacés successivement par des piquets qui
affleurent au sol.

On peut mesurer horizontalement ; à cet effet, on emploie des chevalets qui sont nivelés de proche en proche ; ou bien on nivelle le sol. On mesure aussi sur le sol même. Dans ce dernier cas, on réduit chaque portée à l'horizon.

On se sert de règles en verre, en métal ou en bois. Pour rendre ces dernières insensibles aux influences hygrométriques, on les fait bouillir dans l'huile et on les enduit d'une forte couche de vernis. Ainsi préparées, elles sont très-peu dilatables. On doit avoir soin de les arc-bouter pour éviter qu'elles se courbent.

Quelle que soit la nature des règles que l'on emploie, on les étalonne avec beaucoup de soin sur une règle type dont la longueur est parfaitement connue. Si on mesure sur le sol, chaque règle est munie d'un niveau de maçon très-sensible : elles ont aussi un thermomètre qui doit être abrité des rayons directs du soleil. Trois ou quatre règles suffisent pour l'opération. On les établit sur le sol, ou mieux sur des madriers posés de proche en proche et appuyés contre les piquets. Pour éviter le recul, on a soin de ne pas les juxtaposer ; on mesure avec un vernier les intervalles qui les séparent.

A chaque portée, on prend note de l'inclinaison à l'horizon et de la température ; on a ainsi les éléments nécessaires pour la réduction à l'horizon et à une température unique. Pour cette dernière opération, on fait entrer dans une formule le coefficient de dilatation du métal étalon, celui du métal des règles et la température moyenne.

Il ne reste plus qu'à trouver la longueur réduite au niveau de la mer. Soient B (*fig.* 186) la base mesurée, b celle que l'on cherche, h l'élévation au-dessus du niveau de la mer, R le rayon terrestre. On a la proportion (1) $\dfrac{B}{b} = \dfrac{R + h}{R}$, d'où (2)

$b = \dfrac{BR}{R + h}$; l'équation (1) donne $\dfrac{B - b}{b} = \dfrac{h}{R}$, d'où $B - b = \dfrac{bh}{R}$; dans cette équation, on met la valeur trouvée (2), et il vient : $B - b = \dfrac{BRh}{R(R + h)} = \dfrac{Bh}{R + H}$. On fait cette dernière transformation, parce que R et R $+$ h différant très-peu l'un de l'autre, l'expression ne donnerait pas b avec une exactitude suffisante.

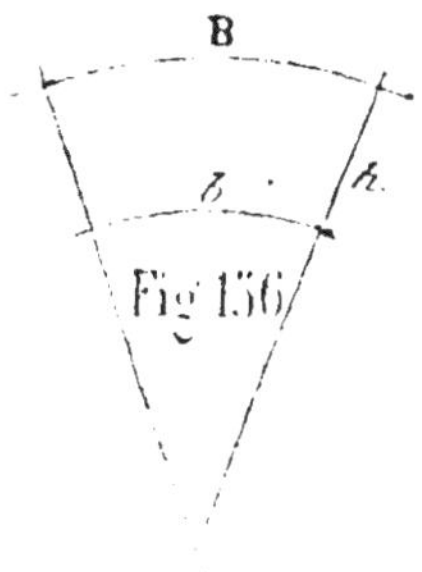

Fig. 156.

Formes des triangles, reconnaissance provisoire.

Le triangle équilatéral est choisi de préférence pour les raisons que nous avons indiquées (14). Cependant les bases mesurées étant trop courtes, relativement à l'étendue de la surface, on augmente peu à peu les côtés du triangle, jusqu'à ce qu'ils aient atteint une longueur moyenne de 30,000 mètres. Quand on est arrivé à cette limite, on emploie des triangles équilatéraux, et on diminue les côtés quand on se rapproche de la base de vérification.

En suivant la direction d'une chaîne avec un instrument qui donne la minute (ordinairement le cercle à réflexion), on détermine les angles approximatifs des triangles et les points qui doivent servir de sommets, tant sur la chaîne que dans les rectangles compris entre plusieurs chaînes.

Les triangles sont calculés provisoirement, et on conclut les longueurs approximatives des côtés, qui servent plus tard pour les réductions aux centres des stations.

Instruments répétiteurs.

Les instruments employés pour la mesure des angles sont : le *cercle répétiteur* et le *théodolite*. Ils diffèrent l'un de l'autre.

en ce que le premier a ses lunettes sur le plan du limbe, tandis que le second est muni de lunettes plongeantes. Il en résulte que, quand on emploie le cercle, on l'établit dans le plan des angles, que l'on réduit ensuite à l'horizon. Si au contraire on se sert du théodolite, on obtient immédiatement les angles réduits à l'horizon. (La *fig.* 153 représente le limbe et les deux lunettes d'un cercle.)

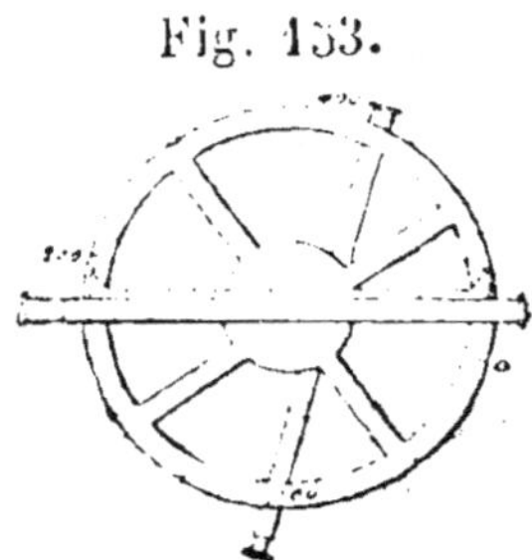

Fig. 153.

Ces instruments se composent d'un limbe au centre duquel se meut une lunette qui entraîne avec elle une alidade munie de quatre verniers. En dessous du limbe est une seconde lunette, mobile autour de son axe, mais un peu excentrique à cause du pied.

La plus petite graduation du limbe est de 10′, et le vernier a 30 divisions ; par conséquent, on obtient les angles avec une approximation de $\dfrac{10'}{30} = 20''$.

Le principe de la répétition des angles repose sur ce que, l'instrument ayant une approximation de 20″, si on mesure le double, ou le quadruple, ou etc., d'un angle à 20″ près, en divisant par 2, 4, etc., on a l'angle lui-même avec une approximation de $\dfrac{20''}{2} \dfrac{20''}{4}$ ou etc. En général, si α représente l'approximation de l'instrument, et n le nombre des répétitions, on lit l'angle à $\dfrac{\alpha}{n}$ près.

Cela posé, supposons que le limbe étant gradué de droite à gauche, on veuille mesurer un angle DNC (*fig.* 58). On se place au sommet **N**, on fixe le zéro du vernier sur le zéro du limbe et on amène le rayon visuel sur le point de droite par le mouvement général de l'instrument. On amène ensuite la lunette inférieure sur le point de gauche par son mouvement particulier et on la fixe. Par le mouvement général, on ramène cette dernière lunette sur le point de droite, et on dirige la lunette supérieure sur le point de gauche par son mouvement particulier.

Quand il en est ainsi, il est clair que le vernier marque le double de l'angle cherché. En continuant de la même manière, on obtient le quadruple, le sextuple, etc., de ce même angle.

On inscrit l'angle simple, l'angle double, etc., au fur et à mesure qu'ils sont observés ; on divise les chiffres lus par le nombre des répétitions, et si les résultats obtenus convergent dans le même sens, on est fondé à croire que les observations sont bien faites.

Le cercle répétiteur et le théodolite sont munis d'un mouvement qui permet de placer leur limbe dans un plan vertical ; ils ont un niveau à bulle d'air, et on les emploie pour mesurer les distances zénithales aussi exactement que les angles horizontaux.

Géodésie de 1er ordre.

On fait station à tous les sommets des grands triangles, et on mesure les angles avec un instrument répétiteur.

On fait plusieurs corrections :

1° *Correction de la phase.* La phase résulte de ce qu'on n'est pas toujours certain de pointer la verticale du point de mire, à cause de la manière dont l'objet est éclairé par le soleil.

Pour atténuer son effet, on mesure chaque angle avec vingt

répétitions, le matin, à midi et le soir. On prend la moyenne, et on a les angles à $1''$ près (*).

$2°$ *Réduction au centre de station.* On mesure y et r, comme c'est indiqué (131). On prend y sans répétitions, et on met beaucoup de soin dans l'appréciation de r, qui est le facteur le plus important de la formule. Les côtés obtenus par le canevas provisoire sont introduits dans cette formule, qui s'écrit :

$$C - O = \frac{r \sin. (O + y)}{d \sin. 1''} - \frac{r \sin. y}{g \sin. 1''}.$$

On calcule les termes, soit directement au moyen des logarithmes, soit avec des tables construites à cet effet.

$3°$ *Réduction à l'horizon.* Elle n'a lieu que quand on emploie le cercle répétiteur.

$4°$ *Correction relative à l'excentricité de la lunette inférieure dans le cercle répétiteur.*

On détermine les distances zénithales des côtés des triangles, et on calcule les différences de niveau, après avoir introduit dans la formule de nivellement la valeur de Δ, résultant de la réduction aux sommets des signaux. On ne prend pas les distances zénithales simultanées, ce qui serait inexécutable ; on fait les observations réciproques à des jours différents, mais à des heures correspondantes, et on obtient

---

(*) Les signaux sont préférables aux tours et aux clochers sur lesquels on pointe ordinairement : 1° parce qu'on les place de façon à déterminer les sommets de bons triangles ; 2° parce qu'ils facilitent le pointé. Ceux qui ont été établis pour la géodésie du premier ordre ont été construits en bois, en maçonnerie ou en pierres sèches. Les premiers ont la forme d'une pyramide quadrangulaire dont la partie supérieure est teintée en noir ; au-dessus est placée une petite pyramide renversée, de la même couleur. Les autres ont la forme d'un tronc de cône.

d'assez bons résultats. La formule employée est $dn = K$
tang. $\dfrac{(\Delta' - \Delta)}{2}$.

Géodésie du 2e et du 3e ordre.

Aux points du 1er ordre on en rattache d'autres qui sont
distants les uns des autres de 15 à 20,000^m. Dans les nouveaux triangles on mesure les trois angles avec dix répétitions prises une seule fois dans la journée.

En même temps que l'on mesure les angles des triangles
du 2e ordre, on vise les points qui forment les sommets des
triangles du 3e ordre. On prend six répétitions. Les points qui
forment les sommets de ces derniers triangles sont tous les
clochers ou objets remarquables. Ces points sont assez rapprochés pour que les triangles qui les unissent soient rectilignes, et ils peuvent servir comme point de départ pour les
opérations de la topographie.

On ne fait pas station aux points du 3e ordre, mais on les
fait entrer dans plusieurs triangles du 2e ordre pour avoir des
vérifications.

Pour les opérations du nivellement du 2e et 3e ordre, on
se sert de la formule $dn = K \cot. \Delta + \dfrac{K^2}{2R} - \dfrac{n K^2}{R} = K \cot.$

$\Delta + 0.42 \dfrac{K^2}{R}$, en supposant $n = 0,08$. On ne fait pas la réduction aux sommets des signaux, mais on tient compte, bien
entendu, de la distance entre le centre de l'instrument et le
point de mire.

Calcul des triangles.

On trouve dans la trigonométrie sphérique un théorème
dont l'énoncé est le suivant : ***Dans tout triangle sphérique,
les sinus des côtés sont proportionnels aux sinus des angles***

opposés. Il a son analogue en trigonométrie rectiligne, quand on pose que dans un triangle *les côtés sont proportionnels aux sinus des angles opposés.*

Dans les triangles sphériques du 1er et du 2e. degré, on connaît les trois angles et un côté ; de sorte que si on calculait ces triangles, on devrait employer la formule $\dfrac{\sin. a}{\sin. b} = \dfrac{\sin. A}{\sin. B}$, dans lesquels a et b, A et B représentent les côtés et les angles opposés. L'arc b est le côté connu, exprimé en arc de grand cercle. La base ayant été appréciée en longueur métrique, on serait dans la nécessité de la transformer en arc de cercle. On trouverait ainsi tous les côtés et on devrait, après les calculs, les transformer en longueurs métriques.

Pour éviter cette transformation, on calcule toujours des triangles rectilignes ; pour cela, on se fonde sur un théorème démontré par Legendre, et dont l'énoncé est le suivant :

Quand un triangle sphérique est très-peu courbe, on peut le remplacer par un triangle rectiligne dont les côtés sont égaux à ceux du triangle sphérique, et dont les angles sont égaux à ceux de ce dernier triangle diminués chacun du tiers de l'excès sphérique.

On sait que l'excès sphérique est la quantité dont la somme des angles d'un triangle sphérique dépasse 200ᵍ (*).

(*) L'excès sphérique n'est autre chose que la surface d'un triangle considéré sur une sphère dont le rayon est égal à l'unité. On sait que la surface de la sphère est exprimée par $4 \pi R^2$ et que celle du fuseau est donnée par l'expression $2AR$, dans laquelle A est l'angle au sommet. Pour trouver la surface du triangle, on peut remarquer (*fig.* 155) que si on fait la somme des trois fuseaux ABCD, ACBE, CDEF, elle dépasse la demi-sphère de deux fois le triangle ABC, parce que les deux

En conséquence, après avoir obtenu exactement les trois angles de chaque triangle, on en fait la somme; la quantité dont elle depasse 200ᵍ est répartie par tiers en moins sur chaque angle observé, et on a un triangle rectiligne que l'on peut résoudre en général par la formule $\dfrac{a}{b} = \dfrac{\sin.\ A}{\sin.\ B}$.

On est assuré de l'exactitude des opérations quand, partant d'une base à l'extrémité d'une chaîne, on retombe, par le calcul, sur la longueur de la base mesurée à l'autre extrémité. On a obtenu, dans la carte de France, quelques résultats d'une exactitude remarquable.

La mesure directe a donné 19044ᵐ,40 pour la base d'Ensisheim. Cette même base, calculée au moyen de celle de Melun, a été trouvée de 19044ᵐ,13. Différence, 0ᵐ,27.

La base de Plouescat a été trouvée de 10526ᵐ,90 par la mesure directe. Cette base, calculée au moyen de celle de Melun, a été trouvée de 10527ᵐ,16. Calculée par la base d'Ensisheim, elle a été trouvée de 10527,33. Différences, 0ᵐ,26 et 0,43.

La base mesurée à Gourbera est de 12230ᵐ,031. Cette base,

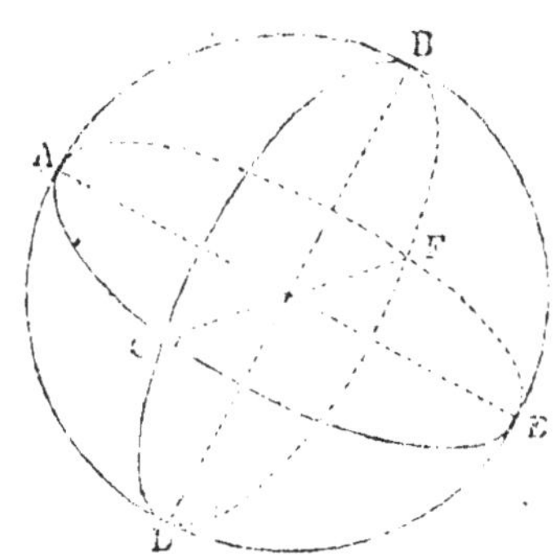

Fig. 155.

triangles ABC, DEF sont égaux en surface. On a donc: $\frac{1}{2}$ sp = ABCD + ABEC + CDEF — 2ABC ou $2\pi R^2$ = 2AR + 2BR + 2CR — 2T, d'où T = R (A + B + C — πR). La quantité comprise entre parenthèses n'est autre chose que l'excès de la somme des trois angles du triangle sur deux droits, et elle exprime la surface si on pose R = 1.

calculée par celle de Perpignan, a été trouvée de 12230^m,769. Différence, 0^{m}738.

Enfin, en partant de Melun et d'Ensisheim, deux chaînes ont été dirigées sur un côté qui va de Strasbourg au signal de **Donon**.

Par le premier calcul, on a trouvé : *Strasbourg — Donon* = 45930^m,90, et, par le deuxième : *Strasbourg — Donon* = 43931^m,62. Différence, 0^{m}71.

Ces exemples suffisent pour prouver avec quelle exactitude ont été faites les opérations.

Détermination des latitudes et longitudes.

Nota. Contrairement à ce que nous avons dit en topographie, les azimuts se comptent, en astronomie, à partir du midi, pour y revenir en passant par l'ouest, le nord et l'est.

Comme nous l'avons indiqué plus haut, on a fait des observations astronomiques en plusieurs points, pour avoir des repères qui fassent connaître si les opérations géodésiques donnent de bons résultats.

En partant d'un triangle dans lequel on connaît l'azimu. d'un côté, la latitude et la longitude d'un sommet, on arrive de proche en proche à déterminer les mêmes éléments pour tous les points du canevas.

Nous indiquons sommairement la marche que l'on pourrait suivre si la terre était sphérique, en faisant remarquer toutefois que l'aplatissement, qui est de 1/309 environ, modifie les calculs de façon à les rendre beaucoup plus compliqués que ceux que nous indiquons.

Les triangles ont été calculés, et on connaît leurs angles et leurs côtés qui peuvent être exprimés en arcs de cercle.

Soit un triangle ABC (*fig.* 157, dans lequel on connaît

l'azimut z de A B, ainsi que la latitude et la longitude du point A. Les méridiens de A, B, C se rencontrent au pôle P,

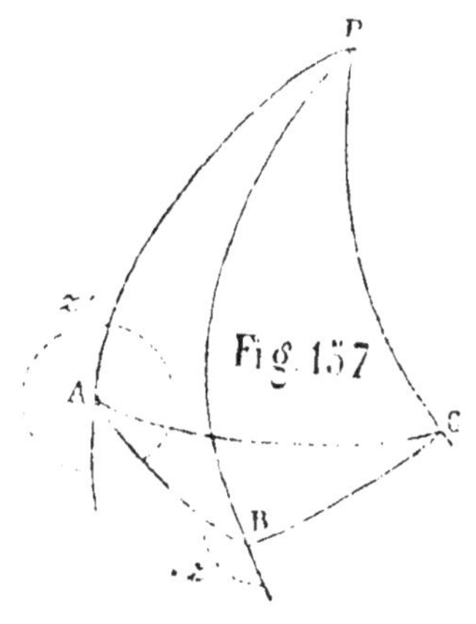

et on a ainsi un triangle ABP, dans lequel on connaît AB, AP, qui est le complément de la latitude de A et l'angle PAB $= z' - 200$.

Un triangle sphérique, dans lequel on connaît deux côtés et un angle, peut être résolu au moyen des *Analogies* de Néper, qui donnent les deux angles inconnus, et on trouve le troisième côté au moyen de la formule $\dfrac{\sin. a}{\sin. b} =$

$\dfrac{\sin. A}{\sin. B}$. On peut donc dans ABP trouver l'angle P, qui exprime la différence en longitude des points A et B, l'angle B, qui est le supplément de l'azimut z de BA, et le côté PB qui est le complément de la latitude de B.

Pour le point C, on résout le triangle PAC, dans lequel on connaît AC, AP, et l'angle PAC $= z' - (200 + BAC)$.

Si on veut avoir une vérification, on résout le triangle BPC.

Chaque fois que l'on arrive sur un point déterminé directement, les résultats du calcul doivent coïncider à peu près avec ceux de l'observation.

Projection des points du canevas.

La plus simple des projections par développement est celle que l'on nomme *projection conique.*

Elle consiste à imaginer un cône tangent au parallèle

moyen, et à supposer que les autres parallèles de la surface sont prolongés jusqu'à leur intersection avec ce cône, que l'on développe de la manière suivante :

Soit AB (*fig.* 147) le parallèle moyen et APB le méridien

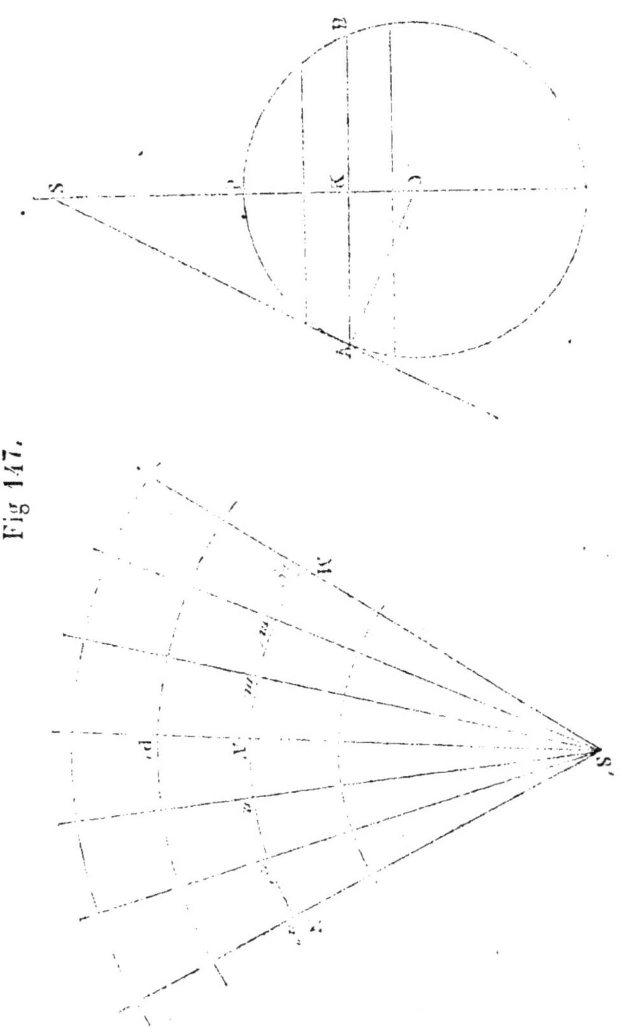

principal. La tangente menée à ce dernier cercle par le point
A, rencontre en S, l'axe prolongé OP. La longueur AS n'est
autre chose que la cotangente de la latitude AB. On trace
une première ligne A' S' représentant le méridien principal ;
de S' comme centre, avec SA comme rayon, on décrit un arc
de cercle MN, qui représente une partie du développement
de AB. On peut trouver la longueur de l'arc de 1ᵉ sur ce dernier cercle, en remarquant que son rayon AK est le cosinus
de la latitude. Cette longueur étant trouvée, on la porte sur
MN à droite et à gauche de A', et on obtient les points de
divisions n, n'', n', etc. On joint S' à ces points, et on a les
méridiens de grade en grade, etc.

Pour tracer le parallèle, on porte sur A'S', au-dessus et au-
dessous de A' des longueurs égales aux grades rectifiés du
méridien, et on obtient des points tels que P', par lesquels on
fait passer des arcs de cercle dont le centre est en S'.

La projection ainsi obtenue ne contient pas d'erreurs en
latitude ; mais les grades en longitude ne sont exacts que
sur le parallèle moyen. On voit en effet que, hormis AB, les
cercles du cône sont plus grands que les cercles correspondants de la sphère.

Pour faire disparaître cette dernière cause d'erreur on
marque sur chacun des cercles, tels que MN, etc., les points
de divisions correspondant au grade de chaque parallèle de la
sphère. Les points ainsi obtenus, joints par des lignes continues, donnent des lignes courbes pour les projections des méridiens (*fig.* 154).

Fig. 154.

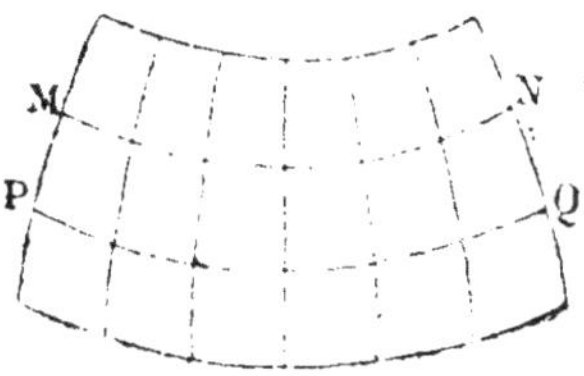

La projection ainsi modifiée a reçu le nom de *projection du Dépôt de la guerre*. Elle a l'inconvé-

nient de substituer aux quadrilatères rectangles de la sphère des quadrilatères dont les angles ne sont pas droits; mais elle a l'avantage d'atténuer les erreurs en latitude et en longitude.

Pour les feuilles de la carte de France, exécutée au 1/80000, on ne peut tracer d'un mouvement continu les projections de parallèles. On détermine par points les sommets des quadrilatères, et pour cela on emploie des formules dans le détail desquelles nous n'entrerons pas, notre but étant seulement de donner une indication sommaire.

Renseignements généraux.

La première idée de la carte de France remonte à **1808**, époque à laquelle l'empereur Napoléon demanda un mémoire sur l'ensemble des travaux à exécuter. Ce projet fut repris plus tard, et une ordonnance royale de 1817 le fit examiner par une commission qui remit son travail au ministre de la guerre dans la même année. Ce travail fut adopté par une ordonnance royale du 6 août 1817.

Les travaux de géodésie et de topographie ont commencé en 1818.

Pour la topographie, on a levé d'abord à l'échelle de 1/10000. Une ordonnance royale de 1825 a décidé qu'on lèverait à l'échelle de 1/20000, et qu'on emploierait le 1/40000 pour les parties à compléter d'après les levés du cadastre.

On devait d'abord graver les feuilles à 1/50000; la même ordonnance prescrivit l'échelle de 1/80000 pour la gravure.

La carte entière comprendra 259 feuilles, plus celle de la Savoie et du comté de Nice. Chaque feuille a $0^m,50$ de hauteur sur $0^m,80$ de base; ce qui, à l'échelle de 1/80000, représente 40000^m sur 64000^m, comprenant une surface de 256000 hectares (Voir la *Notice sur la carte de France*, publiée en 1853 par M. le colonel Blondel, directeur du Dépôt de la guerre).

NOTE 8.

Sur la forme et les dimensions de la terre.

Le premier savant qui ait opéré avec précision pour mesurer les dimensions de la terre, est ***Picard***, astronome français qui, en 1690, mesura l'arc du méridien compris entre ***Malvoisine*** et ***Amiens***. Il se servit pour cela d'une base mesurée sur le chemin de ***Villejuif à Juvisy***, et employa une chaîne de triangles, comme celles dont nous avons parlé plus haut.

Il trouva 57060 toises pour la longueur du degré. Avec ce résultat, si on suppose la terre sphérique, rien n'est plus facile que d'avoir ses dimensions.

Huyghens et Newton, pensant que la terre, au lieu d'être sphérique, est une sphéroïde aplati, se fondèrent sur des considérations astronomiques pour calculer l'aplatissement. Le premier le trouva de 1/578, et le deuxième l'apprécia à 1/230.

L'Académie des sciences, voulant vérifier les théories émises par ces savants, décida qu'on mesurerait directement la longueur du degré en des points très-éloignés les uns des autres.

En 1736, *Bouguer* et *La Condamine* furent envoyés au Pérou, où ils mesurèrent un arc du méridien. La longueur du degré fut trouvée égale à 56753 toises.

En 1737, *Maupertuis, Clairault, Camus, Lemonnier* et *Authier* mesurèrent un arc du méridien en Laponie, et trouvèrent 57419 toises pour le degré.

Pérou. 56753
France (Picard). 57060
Laponie. 57419

Ces résultats ne laissent aucun doute sur l'aplatissement.

Des observations faites avec le pendule prouvent que la pesanteur diminue depuis le pôle jusqu'à l'équateur ; toutefois il résulte de ces observations que les méridiens ne sont pas des courbes régulières. Quoi qu'il en soit, depuis le milieu du XVIIIᵉ siècle on a admis que la courbe méridienne est une ellipse.

En 1790, MM. *Delambre* et *Mécherin* furent chargés de mesurer l'arc du méridien compris entre Dunkerque et Barcelone. Ils employèrent le cercle répétiteur de Borda, nouvellement inventé, ce qui facilita beaucoup leurs opérations.

Les décroissements que ces savants ont trouvés ne sont pas réguliers ; toutefois, les variations sont si faibles, qu'elles ne peuvent avoir d'influence pour les projections des cartes.

En conséquence de ces dernières observations, la commission des poids et mesures a fixé l'aplatissement à 1/334. Elle en conclut que le quart du méridien est de 5130740 toises, et prenant pour le mètre la dix-millionième partie du quart du méridien, elle l'a trouvé égal à 3 pieds 11 lignes 296 millièmes, ou 443ˡ,296.

Le demi-grand axe de l'ellipse, qui n'est autre chose que le rayon de l'équateur, a été trouvé égal à 6376159^m ; le demi-petit axe égal à 6356234^m, et le rayon moyen à 6366200^m.

Le grade moyen, qui est la centième partie du quart de la circonférence, correspond à 100000^m ; la minute vaut 1000^m, et la seconde 10^m.

Il résulte de là que, quand on connaît en grades la latitude d'un point, on peut avoir sa distance approchée de l'équateur, en multipliant cette latitude par 100000ᵐ.

MM. *Biot* et *Arago* ont continué jusqu'à l'île de Formentera la mesure du méridien de Paris. Après ce travail, le Bureau des longitudes a supposé l'aplatissement égal à 1/305, et on en a conclu la longueur du mètre, qui a été trouvée égale à 443ˡ,205, chiffre qui, comme on le voit, ne diffère que de 1/1000 de ligne de celui qui a été trouvé par la commission des poids et mesures. Il en résulte que le mètre déterminé par cette commission peut être considéré comme parfaitement exact.

Pour la carte de France, on a supposé l'aplatissement égal à 1/309, et les résultats ont été très-satisfaisants.

FIN DES NOTES.